Carl Wilhelm Hennert

Über den Raupenfratz und Windbruch in den Königl. Preutz.

Forsten in den Jahren 1791 bis 1794

Carl Wilhelm Hennert

Über den Raupenfratz und Windbruch in den Königl. Preutz. *Forsten in den Jahren 1791 bis 1794*

ISBN/EAN: 9783743317635

Hergestellt in Europa, USA, Kanada, Australien, Japan

Cover: Foto ©berggeist007 / pixelio.de

Manufactured and distributed by brebook publishing software (www.brebook.com)

Carl Wilhelm Hennert

Über den Raupenfratz und Windbruch in den Königl. Preutz.

Ueber

den Raupenfraß und Windbruch

in

den Königl. Preuß. Forsten

in den Jahren

1791 bis 1794.

Von

Carl Wilhelm Hennert,

Königl. Preuß. Geheimen Forstrath.

Mit acht Kupfertafeln.

Berlin, 1797.
Auf Kosten des Verfassers.

Seiner

Hochwürdig Hochgebornen Excellenz

dem

Königl. Preußischen würklichen geheimen Etats = und Kriegsrath, Vicepräsidenten und dirigirenden Minister

bei

dem General = Ober = Finanz = Krieges und Domainendirektorium

und

Oberjägermeister

Herrn

Grafen von Arnim

auf

Boitzenburg und Züchow, Erb = Schloß und Burggesessenen, des St. Johanniter Ordens = Ritter, designirter Commenthur zu Suplingenburg,

Chef des Forstdepartements

widmet diese Abhandlung

in schuldigster Ehrerbietung
der Verfasser.

Vorbericht.

In dem 2ten Theil meiner Anweisung zur Taxation der Forsten äußerte ich, daß die Maaßregeln, welche in den Königl. Preußischen, besonders Kurmärkischen Forsten bei Gelegenheit des Raupenfraßes und Windbruchs getroffen wurden, öffentlich bekannt gemacht zu werden verdienten. Ich würde bei den mir obliegenden Dienstgeschäften wohl noch lange nicht Zeit gefunden haben, etwas Vollständiges hierüber auszuarbeiten, wenn mir nicht der Befehl Sr. Excellenz des Etatsministers und Oberjägermeisters Herrn Grafen v. Arnim hierzu aufgefordert hätte. Aeußerstes Bestreben, so viel in meinen Kräften steht, dem Forstwesen nützlich zu werden, munterten mich auch jetzt zu dieser Arbeit auf. Gern opferte ich meine wenige Erhohlungs = und dadurch auch oft abgebrochene Ruhestunden dieser Arbeit auf, und um derselben so viel als möglich Vollständigkeit zu geben, entschloß ich mich willig, diese gemeinnützige Arbeit auf meine Kosten drucken zu lassen.

Gedachter Herr Etatsminister hielten es für nothwendig, sowohl die Forstbedienten mit der Naturgeschichte eines Insekts, welches so beträchtlichen Schaden verursacht hat, nach seiner äußeren Gestalt und seinen verschiedenen Verwandlungen, so viel denenselben zu wissen nöthig ist, bekannt zu machen, als auch ihnen eine Nachricht von den verschiedenen Mitteln zu geben, welche zu Verminderung dieses Insekts angewandt worden, und sich auf die Oeconomie der Raupen gründen. Eben so interessant und nützlich können aber auch die Maaßregeln, welche sowohl zur Conservation als zur Verwendung des von den Raupen und vom Winde zerstöhrten und geworfenen Holzes getroffen worden, für die Zukunft werden.

Die Naturgeschichte der Insekten, welche hier abgehandelt wird, ist also nicht zur Belehrung der Naturforscher, welche nur hin und wieder einen Beitrag zur Naturgeschichte der Insekten, wovon die Rede ist, finden werden, abgefaßt, sondern ich habe mich nur bemüht, sie so faßlich als möglich ihrem Zwecke gemäß vorzutragen.

Die Materialien zu den getroffenen Maaßregeln habe ich aus den bei dem Forstdepartement eines hohen Generaldirektorii beruhenden Akten gezogen.

Bei Ausarbeitung der Naturgeschichte bin ich aber durch verschiedene berühmte Entomologen unterstützt worden, welche ich in dieser Abhandlung zu nennen nicht unterlassen habe. Besonders muß ich aber die außerordentliche Willfährigkeit und Gefälligkeit, womit mich der Herr Hofprediger Gronau zu Berlin unterstützt hat, rühmen. Viele Schmetterlinge habe ich aus seiner seltenen und vollständigen Insektensammlung erhalten, welche ich nach der Natur abzeichnen und in Kupfer habe stechen lassen, so wie ich auch demselben manche metheorologische Nachricht, wovon ich in dieser Schrift Gebrauch gemacht, zu danken habe.

Inhalt.

Inhalt.

Erster Abschnitt

enthält Bemerkungen über die Kiehnraupe und über den Schaden, den sie in den Königl. Preußischen, besonders Kurmärkischen Forsten verursacht hat.

Einleitung.

Die Naturgeschichte ist eine Wissenschaft, welche man erst in neuern Zeiten systematisch zu bearbeiten angefangen hat. Die alten Schriftsteller, als ein Plinius, der im 1ten Jahrh. n. C. G. lebte, schrieb zwar Naturgeschichte, worin es aber noch sehr finster aussieht; seine Erzählungen sind von vielen abergläubischen ungeprüften Meinungen angefüllt, und können höchstens dazu dienen, sich von dem Zustande, wie weit man es damals in dieser Wissenschaft gebracht, und was man für Fortschritte in neuern Zeiten darinn gethan hat, zu unterrichten. Dieses zeigt sich deutlich, wenn man dasjenige, was Plinius von der Verwandlung des Seidenwurms *), so wie die Mittel, welche er zur Tilgung der Raupen vorschlägt, lieft **). Wenn auch mancher durch den Schaden, welchen die Raupen verursachten, aufmerksam gemacht wurde, so geschah dieses doch nur in Ansehung des Nachtheils, den sie den Obstbäumen und Gartenfrüchten zufügten, und die Mühe und Arbeit des Gärtners zerstöhrten. Die Besitzer der Gärten waren also wohl die ersten, welche auch auf Mittel dachten, die Raupen zu vertilgen. In den Wäldern, wo damals noch ein Ueberfluß an Holz bei geringer Bevölkerung vorhanden war, bekümmerte man sich nicht darum, wann den Wäldern zuweilen von diesen Insekten Schaden zugefügt wurde. Ließen sie sich in solcher Menge sehen, daß es als etwas Außerordentliches den Vorübergehenden in die Augen fiel, so wurde ein solcher Fall wohl hin und wieder in einer Chronik aufgezeichnet.

Der Schaden, welchen die Raupen in den Gärten verursachten, konnte aber auch manchen Forstmann in neuern Zeiten zum Nachdenken und zur Erforschung einiger Mittel, wodurch dieses Insekt zu vertilgen, bringen. So wirksam aber auch selbige in den Gärten seyn konnten, so waren sie doch im Großen nicht anwendbar. Ich werde

---

*) Plinius Naturgeschichte, Buch XI. Kapitel 22. 23.

**) Plinius. Buch 17. Kapitel 28.

A

2

unten im 3ten Kapitel, wo ich von den Mitteln zur Tilgung oder Verminderung der Kiehnraupe reden werde, dieses näher zu beweisen suchen. Entstanden in ältern Zeiten Raupen in den Wäldern, so staunte man sie zwar an, sah aber das Holz gleichgültig verderben; und überdem, da doch an vielen Orten schon Holz genug verfaulte, so sah man auch diese Anzahl durch den Raupenfraß sich vermehren, ohne den Schaden sehr zu beherzigen. Die Raupen vergingen aus natürlichen Ursachen, wovon unten ein mehreres vorkommen wird, und bald wurde ihr Daseyn vergessen. Der märkische Geschichtschreiber Angelus *) ist der erste, welcher uns von den Raupen in den Wäldern der Kurmark Brandenburg, und zwar in Jahre 1502 Nachricht giebt. Nachdem er vorher von besondern wunderbaren Himmelserscheinungen, welche sich in diesem Jahre zugetragen haben sollen, geredet hat, worunter gehört, daß den Leuten vielfarbige Kreuzer aus der Luft auf den Leib fielen, und daß diejenigen, die dieses Unglück betroffen, durch eine große Seuche sind weggerafft worden; so fährt er fort zu erzählen, daß im Anfange dieses Jahrs sich so viel Raupen eingefunden, daß sie nicht allein die Gärten verwüstet, sondern auch die Bäume in den Wäldern so kahl abgefressen haben, daß sie wie Besenreiser gestanden, und alle Wege und Straßen so von solchen Ungeziefern angefüllt gewesen, daß man nicht hat einen Umweg nehmen können, sondern sie hat zertreten müssen. Dieses war der Fall auch, als die Kiehnraupen in den Kurmärkischen Forsten in den Jahren 1791—93 so entsetzliche Verwüstungen anrichteten. Es ist also wohl zu glauben, daß dieses eben die Raupe gewesen, welche vor 300 Jahren sich in den Wäldern so häufig eingefunden hat.

Angelus verweiset hierbei auf eine Sächsische Chronik; daher ist es wahrscheinlich, daß die Verwüstungen dieses Insekts sich bis in Sachsen erstreckt haben. Bei alle dem traf nach den Nachrichten des Herrn Predigers Gronow **) damals ein harter Winter ein, so daß noch den 11ten März eine große Kälte und tiefer Schnee einfiel, wobei viele Menschen erfroren.

Der verstorbene Professor Gleditsch sagt in seiner Abhandlung von der Kiehnraupe, daß 1506 sich ebenfalls so viel Raupen eingefunden haben sollen, wovon ich aber in Angeli Annalen nichts habe auffinden können. Vermuthlich aber hat er mit

*) Angeli Annales Marchiae Brandenburgicae, von Anno 416. bis 1596. Frankfurth a. d. O. 1598.

**) Herr Prediger Gronau. Versuch über die Witterung der Mark Brandenburg, 1ter Theil 1794. Seite 30.

***) Historische Beschreibung der Churmark Brandenburg, 1ter Theil. Seite 482.

3

Beckmann aus einer Quelle geschöpft, welcher ebenfalls anmerkt, daß in dem Jahre 1506 die Waldbäume in den Kurmärkischen Forsten dieses Uebel betroffen habe. Wenn die Kurmärkischen Forsten das Unglück gehabt haben, von den Raupen befallen zu werden, so ist solches gemeiniglich in heißen Sommern geschehen; wie ich unten mit mehrerem anführen werde. Die Wetterbeobachtungen in den Jahren 1502, 1506, 1532, wo sich die Raupen in großer Menge in den Wäldern einfanden, beweisen dieses.

In der Altmark wütheten sie 1638 im Stadtbusche bei Tangermünde; auch in andern Hölzern sah man unzählige große schwarze Raupen, die haufenweise an den Bäumen hingen, alles Laub abfraßen, und sie so kahl machten, daß die Bäume wie Besen aussahen. *) Es ist also nicht zu zweifeln, das dieses Unglück auch damals die Leßlinger - und andere Königliche Forsten in der Altmark betroffen haben kann. v. Carlowiß, welcher um das Jahr 1712 schrieb, erzählt **), daß vor einigen Jahren um Freiberg in Sachsen und an andern Orten eine Raupe die Gipfel der Tangelhölzer abgefressen, und die Bäume vergiftet habe, so daß eine Fäulniß dadurch entstanden, der Baum gänzlich verdorret ist, und sich allerhand Gewürme darin generiret haben soll. Auf der Nordseite der Elbe sollen sich auch grüne Raupen in großer Menge eingefunden haben, welche die Gipfel der Bäume abgefressen, wodurch ein unsäglicher Schaden geschehen, weil die Bäume davon verdorret sind.

Im Jahre 1728 haben die Raupen häufig von den Kiehnbäumen die Nadeln ganz abgefressen ***)

In den Jahren 1736, 37 und 38 fanden sich die Raupen so häufig ein, daß sie die Nadeln an den Fichten, und von den Eichen die Blätter und Blüthen, samt dem jungen neuen Trieb ganz abzehrten, ganze Heiden aber so kahl abfraßen, daß sie wie Besenreiser aussahen. Man hat nach Beckmanns Beschreibung ihren Fraß als ein Geräusch wahrnehmen können, und der Geschichtschreiber sagt, es sey merkwürdig, daß die abgefressenen Bäume größtentheils abgestorben und zu Holz haben gemacht werden müssen, auch daß in etlichen Jahren keine Eckermast gewesen. Dieses Unglück hat die Leßlingsche Kiehnheide in der Altmark, 4 Meilen von Stendal, die Heide bei Gensha-gen, einem adelichen Dorfe, 3 Meilen von Berlin, unweit Teltow, auch andere Heiden

*) Küster, antiquitates Tangermündenfis, Berlin, 1729. Seite 59.
**) Anweisung zur Wildbaumzucht 1732. Seite 41.
***) Frisch, Beschreibung allerlei Insekten, roter Theil. Seite 13.

A 2

betroffen; sonderlich auch eine beträchtliche Tannenbreite bei Mehrungen in der Altmark, 1 Meile von Stendal, ferner die Tempelburgsche Kiehnheide in der Mittelmark, 1 Meile von Fürstenwalde; wie solches Beckmann in seiner Beschreibung der Mark Brandenburg anführet.

Es ist also zu vermuthen, daß in der Altmark die Forsten, welche mit der Leßlinger Forst gränzten, als: Neuendorf, Jäverniß, auch die daselbst belegenen Privathölzer nicht verschont geblieben sind; so wie sich denn auch dieses Ungeziefer von der adelich Gensyagenschen Heide in die nicht weit davon liegenden Arensdorfer - auch in die daran gränzenden Reviere des Potsdamschen Forstes, als der Jütergottschen Parforceheide, den Babelsberg, vielleicht auch durch die adelich Stansdorfer - und Machenower Heide bis in die Spandauischen Forsten ausgebreitet haben kann. Eben so wie die in der Nachbarschaft der Tempelburger Heide liegende Freienwalder Stadtheide, desgleichen die Forsten Biegen und Neubrück ebenfalls von dem Raupenfraße gelitten haben können. Die Mark Brandenburg wurde also auch in ältern Zeiten mit eben der Kiehnraupe, welche von 1791 bis 93 so große Verwüstungen angerichtet hat, befallen; wie aus der Abbildung, welche Frisch davon giebt, ganz unbezweifelt hervorgeht.

Von 1738 bis 1776 findet man keine Nachrichten, daß die Wälder mit einer übermäßigen Menge Raupen befallen worden sind. Im Jahre 1776 aber fanden sie sich in der Mark Brandenburg wieder ein. Den 23ten July bemeldeten Jahres zeigte der Landjäger Richter, (nachmaliger Forstmeister) an, daß die Kiehnraupen einen großen Strich in der Groß - Schönebeckschen Forst (in der Ukermark), und zwar in dem 1ten und 2ten Block längst dem Gestell in den sogenannten Stellbergen und in dem Lözeschen Stangenholze verwüstet hätten. Es schien aber, als wenn man dieses Insekt damals nicht der Aufmerksamkeit würdig achtete; welches es doch in allem Betrachte verdient.

Man begnügte sich zu verfügen, es sollte auf Mittel gedacht werden, das weitere Migriren der Raupen zu hindern. Bei allem dem aber wurde der Schaden in den Forsten merklich, und der Landjäger Richter berichtete abermals im folgenden 1777ten Jahre, den 31ten July, daß das Holz, welches im abgewichenen Jahre von den Raupen gänzlich abgefressen worden, abstehe. Dieses schädliche Insekt fand sich auch wieder in diesem Jahre ein, und verwüstete einen eben so großen Strich Stangenholz, so daß der halben Kiehnheide das Verderben drohete. Die an der Groß - Schönebecker Forst gränzenden Forstbedienten aber schwiegen; wenigstens sind über diesen wichtigen Gegenstand ihre Anzeigen nicht bei den Akten des Forstdepartements.

Es wurden schon damals Vorschläge zu Tilgung der Raupen gethan; sie konnten aber wohl in Gärten, allein nicht in einer Forst von 51490 Morgen groß von erwünschtem Erfolge seyn. Ueberdem hatte man in 39 bis 40 Jahren in der Mark Brandenburg von keinem beträchtlichen Raupenschaden gehört. Man überließ es also jetzt, wie vor 300 Jahren, der gütigen Natur, diesen Uebeln Schranken zu setzen. Jedoch nach aller Beschreibung war die zu erwähnter Zeit in der Groß-Schönebecker Forst sich eingefundene Kiehnraupe nicht die, welche den Schaden in den Jahren 1791 bis 94 verursacht hat; sondern eine andere grüne Raupe, (Phalena noctua pinipenda) welche ich unten näher beschreiben werde.

Nach dieser Zeit hörte man in 5 Jahren nichts wieder von den Kiehnraupen in der Kurmark; bis die Kurmärkische Kammer im July 1782 abermals anzeigte, daß die dem Dohmdorfe Schönefeld, 2 Meilen von Berlin, bei Rudow zugehörige Kiehnschonung von den Raupen abgefressen worden sey. Da nun die Königliche Köpenicker Forst nicht weit davon liegt, und zu befürchten war, daß sich dieses Insekt in den Königlichen Forsten verbreiten könnte, so wurde dem Landjäger Hrn. Hermanes zu Köpenick, und Landrath Hrn. v. Liepe aufgegeben, die nöthigen Vorkehrungen zu treffen, und die Verbreitung dieses Insekts zu hindern. Die Wusterhausensche, damals Prinzliche Domainenkammer zeigte dieserhalb ebenfalls Besorgnisse, und benachrichtigte die Kurmärkische Kammer, daß sie vor einigen Jahren traurige Erfahrungen in der Prinzlich Waltersdorfschen Forst von diesem Insekte gemacht hätte. Sie beschrieben die Kiehnraupe von ungewöhnlicher Größe; bemerkten, daß sie sich im Monate July einspinne; und trugen darauf an, den Unterthanen zu befehlen, ihre Schonungen, welche so stark mit den Raupen befallen waren, abzuholzen, und auch das ganze Strauchwerk, worinn sich die Raupen eingesponnen, zu verbrennen.

Die Kurmärkische Kammer gab auch dieses dem Landrathe Hrn. v. Liepe wirklich auf. Das Forstdepartement genehmigte dieses Verfahren, und sollte von der Wirkung dieses Mittels Bericht abgestattet werden.

Dieses war also wirklich dieselbe Raupe, welche in den Jahren 1791 bis 94 so große Verwüstungen in den Kurmärkischen Forsten angerichtet hat.

Das Uebel griff 1783 sowohl in der Kurmark als in andern Provinzen außerordentlich um sich, so daß man anfing, auf dieses Insekt mehr Aufmerksamkeit zu wenden. In den Kurmärkischen Forsten fanden sie sich in der Haasenheide nahe bei Berlin ein. Manchen Berlinischen Entomologen gab also dieses Insekt Beschäftigung, und unter diesen war auch unser unvergeßliche Gleditsch.

6

Nach der Beschreibung, so durch offizielle Berichte einging, sollte diese Raupe eines Fingers stark und von außerordentlicher Größe seyn; man überzeugte sich, daß sie überwintere, und wollte bemerkt haben, daß die Raupe besonders Bäume angriffe, welche auf sandigem Boden standen. Für das junge Holz in den Schonungen war man mehr besorgt als für das alte, obgleich ersteres durch Geld bald wieder ersetzt werden konnte; daher hieb man das alte Holz, wenn es von den Raupen befallen war, zur Rettung der Schonung herunter.

Diese Kiehnraupe war unbezweifelt dieselbe, welche in neuern Zeiten den Kiehnrevieren in der Kurmark so viel Schaden gethan hat. In der Fürstenwalder Stadtheide fanden sich zu dieser Zeit eben · diese Kiehnraupen ein, und dieses betraf auch die Groß - Schönebecksche Forst. Der damalige obengenannte Forstbediente zeigte an, daß diese Raupe sich von der 1776 eingefundenen Kiehnraupe dadurch unterschiede, daß sie 4 Zoll lang und fast eines Fingers dick sey.

1781 fand der Herr Prediger v. Schewen in den Anklamschen, Mißelburgschen, (Vorpommersche Forsten) die grüne Forlpfalene, und diese war 1784 auch noch daselbst nebst der Larve von dem Tenthredo pini so häufig, daß man auf einer Quadratruthe 300 Puppen in der Garzischen Stadtheide zählen konnte. Diese Forlpfalene that auch außer den Königl. Preuß. Staaten in den Jahren 1725, 1783 und 1784 in den Anspachschen Forsten viel Schaden. *)

Das Uebel fing 1783 auch in den Neumärkschen Forsten, besonders in den Crossenschen sich zu zeigen an, und verbreitete sich sehr, denn es waren bereits über 1000 Morgen daselbst von den Raupen an = und abgefressen. Die Beschreibung, welche man von dieser Raupe machte, ist aber nicht ganz deutlich. Es wird gesagt, daß sie von zweierlei Art seyn sollte: eine Art sollte schwarzgrau mit hellen Flecken seyn, sich einspinnen, und es sollten die Schmetterlinge zu 1000 in der Forst herum fliegen. Eine andere Art sey blaßgelb, mit einer klebrigen Wolle sollte sie ihre Eyer einspinnen, und man wollte junge Maden über ihren Rücken haben kriechen sehen. Man muß diese Beschreibung mit Nachsicht beurtheilen, und dabei bedenken, daß es wohl wenig Forstbediente gab, welche mit der Oekonomie und Naturgeschichte dieses Insekts hinlänglich bekannt waren, um die Ursachen dieser letzten Erscheinung zu erklären; wovon ich, wenn ich unten von den Feinden der Raupe rede, mit mehrerem handeln werde. Die Forst-

---

*) Kob, Ursach der Baumtrocknis der Nadelwälder. Frankfurth und Leipzig 1790.

bedienten berichteten treulich, so wie sie es sahen, und überließen es höhern Orts darüber zu urtheilen. Der damalige Forstmeister Müller *), ein Schüler unsers berühmten Gleditsch, stellte indessen zur Vertilgung dieser Raupen verschiedene Versuche an, welche ihm zur Ehre gereichen, und die ich an seinem Orte anführen werde. Daß die beschriebene schwarzgraue Raupe wirklich die in neueren Zeiten in den Kiehnheiden der Mark Brandenburg so zahllos eingefundene Raupe gewesen sey, daran ist wohl nicht zu zweifeln.

Die Vorschläge des Forstmeisters Müller fanden aber nicht den Eingang oder Unterstützung, die sie wohl verdienten; es wurden verschiedene erhebliche Schwierigkeiten wegen Stellung der Unterthanen gemacht, weil sie mit der Erndte zu thun hätten, und man glaubte, es sey nicht zu behaupten, daß die von den Raupen befallenen Kiehnen im Sarkowschen Reviere des Crossenschen Forstes ausgehen würden. Der Beschluß lief endlich darauf hinaus, daß in der Kurmark auch Raupenfraß sey, und daß schwerlich ein Mittel dafür ausfindig zu machen seyn würde. Dabei hatte es für jetzt sein Verbleiben; wodurch denn ein Forstmann zum weitern Nachforschen nicht eben aufgemuntert werden konnte. In der Kurmark zeigte man sich indessen doch thätiger. Der verstorbene Professor Gleditsch reichte dem Forstdepartement über die Vertilgung der Raupen ein Promemoria ein, woraus ich nichts anführe, weil alles, was darin enthalten, in seiner Abhandlung von der Kiehnraupe gedruckt worden ist. Ob man wohl an dem guten Erfolge seiner Vorschläge zweifelte, so wurden doch nachher manche in Ausübung gebracht.

Von 1784 verbreitete sich die Kiehnraupe stark in der Kurmark. Von allen Seiten liefen Berichte ein, und man konnte sich fast keine Farbe und keine Art der Fortpflanzung denken, welche in diesen Berichten den Raupen nicht beigelegt wurde.

Bei Berlin in der Haasenheide, in der Ruppinschen Forst, Köpenick, Rüdersdorf, Petsdam, Arendsdorf, Hangelsberg, Cunersdorf, Eggersdorf, Friedersdorf, Viegenbrück, Groß-Schönebeck in der Köpenickschen Stadtheide Reiersdorf, in der Templinschen Stadtheide, ferner in den Königl. Forsten Zühlen, Jahrland, Charlottenburg, und in der Berlinischen Magistratsheide zeigten sich eine große Menge Raupen.

Die Berichte, welche von Zeit zu Zeit einliefen, fielen eben nicht sehr befriedigend aus. Indessen hatte man doch bemerkt, daß die starke Kälte im abgewichenen Winter den Raupen nicht geschadet hatte. Die Beschreibungen blieben aber immer

---

*) Kürzlich als Oberforstmeister im Netzdistrikte verstorben.

ungewiß. Denn in der Zühlenschen Forst sollten sie von den Stämmen herunter kriechen und sich in der Erde verpuppen; auch in der Rüdersdorffschen Forst sollte eine grüne schwarzgraue Raupe ihr Wesen treiben. In der Friedersdorffschen Forst fanden sich nur wenige von der großen Kiehnraupe, häufiger aber die grünen mit den weißen Streifen ein; diese, hieß es, gebähren lebendige Raupen.

Ein Besitzer eines Landguths gab dem Forstdepartement Nachricht, wie er bemerkt habe, daß die Kiehnraupen des Abends in seiner Kiehnheide von den Bäumen herabgingen und in der Erde schliefen. Dieses veranlaßte, daß eine Kommission zur Untersuchung dieser besondern Erscheinung ernannt wurde. Man fand die Sache aber nicht an Ort und Stelle von dieser Art; sondern dieses waren 1¼ Zoll lange braune und weißgestreifte Raupen, welche die Kommissarien nicht zu nennen wußten. Die Untersuchung fiel demnach so aus, daß eigentlich nichts gewisses daraus zu entnehmen war, weil der Forstbediente, welcher dazu ernannt war, besser Holz- als entomologische Kenntnisse besaß. So viel konnte man aber doch daraus abnehmen, daß es nicht die große Kiehnraupe (Phalena bombix) gewesen seyn konnte.

In der Kurmark ließ man die Sache ihren Gang gehn, und befahl den Forstbedienten, alle 14 Tage von dem Zustande des Raupenfraßes zu berichten. Denn man war ganz der Meinung, daß doch kein Mittel gegen diesen Schaden ausfindig gemacht werden könnte. Man verordnete also nur, daß das abgestandene Holz nicht schlagweise, sondern nur so wie es abstünde, gehauen werden sollte. Hiernächst verfügte die Kurmärkische Kammer, daß das junge Holz an den Seiten der von den Raupen befallenen Distrikte weggehauen werden sollte, damit die Raupen nicht überkriechen und das gesunde Holz angreifen könnten. Dieses war alles, was man bei der Meinung, es sey vor diesem Uebel keine Hülfe vorhanden, dagegen thun konnte. In Pommern wurden die Kiehnraupen auch in diesem Jahre wieder rege; jedoch war es nicht die Art, welche neuerlich die Verwüstungen in der Kurmark verursacht hatte. Bereits im Jahre 1779, 80 und 81 hatte der Oberforstmeister der Hinterpommerschen Forsten angezeigt, daß das Kiehnholz in einigen Forsten seines Distriktes abständig würde und vertrocknete. Im Jahre 1784 zeigte er wiederum an, daß sich eine Menge schwarz- weiß- und grüngestreifte Raupen in dem Neuhausenschen Reviere zeigten, und hier am meisten um sich griffen. Es fanden sich auch noch Kiehnraupen in den Hinterpommerschen Forsten Friedrichswalde, Gülzow und Stepniß ein. Bei diesem zunehmenden Uebel sorgte man nur dafür, das abständige Holz zu schlagen und zu verkaufen.

Nicht

Nicht lange nachher liefen auch bittere Klagen über den Schaden, den eine Menge weißgrünlicher Raupen in Vorpommern that, von dem Vorpommerschen Oberforstmeister ein. Der ganze Eggesinsche Forst war damit befallen, Neuenkrug über die Hälfte, 100 Morgen in der Ahlbeckschen Forst, und 30 Morgen in dem Müzelburgschen Forst wurden sehr von diesen Raupen mitgenommen.

Am Ende des July liefen Berichte ein: daß sie sich von den Stämmen herunter zögen, und in die Erde verpuppten. Die von dem obenerwähnten Gutsbesitzer in der Kurmark gegebene Nachricht, daß die Raupen des Nachts in der Erde schliefen, verursachte, daß man den Vorpommerschen Oberforstmeister hierauf aufmerksam machte.

In der Neumark fraßen die Raupen noch immer fort. In den Reppenschen Forst zeigten sie sich zu Anfange des Maymonats. Das Uebel nahm in erwähnten Forst überhand, und in dieser Noth forderte man den würdigen Gleditsch auf, darüber nachzudenken, und Versuche zur Tilgung der Raupen in Vorschlag zu bringen. Diese Aufforderung veranlaßte erwähnten Gelehrten, seine bekannte Abhandlung über die Kiehnraupe auszuarbeiten.

Die Nachrichten, welche von der Neumärkischen Kammer wegen des Raupenfrases einliefen, wurden beunruhigend; man befürchtete, daß das Sartowsche Revier in der Crossenschen Forst ganz dadurch verlohren gehn könnte. Ueberdem fanden sich die Raupen in den Kiehnhaiden der Wildenowschen, Zichertschen und Neumühlschen Forsten ein. In dem Zichertschen wollte man Raupen von grünlicher Farbe, andere schwärzlich und rauch, die 3te Art aber ganz grün und klein bemerkt haben. In der Neumühlschen Forst glaubte man, daß die Kiehnen, welche auf schlechtem Boden standen, nur von den Raupen angefallen würden. Einen beträchtlichen Distrikt des Massinschen Forstes hatte dieses Uebel auch betroffen; in den Wildenowschen Forst vermehrte sich der Raupenfraß ebenfalls außerordentlich. In den Hammerschen und Pyrhenischen Forsten, besonders in dem Vizischen Distrikte, fanden sich die Raupen endlich auch ein. In Neumühl aber ging es selbigen ziemlich schlecht; ein Platzregen und starker Sturmwind schmiß sie den 21ten July zu Boden, und da sie von einer Art waren, die nicht länger Lust hatte, über der Erde zu bleiben, so verpuppten sie sich in selbiger, und erwarteten ihre Auferstehung; man freute sich indessen, daß man ihrer durch Sturmwind und Platzregen loosgeworden war.

Aus allen verschiedenen, wenn gleich unvollständigen Berichten kann man doch so viel abnehmen, daß dieses nicht die große Kiehnraupe gewesen seyn muß. Indessen wurde der Schade, den sie anrichteten, besonders im Wildenowschen Reviere, er-

B

heblich, und es wurde viel starkes Holz verdorben, so daß man sich genöthiget sah, selbiges zu hauen, und auf die beste Art los zu werden.

Auch im folgenden 1785ten Jahre fand sich die grüne Kiehnraupe noch in Wildenow, Cladow, Maffin und Zichert ein. Das Holz hatte sich zwar bei letzterem Maytriebe etwas erholt; es war aber zu besorgen, daß, wenn die jungen Nadeln nochmals abgefressen werden sollten, das Holz gewiß abstehen würde. Im Anfange des Augustmonats entstand eine allgemeine Freude; denn, da die Raupen nicht mehr über der Erde bleiben wollten, und man sie auf dem Boden an den Stämmen fand, so schrieb man diesen glücklichen Zufall ebenfalls einem Regen zu, der sie getödtet haben sollte. Diese guten Nachrichten liefen von Cladow, Wildenow, Zichert, Drewitz, Mückenburg, Pyrhene und Reppen ein, und jeder war froh, dieses Ungeziefer los zu werden.

In Hinterpommern in den Saatzigswaldenschen Amtsforsten schien der Raupenfraß auch im Jahre 1785 noch sehr um sich zu greifen. Auch in der Kurmark hörten sie noch nicht auf zu fressen. In dem Reiersdorfschen Forste hatte das im abgewichenen Jahre abgefressene Holz wieder etwas getrieben; allein die Triebe waren doch nur sehr kümmerlich. Die Kiehnraupe fand sich in der Menzischen Forst, welche an Zechlin gränzt, in den so genannten Meerkatzschen Gründen ein. Der Raupenfraß dauerte auch noch das folgende 1786ste Jahr fort. Die Altmärkischen Forsten Malphul und Burgstall wurden damit befallen. In der Kurmärkisch-Rüdersdorfschen Forst fand sich in den Kiehnschonungen eine Raupe ein, welche man noch nicht in den Kiehnrevieren bemerkt haben wollte. Der Herr Professor Gleditsch wurde darüber befragt, und derselbe hielt sie für die sehr gefräßige dunkelbraungestreifte Larve des Tenthredo abietis.

Es schien, als wenn diese Raupenart den Beschluß von den Kiehnraupen, wodurch die Kurmärkischen Forsten heimgesucht wurden, hat machen wollen. Auch in der Neumark fand sich diese kleine Raupenart in diesem Jahre in den Forsten Mückenburg, auch in dem Sarkowschen Reviere, in dem Crossenschen Forste, und in dem Linichenschen Forste ein. Die grüne Raupe aber, welche den mehresten Schaden verursacht hatte, sah man nicht mehr.

Im Jahre 1787 fand sich diese kleine obenerwähnte Raupe auch in den Neumärkischen Forsten Wildenow, Maffin und Mückenburg auf dem jungen Aufschlag ein.

Ich werde von dieser Raupenart, welche ich noch später in Hinterpommern auf dem jungen Kiehnaufschlag angetroffen habe, unten mit mehrerem reden.

Von 1787 bis 1791, also in einem Zeitraume von 5 Jahren blieben die Königl. Preuß. Forsten mit diesem Ungeziefer verschont; nach dieser Zeit aber wurden sie mit so einer zahllosen Menge überfallen, daß der dadurch verursachte Schaden der Gegenstand seyn wird, wovon ich unten in verschiedenen Kapiteln mit mehrerem handeln werde. Die Perioden, worin die Forsten mit einer so großen Menge Raupen überfallen wurden, waren in älteren Zeiten ungleich länger als in neueren. Größtentheils wird man aber doch finden, daß ihr Fraß 2 bis 3 Jahre gedauert hat.

In der Kurmark haben sie sich in neuern Zeiten zu zweienmalen in einer Zwischenzeit von 5 Jahren, als 1777 bis 1782, und zuletzt von 1785 bis 1791 eingefunden. Die größern Perioden in ältern Zeiten können nun wohl daher entstanden seyn, weil Ueberfluß an Holz den Schaden nicht so auffallend gemacht hat, daß man denselben aufzuzeichnen werth achtete. Allein auch in neuern Zeiten, und selbst bei den Raupenfraß von 1776 bis 1777, und 1782 bis 1785 zeiget dasjenige, was ich davon in dieser Einleitung angeführt habe, genugsam, daß entomolische Kenntnisse auch zu diesen neuern Zeiten noch in einem sehr geringen Grade mit der Forstwissenschaft verbunden gewesen seyn müssen. Wieviel besondere Meinungen kamen nicht von diesem Insekte zum Vorschein! Die Berichte von der Art, Oekonomie und Beschaffenheit der Raupen würden bestimmter und deutlicher abgestattet worden seyn, wenn es nicht an Kenntnissen in diesem Fache gefehlt hätte. Von 1738 bis 76, also in einem Zwischenraume von 38 Jahren, lebten wenige von der Generation mehr, welche diese Verwüstungen der Raupen gesehen hatten. Die Waldraupen waren also in so langer Zeit in Vergessenheit gekommen; es muß daher für die Nachkommen höchst wichtig seyn, Nachrichten von diesen den Kurmärkischen Forsten durch den Raupenfraß zugefügten Nachtheil zu erhalten; und eben so nothwendig ist es, Forstbediente mit diesen Insekten überhaupt nach ihrer Natur, Art und Oekonomie bekannt zu machen, die Tilgungsmittel, in sofern sie Anwendung gefunden haben, und von Wirkung gewesen sind, aufzuzeichnen, um bei künftigen ähnlichen Unglücksfällen durch die Maasregeln, welche eine hohe Forstdirektion bei diesem Uebel ergriffen, eine Anweisung zu finden. Dieses ist es, was ich in den folgenden Kapiteln nach Aktenmäßigen Datis auszuführen suchen werde.

Erstes Kapitel.

Von den Raupen insgemein, Beschaffenheit des Insekts, in sofern solches die Kiehnraupen betrift, und den Forstbedienten diese Kenntniß nützlich seyn kann.

Wie die zahlreiche Menge der Raupen, und ihre Schmetterlinge in Gattungen, Horden, Familien oder andere Abtheilungen geordnet werden, gehört für denjenigen, welcher die Entomologie gründlich studiren will; hier würde es mich aber von dem Zwecke, den ich mir vorgesetzt habe, zu weit entfernen. Aus dem ganzen Raupengeschlechte hebe ich nur diejenigen Arten aus, welche die Natur auf das Nadelholz allein, besonders aber auf die Kiehne, oder gemeinschaftlich auf andere Holzarten angewiesen hat. Nach dem Schaden, den sie den Kiehnhaiden mehr oder weniger zugefügt haben, werde ich ihre Naturgeschichte erzählen.

Bevor ich aber im folgenden Kapitel die Naturgeschichte jeder dieser Arten besonders beschreibe, halte ich jedoch für nöthig, zuförderst etwas von der allgemeinen Beschaffenheit dieses Insekts in diesem Kapitel voran zu schicken, weil ich glaube, daß ein Forstbedienter manchen Umstand in der Naturgeschichte der Raupen wird deutlicher einsehen und erklären können.

Wie bekannt, so entstehet die Raupe aus einem Eye, welches ein Schmetterling oder auch eine sogenannte Blattwespe legt; sie wächst sodann nach verschiedenen Häutungen, und wenn sie ihre völlige Größe erreicht hat, so spinnet sie sich ein, verpuppt sich mit oder ohne Gespinnst in oder außer der Erde, bleibt in diesem Zustande eine Zeitlang, und endlich kommt der Schmetterling oder die Blattwespe aus dieser Puppe hervor, begattet sich, leget Eyer und stirbt.

Außerordentlich verschieden ist der Zustand dieses Insekts in seinen verschiedenen Verwandlungen, zuerst kriechend, sodann in einer Hülle gewickelt, wo es nur ein geringes Zeichen des Lebens von sich giebt, endlich zerbricht die Hülle, und ein geflügeltes Geschöpf schwinget sich mit kühnem Fluge empor. So sehr verschieden auch diese

Verwandlungen zu seyn scheinen, so sind selbige doch nichts anders als eine successive Ausbildung des Schmetterlings, welcher das Geschlecht fortpflanzen soll. Die erste Anlage zu seiner Ausbildung liegt bereits in dem Körper der Raupe als unter einer Larve verborgen. Daher nennt man auch die Raupen Larven der Schmetterlinge; in dieser Larve oder Raupe liegt bereits der Schmetterling, nur in einer ganz andern Gestalt. Die Flügel, der Rüssel und die Fühlhörner finden sich zusammen gerollt in der Höhlung des ersten und zweiten Ringes der Raupe. Reaumür hat sogar in einer Raupe von einer Eiche die Eyer des Schmetterlings, welcher noch unentwickelt in derselben lag, gesehen, und versichert, daß er eben dieses an einer Puppe von einigen Stunden bemerkt habe.

Die Raupen also, wenn sie dem Eye entschlüpft sind und heranwachsen, streifen ihre Haut verschiedenemal ab. Ein paar Tage vorher, ehe sie sich häuten, pflegen sie nicht zu fressen, und scheinen auch nicht mehr so munter zu seyn. Haut und Farbe werden sodann blasser, und scheinen zu verwelken, dann bekömmt die alte Haut einen Riß, und die Raupe schlüpft aus derselben. Behaarte Raupen kommen in dieser neuen Haut ebenfalls mit Haaren zum Vorschein, ohne daß ein Haar an der alten abgelegten Haut fehlen sollte.

Bei den mehresten Raupen verändern sich nach der Häutung die Farben, und pflegen gegen die Zeit, wenn sie ihren Wachsthum vollendet haben, dunkler zu werden. Die äußerliche Gestalt und Beschaffenheit der Raupe ist es also, worauf ein Forstmann hauptsächlich, wann er eine Raupenart beschreiben will, zu sehen hat. Das erste, was bemerkt werden muß, ist die Anzahl der Füße. Diese werden eingetheilt in Brustfüße, Bauchfüße, Schwanzfüße oder Nachschieber. Die Raupen haben durchgängig 6 Vorder- oder Brustfüße, diese befinden sich an den 3 ersten Ringen des Körpers, sie sind hornartig zugespitzt und mit Haaken versehen; die Raupen können selbige wie aus einem Futteral ein- und ausziehen. Diese 6 Füße bleiben auch an der Puppe, und werden die Füße des künftigen Schmetterling. Die folgenden nennt man Bauchfüße; ihre Zahl ist veränderlich. Bei den eigentlichen Raupen findet man auf jeder Seite 4, also 8 Stück; diese sind stumpf, membranöse, mit kleinen Häkchen besetzt, hinten haben sie gemeiniglich eine Art Klappe, woran ebenfalls 2 dergleichen Füße befindlich sind, welcher sich das Insekt zum Kriechen bedient, und als Hinterfüße mit zu den Füßen der Raupe gerechnet werden. Alle diese 10 Füße wirft die Raupe bei der Verwandlung als Schmetterlings ab. Die Füße der Raupe sind ein Hauptunterscheidungszeichen unter den Arten dieses Insekts; denn man findet Raupen, welche nur 14,

auch zuweilen ohne Schwanzfüße nur 12 auch 10, andere nur 6 Vorder - und 2 Hinterfüße, also überhaupt 8 Füße haben. Es giebt aber auch Raupen, welche mehr als 16,
ja wohl 18 bis 20 Füße haben. Verschiedene berühmte Entomologen theilen hiernach die
Raupen in Klassen: zu der 1ten rechnen sie die 16 füßigen, zu der 2ten und 3ten Klasse
die Raupen mit 3 paar Mittelfüßen; und die von der 4ten haben nicht mehr als 14
Füße, 6 zugespitzte Vorder - und 8 Mittelfüße, die Hinterfüße fehlen. Zu der 5ten
Klasse gehören die Raupen mit 4 Mittelfüßen, und also mit 12 Füßen, welche Fabricius halbe Spannraupen nennt. Zu der 6ten Klasse werden die Raupen mit 2 Mittelfüßen, also überhaupt die mit 10 Füßen gerechnet, welche besonders Spannmesser
(Geometru) genannt werden. Zu der 7ten Klasse gehören die, denen alle Mittelfüße fehlen,
und die nur blos 6 Vorder - und 2 Hinterfüße haben, und Mottenlarven (Tinea)
genannt werden. Nach Fabricius haben sie auch 16 und 14 Füße; von einigen hat das
Weibchen keine Flügel. Diejenigen Raupen, welche mehr als 16 Füße haben, pflegt man
Afterraupen zu nennen, weil kein Schmetterling, sondern nur eine große Fliege oder
sogenannte Blattwespe (Tenthredo) aus ihrer Puppe entsteht. Alle diese Raupenarten
werden, in sofern sie dem Nadelholze schädlich sind, unten näher beschrieben werden.

Sodann hat ein Forstbedienter auf die Farbe der Raupe Acht zu geben: ob sie
gestreift, ob sie mit Punkten von verschiedener Farbe besetzt ist, ob sie glatt oder mit
Haaren bewachsen, ob sie auf dem Rucken ein Horn tragt, auch auf die Farbe ihres
Kopfes ist zu sehen. Im Allgemeinen findet man äußerlich an der Raupe 12 Ringe,
Absätze, Gelenke oder Einschnitte, welche fast alle Raupen gemein haben; auf
den Absätzen finden sich an jeder Seite herunter 9 kleine Luftlöcher. Am 2ten, 3ten
und 12ten Ringe fehlen selbige. Die Ursachen, warum sie im 2ten und 3ten Ringe fehlen,
ist, weil die Flügel des künftigen Schmetterlings in diesem Ringe verborgen liegen. Der
Kopf der Raupe ist größtentheils herzförmig und aus 2 hornartigen Schaalen. zusammengesetzt. Man wird 2 Oeffnungen darinn bemerken; in der größten finden sich die
Freßwerkzeuge oder der Mund, und unter derselben ist noch eine Oeffnung, welche innerhalb birnförmig ist, woraus die Raupe den Faden zum Spinnen zieht. Ob die
Raupen Augen haben, darüber sind die Naturforscher noch nicht einig; einige geben
ihnen 6 auf jeder Seite, doch wird dieses noch von Manchen in Zweifel gezogen. Die
Entscheidung dieser Streitfrage gehört nicht hierher, da ein Forstbedienter in seiner Beschreibung, wenn er von Raupen, die sich in seinem Reviere einfinden, Bericht abstat-
ten will, nur die obenbemerkten Kennzeichen deutlich anzugeben hat.

Die innere Beschaffenheit der Raupe gehört zwar nicht zu dergleichen Beschreibungen; jedoch kann eine allgemeine Kenntniß derselben dazu dienen, daß mancher Ge= genstand in der Oekonomie der Raupen deutlicher eingesehen wird.

Wenn man eine Raupe ein paar Tage in Weingeist legt, und schneidet ihr sodann den Bauch nicht zu tief auf, so daß man die Haut auseinander legen kann, so findet man fast so lang, wie der ganze Raupenkörper ist, einen Cylindrischen Darm oder Ader, welche die edlern Theile der Raupe, als den Magen, die Därme und After ein= schließt. Der Magenschlund verbindet sich mit dem Maule, an welchem unmittelbar der Magen befindlich ist. Die Gedärme, und zuletzt der After liegen unten gegen die Schwanzklappe. Auf beiden Seiten außerhalb erwähnten Cylindrischen Darms liegen Bündel von in einander geschlungenen zarten Gefäßen, wovon die untersten eine fettige Materie enthalten. Mit diesen sind wieder andere verbunden, welche sich gegen den Mund der Raupe, oder vielmehr gegen das birnenförmige Gefäß, welches sich unter dem Munde der Raupe befindet, ziehen. In diesen zarten Gefäßen wird nach der Meinung der berühmtesten Entomologen der Spinnsaft abgesondert, und zu einem Fa= den zubereitet, welchen die Raupe durch eine zusammenziehende Bewegung aus obener= wähntem birnenförmigen Gefäße herausdrückt. Aus dieser Beschreibung von der innern Beschaffenheit der Raupe ist schon so viel abzunehmen, daß es sehr wohl möglich ist, daß sich ein Insekt in der Raupe von ihrem Spinnensafte ernähren kann, ohne die edlern Theile, die zum Leben der Raupe nöthig sind, zu verletzen; daher dann die Raupe auch noch immer fressen, und Nahrung zu Erhaltung ihrer Feinde absetzen kann. Nächst diesem findet man noch verschiedene Lufträhren, welche mit dem oben er= wähnten Colinder, worinn die Verdauungswerkzeuge der Raupe befindlich, verbunden sind, und diese Gefäße haben mit den 9 Luftlöchern, welche man außerhalb der Raupe bemerkt, Gemeinschaft. Durch diese Luftlöcher zieht die Raupe die Luft an, läßt sel= bige aber durch den Mund wieder von sich.

Verschiedene berühmte Naturforscher haben auch auf der Raupe selbst durch Ver= größerungsgläser dergleichen kleinere Oeffnungen in der Raupenhaut bemerkt. Auch diese Löcher können den Feinden der Raupe, von welchen unten ein mehreres vorkommen wird, die Zerstörung derselben erleichtern. Wann die Raupe bis zu ihrer Spinn= zeit gesund geblieben ist, und sie einen Ueberfluß an Spinnsaft gesammlet, sich auch zum letztenmale gehäutet hat, so schickt sie sich zu ihrer 2ten Verwandlung an. Sie spinnt sich entweder in eine harte pergamentartige Hülse oder Cocon, oder in ein leichteres Fadengewebe, an den Bäumen oder unter der Erde ein; einige aber verwan= deln sich ohne einzuspinnen. Das Gespinnst, welches bei einigen so hart wie Perga=

ment ist, pflegt man Cocon zu nennen, und den Körper der Raupe, welcher sich in dem Cocon oder in dem Gespinnste verwandelt, nennet man eine Puppe, Dattel, Chrysalie oder Aurelie. Diese ist hornartig, aber um vieles kürzer als die Raupe. Die Puppe behält nur 9 Ringe, und wird durch ein Bruststück bedeckt. Die Haupttheile, welche äußerlich an der Puppe zu bemerken sind, ist der Scheitel, das Gesicht, die Flügeldecken, die Schwanzspitzen, die Ringe und die Luftlöcher. Auch ist an der Puppe der Saugerüssel, die Fühlhörner und die Füße des Schmetterlings deutlich zu sehen. Die Puppen haben Leben, können sich mehrentheils mit der Schwanzspitze auf eine oder die andere Seite wenden. Diese Schwanzspitzen oder Häkchen findet man besonders an denen Puppen, woraus die Nachtschmetterlinge entstehen. Wenn die Raupe sich zu dieser Verwandlung anschickt, giebt sie mit den Excrementen eine Membrane, womit der Magen ausgefüllt ist, von sich. Der Fettkörper schmilzt, und erfüllt mit seiner Flüssigkeit die Chrysalide, wovon sie sich während ihres Puppenzustandes ernährt.

Bei Beschreibung einer Puppe hat also der Forstbediente auf ihre Größe, ihre Farbe, besonders auf die Schwanzspitzen oder Häkchen zu sehen; ferner, ob die Puppen bloß liegen oder in einem Gespinnste eingehüllt sind. Andere Puppen hängen mit den Häkchen an den Bäumen; auch muß bemerkt werden, ob die Puppen auf dem Rücken eine Erhöhung haben. Wenn man wissen will, ob sie leben oder todt sind, darf man nur die freiliegende Puppe berühren; am besten geschieht es am Ende der Flügelscheiden. Bewegen sie sich bei dei dieser Berührung munter, so leben sie, zucken sie aber bloß, oder lassen gar keine Bewegung von sich spüren, so sind sie todt. Solche Puppen aber, die sich in Cocons verwandeln, muß man an das Licht halten, wodurch man sich doch einigermaßen überzeugen kann, ob der Schmetterling ausgebildet zu sehen ist. In dem Puppenzustande bleibt die Raupe öfters 6 und mehr Monate und den ganzen Winter über; bei andern aber, als bei der so schädlichen großen Kiehnraupe, verwandelt sich dieselbe öfters in 14 Tagen, wo der Schmetterling ausgebildet erscheint.

Wenn nun die Zeit herannaht, daß der Schmetterling aus der Puppe entschlüpfen will, so zersprengt er durch Aufblasen und Zusammenziehn die Schale der Puppe, gemeiniglich am dritten Ringe, indem die Chrysalide Luft durch die Luftlöcher, welche sie an der Seite hat, an sich zieht und auch wieder heraus stößt, wodurch denn die Schale gesprengt wird. Wann der Schmetterling aus der Puppe kömmt, so ist er ganz naß und sehr weich, die Feuchtigkeit zieht sich aber bald in den Körper, und die Flügel, welche dicht am Körper liegen, sind dick, zusammengewickelt und nicht zu sehen; nach einer halben Stunde aber fangen sie an sich zu entfalten, der Schmetterling läßt

fo=

sodann viel Excremente von sich, und eine rothe Flüssigkeit, welche er in den Einge-
weiden hat. Die innere Beschaffenheit des Schmetterlings weichet sehr von der ab,
welche ich oben von seiner Larve beschrieben habe, denn er ziehet nicht mehr die Luft
durch die Luftlöcher, wie die Raupen, an, sondern durch den Mund; er hat nur 6
Füße, welches die Brustfüße der Raupe waren, und in selbigen wie in einem Futteral
stacken. Bei Beschreibung eines Schmetterlings hat ein Forstmann zuförderst auf
die Fühlhörner vorne am Kopf zu sehen, ob sie fadenförmig oder spitz an den Enden
sind. Bei manchen sind sie keulenförmig, bei andern glatt, oder gefiedert, desgleichen
wie mit einen Kamm versehen. Sodann muß derselbe die 4 Flügel des Schmetterlings
beschreiben, besonders auf ihre Farbe, sowohl der Unter = als Oberflügel sehen, ob der
Rand der Flügel glatt, oder gezackt ist, ferner auf die Farbe des Randes. Hauptsächlich muß man darauf Acht geben, wie der Schmetterling im Sitzen die Flügel hält, ob
er sie senkrecht auf den Rücken zusammenschlägt, oder horizontal ausbreitet, oder sie
dachförmig niederschlägt, so daß er die Füße beinahe damit bedeckt.

Das Weibchen unterscheidet sich gemeiniglich von dem Männchen dadurch, daß es
größer und stärker ist, auch mehrentheils nicht so gezierte Fühlhörner als das Männchen
hat; diese Kennzeichen sind hinlänglich zu einer deutlichen Beschreibung des Schmetterlings, wobei die Größe derselben noch angegeben werden kann.

Im Allgemeinen kann man noch 5 besondere Arten der Schmetterlinge bemerken
und sie durch folgende Merkmale unterscheiden.

1) Tagevögel, Papiliones,

haben knopfförmige Fühlhörner, die am Ende dicker sind, halten im Sitzen die Flügel senkrecht über dem Rücken zusammen, fliegen am Tage.

2) Abendfalter, Schwärmer, Dämmerungsvögel, Sphinx.

Die Fühlhörner sind dreieckicht oder prismatisch, gerade in der Mitte am dicksten, die
Flügel halten sie im Sitzen ausgebreitet, horizontal, die Oberflügel sind lang und zugespitzt, die untern kurz. Es ist merkwürdig, daß sich an dem Vorderflügel bei den mehresten Männchen eine kleine fast hornartige Erhöhung findet, die in eine in der Unterseite
des Hinterflügels befindliche Oeffnung eingreifet, und die beiden Flügel zusammenhält.
Ihr Flug ist schwer und rauschend, sie fliegen gegen Abend und des Morgens, einige
auch am Tage. Die Raupe von diesem Schmetterling pflegt oft ein Horn am Ende
des Rückens zu haben, welches man auch noch an der Puppe wahrnimmt. Es ist nur
eine Raupe von dieser Art, welche man auf dem Nadelholze findet, sie hat aber bis
jetzt noch keinen merklichen Schaden gethan.

C

3) Nachtfalter, Nachtvogel, Phalena.

Ihre Fühlhörner sind borstenartig oder konisch, auch fadenförmig, und werden von der Wurzel nach der Spitze dünner, oft haben sie noch Nebenäste, die Flügel legen sie im Sitzen größtentheils dachförmig gegen die Füße, sie fliegen nur zur Nachtzeit. Diese ganze Gattung wird vom Ritter Linné in 8 Familien getheilt, wovon ich nur diejenigen aushebe, welche man auf dem Nadelholze findet, diese sind:

Zweite Familie. Die Spinner, Bombyx.*) Die Flügel liegen übereinander, die Fühlhörner bei dem Männchen gemeiniglich kammförmig.

Dritte Familie. Eulen, Noctua. Die Flügel liegen auch übereinander, die Fühlhörner sind borstenartig, auch fadenförmig und gekämmt.

Vierte Familie. Spanner, Spannmesser, Geometra. Die Flügel liegen an der Spitze offen ausgebreitet, flach, und haben bald kammförmige, bald borstenartige Fühlhörner.

Fünfte Familie. Blattwickler, Tortices. Die Flügel sind stumpf, oder breit geformt, der Vorderrand ist meist Bogenförmig.

Sechste Familie. Motte, Schabe, Tinea. Die Flügel sind cilindrisch zusammengerollt, die Stirne ist hervorragend.

Hiernächst muß man noch einen Unterschied der weiblichen Schmetterlinge bemerken, da es besonders unter den Spannmessern einige von dieser Art giebt, welche man auf den Kiehnen findet, von diesen hat das Weibchen stumpfe oder Krüppelflügel, womit sie nicht fliegen kann, das Männchen aber hat Flügel, welche zum Fliegen geschickt sind.

Alle Raupen aber werden nicht durch Schmetterlinge fortgepflanzt, sondern auch durch Blattwespen, wovon oben bereits erwähnt worden; diese spinnen sich in der Erde in eine Verwandlungshülse ein, und bleiben bis zu ihrer Verwandlung Raupe, sie schrumpfen sodann in der Raupenhaut zusammen zu einer Nymphe, woraus eine vierflüglichte Blattwespe entsteht. Da sich dergleichen in den Kiehnheiden auch finden, und sich durch ihren Fraß bemerklich machen, so werde ich unten die Oekonomie dieser Raupe näher beschreiben.

Ob die Schmetterlinge Nahrung zu sich nehmen oder nicht, darüber sind nicht alle Naturforscher gleicher Meinung; es läßt sich aber doch glauben, da sie mit Saugerüs-

---

*) Von der ersten Horde oder Familie findet man keine auf dem Nadelholze, so wie von der sechsten.

feln und andern zur Nahrung dienenden Werkzeugen von der Natur versehen sind. Dieses kann aber den Forstmann nicht sehr interessiren, da die Schmetterlinge durch ihren Fraß noch niemals Wälder verwüstet haben.

Ich bemerke nur noch einige Unterscheidungszeichen der männlichen und weiblichen Schmetterlinge bei den Nachtvögeln, weil diese am meisten dem Forstmann vorkommen. Das Weibchen ist größer, dabei außerordentlich schwer und faul, und bewegt sich nicht gern; wie denn auch Reaumur angemerkt haben will, daß alle Nachtschmetterlinge, welche nach dem Lichte fliegen, Männchen seyn sollen; diese schwärmen herum, suchen das Weibchen auf, begatten sich mit selbigem, welches oft eine halbe, auch ganze Stunde dauert, das Männchen ist nach der Begattung einige Stunden ganz entkräftet. Selten begattet sich das Weibchen mehr als einmal. Sie legen auch Eyer ohne Begattung, allein diese sind nicht fruchtbar. Die Eyer liegen in den weiblichen Schmetterlingen reihenweis. Reaumur hat in dem Schmetterlinge des Seidenwurms 514 bis 516 Stück gezahlt. Lyonet in der Phalena der Bürstenraupe 350 Eyer. Degner fand in einem Schmetterling 480 Eyer. Die Phalena des sogenannten Bandweidenspinners hat öfters über 1000 Eyer bei sich, und die vom Nesselspinner über 1600.

Von den Schmetterlingen der großen Kiehnraupe kann man ohne Uebertreibung annehmen, daß sie wenigstens 100 Eyer legen. Der Schmetterling legt seine Eyer an solchen Oertern und auf solchen Bäumen, wo die jungen Raupen gleich ihre Nahrung finden, er befestiget sie gemeiniglich mit einer klebrichten Feuchtigkeit an den Blättern, Nadeln oder Zweigen der Bäume. Aus der Zeit, wenn sich die Schmetterlinge in den Forsten sehen lassen, kann ein Forstbediente abnehmen, wann die jungen Raupen aus-kommen werden. Schwärmen sie im July oder Anfangs August, so ist daraus zu schließen, daß die Raupen noch dasselbige Jahr auskommen, sie fressen sich sodann bis zu einer mäßigen Größe, und bei eintretendem Winter verbergen sie sich in den Ritzen der Bäume, kriechen in die Erde unter dem Moos, andere verwahren sich in einem har-ten Gespinnst, und bleiben so bis künftigen Sommer in einer Erstarrung liegen. Es ist nicht zu vermuthen, daß ihnen in diesem Zustande die Kälte viel schaden kann. Reau-mur hat in einen künstlichen Grad der Kälte, 15 Grad unter Null, eine Raupe über eine halbe Stunde gelegt, nachdem er sie hernach etwa eine Viertelstunde in die Wärme gebracht, so ist sie wieder aufgelebt. Diese Raupe, welche er Pytiocampa nennt, *) ist

---

*) Reaumur, Tom. I. pag. 140.

erſt durch eine Kälte unter dem 15ten Grad erfrohren, 8 bis 9 Grad unter dem Eispunkt hat ſie aber ſehr gut ausgehalten. Da nun die Raupen ſich gemeiniglich unter Moos verkriechen, welcher im Winter noch mit Schnee bedeckt wird, ſo haben ſie hier Schutz vor der Kälte; es iſt alſo leicht abzunehmen, daß ſie hier einen großen Grad der Kälte aushalten können.

Andere Schmetterlinge, welche ihre Eyer ſpät im Herbſt legen, legen ſelbige an ſolchen Oertern, wo ſie vor der Kälte geſchützt ſind; andere Arten Schmetterlinge überziehen ihre Eyer mit einem wollenartigen Ueberzug. Eine dritte Art Raupen, welche eine beträchtliche Zahl ausmachen, verpuppen ſich bei Eintritt des Herbſtes in der Erde, auch wohl in den Ritzen und Spalten der Borke, wo ſie den ganzen Winter über in dem Puppenzuſtand bleiben.

Was ich hier angeführt habe, glaube ich, wird hinlänglich ſeyn, einen allgemeinen Begriff von der Hauptbeſchaffenheit des ganzen Raupengeſchlechts, ſo weit es meiner Abſicht angemeſſen iſt, und es für den Forſtbedienten nützlich ſeyn kann, zu geben. Im folgenden Kapitel werde ich von der Oekonomie jeder Raupe, welche man auf den Nadelhölzern findet, und beſonders von denen, welche den Königl. Preuß. Forſten ſo nachtheilig geweſen ſind, eine umſtändliche Beſchreibung geben.

Ehe ich aber dieſes Kapitel ſchließe, muß ich noch etwas im Allgemeinen von einigen Gegenſtänden, ſo ſich in verſchiedenen Verwandlungen mit den Raupen zutragen, bemerken.

Man ſieht öfters, daß in den Puppen ſtatt der Schmetterlinge oder in den Raupen ſelbſt ſich Maden finden, welche ſich in eine Art Weſpe verwandeln. Dieſe Erſcheinung hat manchen Unkundigen zu beſonderen Gedanken verleitet; ich werde davon unten mit mehrerem zu reden Gelegenheit haben. Im Allgemeinen merke ich nur hier an, daß ſie zu den Inſekten mit 4 häutigen Flügeln, die mit wenigen, aber ſtarken Adern durchzogen ſind, gehören. Am Hinterleibe haben ſie öfters verborgene Stacheln. Ihre Larven haben theils 10 Füße, theils ſind ſie wie Maden gebildet. Sie gehören unter das Weſpengeſchlecht (Hymenoptra), nach der 5ten Ordnung Linnei. Eine Art davon, welche den Forſtmanne am mehreſten intereſſiert, ſind die Ichnevmons oder Schluppweſpen, ſie haben einen Bohrſtachel, öfters iſt er außerhalb, zuweilen aber auch verborgen, und ſind Feinde der Raupen.

Eine beſondere Art Inſekten, welche man Raupentödter, Sphex, nennt, und die auch eine Art Schluppweſpen ſind, unterſcheiden ſich von den Ichnevmons, daß ſie Fühlhörner mit 10 Gelenken, da die Ichnevmons wohl 30 und mehrere haben. Einige

Weibchen von dieser Art graben runde Höhlen im Sande, und schleppen sodann ein Insekt herein, worin sie ihre Eyer legen. Blattwespen unterscheidet Reaumur dadurch, daß sie die Oberflügel nicht zusammengefalten, und den Bohrstachel verborgen im Leibe tragen, statt das bei den Ichnevmons der Bohrstachel zu sehen ist.

Die Verwüstungen der Raupen in den Kiehnheiden zogen noch andere Insekten nach sich. Das abgestandene Holz wurde von Käfern angefallen, sie gruben sich in die Borke des umgeworfenen Holzes ein. Andere durchbohren die jungen Seitentriebe des Nadelholzes, so daß diese Triebe abfallen. Die Verwandlung des Käfers und seine äußere Beschaffenheit ist im Allgemeinen genommen folgende: Die Larve des Kä= fers entsteht aus einem Ey, welches das Weibchen legt, man findet die Larven mit und ohne Füße, gemeiniglich haben sie, wie die Raupen, Brustfüße, nach ihrem Larvenzustand verpuppen sie sich, und aus dieser Puppe entsteht sodann, statt von beiden Raupen der Schmet= terling, ein Käfer, sie haben zu ihrem Gebiß Freßzangen, und die mehresten 6 Füße an der Brust, die Maden der Käfer verpuppen sich mehrentheils unter der Erde, auch im Holze selbst, ohne sich jedoch einzuspinnen. Wenn der Käfer aus der Puppe kömmt, so ist er ganz weich, verhärtet sich aber in kurzer Zeit, und bekommt harte hornartige Flügeldecken; bei einigen Käferarten haben nur die Männchen Flügel, sie sind außeror= dentlich lang, und wenn sie selbige hervorstrecken, weit länger als die Flügeldecken. Bei Beschreibung der Gestalt des Käfers hat der Forstbediente zuvörderst auf die Fühlhörner zu sehen, ob diese oben knopfförmig sind und Gelenke haben, oder was sie sonsten für eine Figur haben, desgleichen muß auf ihre Farbe gesehen werden, sodann auf die Größe des Käfers, auf das Verhältniß des Kopfes, des Halsschildes und der Flügeldecken, auf die Farbe dieser Theile, ob Halsschild und Flügeldecke glatt, gereift, mit einem Rand versehen, oder mit Haaren besetzt sind, ferner auf die Figur der Flügeldecken nach hin= ten, ob selbige abgeschnitten oder cilindrisch, rund sind, und hinten den Leib bedecken, auch auf die Farbe und Größe der Füße.

Zweites Kapitel.

Naturgeschichte und Oekonomie der Raupen und einiger Käferarten, welche man auf dem Nadelholze, besonders auf und an den Kiehnen findet.

Wenn ich die Naturgeschichte der Kiehnraupen in systematischer Ordnung vortragen wollte, so würde ich nicht mit Beschreibung der Oekonomie der großen Kiehnraupe anfangen können; da ich aber hier blos zur Belehrung der Forstbedienten schreibe, so werde ich ihre Naturgeschichte nach der Ordnung, wie sie dem Nadelholze mehr oder weniger Schaden zugefügt haben, beschreiben.

1) Phalena bombyx pini.

Fichtenfresser, Fichtenraupe, Kiefern- oder Kiehnenstammraupe, Fichtenglucke, Fichtennachtfalter, Föhrenspinner.

a) Die Raupe, wenn sie völlig ausgewachsen ist, so erreicht sie eine Länge von 4 Zoll, sie hat 16 Füße, 6 Brustfüße, 8 Bauchfüße und 2 Schwanzfüße. (Tab. I. Fig. 1.) und in der zweiten Figur ist diese Raupe auf dem Rucken liegend abgebildet. Der Kopf ist okerbraun, die Absätze haben viel graue und braune Punkte, und die Grundfarbe ist dunkelgrau. Das sicherste Kennzeichen dieser schädlichen Kiehnraupe ist: wenn sie den Kopf bieget, so sieht man zwischen den zwei nächsten Einschnitten am Kopf oberhalb zwei dunkelblaue Flecke, oft findet man auf dem 1ten und 2ten Absatz kleine zinnoberrothe Knöpfchen, wird die Raupe in dieser Gegend durchstochen, oder von einem Käfer verwundet, so läuft ein hellgrüner Saft heraus, welches ihr gemeiniglich den Tod verursachet. Der ganze Rucken ist mit langen braunen Haaren bedeckt, der Leib dunkelorangegelb mit braunen Flecken. Die 6 Brustfüße sind dunkelbraun, die 8 stumpfen Füße am Bauch, aber etwas heller, so wie die letzten beiden breiten Nachschieber, auch ist die Schwanzklappe von derselben Farbe. Man wird diese Raupe öfters von hellerer Farbe finden, hoch orangegelb, fuchsfarbig. Dieſer Unterſchied verändert aber nicht an der Art, und die zwei erwähnte dunkelblaue Flecke findet man bei allen Kiehnraupen von dieſer Art.

So bald es im Frühjahr warm wird, im Anfange des Aprils, auch wohl ſchon im März, erwachen dieſe Raupen von ihrem Winterſchlaf, und kriechen in verſchiedener Gröſſe, je nachdem ſie früher oder ſpäter im abgewichenen Nachſommer ausgekommen, an den Stämmen in die Höhe, um ihre Nahrung zu ſuchen. Dieſes geſchah 1792 ſchon den 2ten April. Steht nun altes und junges Kiehnenholz in dem von ihnen angefallenen Diſtrikt, ſo pflegen ſie zuerſt das alte abzufreſſen, und ziehen ſich ſodann nach dem jüngern Holze herunter, ſie freſſen die Kiehnnadeln gänzlich bis an die Scheide ab, legen ſich der Länge nach auf ſelbigen, und fangen bei der Spitze an zu freſſen, ſo daß ſie in ſehr kurzer Zeit eine Nadel bis auf die Scheide verzehren können. Die Menge der Raupen war in einem Kurmärkiſchen Forſte ſo groß, daß man ſelbige bei ſtillem Wetter freſſen hören konnte, und die häufigen Erkremente, die ſie, beſonders gegen die Zeit, wenn ſie ſich einſpinnen wollen, fallen ließen, rauſchten wie ein ſanfter Regen.

Die Nadelholzreviere erhielten durch dieſen Raupenfraß, der vom April bis July dauerte, ein ſo trauriges Anſehn, daß man auch von ihnen, wie in älteren Zeiten ſagen konnte, die Bäume ſahen wie Beſenrieß aus. Die unerhörte Menge Raupen und die traurigen Folgen von ihrem Fraß ſah man von Tage zu Tage zunehmen, wie ich unten mit mehrerem anführen werde. Ob gleich kaum 5 Jahr verfloſſen waren, daß ſich dieſes Inſekt häufig eingefunden, und alſo nicht unbekannt ſeyn konnte, ſo war man doch noch ſehr fremde in ſeiner Oekonomie.

Dieſe Kiehnraupe iſt außerordentlich gefräßig. Holz, welches ſich etwas wieder erholt und Nadeln getrieben hatte, wurde zum zweitenmal abgefreſſen. Sobald ſie mit dem hohen Holze fertig waren, und ihre Spinnzeit ſich näherte, welche gemeiniglich am Ende des Junymonats eintritt, und 1793 ſchon den 12ten Juny anfing, ſo werden ſie außerordentlich unruhig, kriechen von dem hohen Holze herunter, und ziehen ſich gemeiniglich nach der Sonnenſeite der Reviere gegen Abend und Mittag. Da es ihrer Natur angemeſſen iſt, wenn ſich die Zeit des Einſpinnens nähert, unruhig zu werden, ſo verließen ſie das Holz, welches ſie abgefreſſen hatten, und ſuchten junges Holz, in welches ſie ſich vorzüglich gern einſpinnen. Ich habe in dem Thiergarten bei Berlin den 14ten Juny 1793, hinter der Faſanerie, wo viel klein Bauholz und Bohlſtämme von einer großen Menge Raupen befallen ward, gesehen, daß sie gegen die Spinnzeit in großer Anzahl von dem hohen Holze herunter liefen, und obgleich noch grüne Nadeln genug auf demselben waren, so krochen sie doch sehr eilig von diesen Bäumen herab, und zogen sich nach der Sonnenseite des Distrikts. Da sie nun hier keinen jungen Aufschlag antrafen, so krochen sie immer weiter. Das Revier gränzte an Felder, worauf Getraide stand, in dieses krochen sie 50 und mehr Schritt weit herein, und setzten sich an die Halme, da aber diese ihnen zum Einspinnen nicht behagten, so krepirten sie an selbigen. Dieses beweiset, das, was Gleditsch in seiner Abhandlung über die Kiehnraupe (S.72.) sagt: daß sie nehmlich von ihrer Spinnzeit oft so übereilt werden, daß sie bleiben müssen, wo sie sich befinden. Dieses war gewiß der Fall bei denen, welche zu den Halmen des Getreides ihre Zuflucht nahmen. Zu dieser Zeit durchwandern sie eine Strecke von einigen 100 Schritten; eben eine solche Wanderung nehmen sie vor, wenn sie einen Distrikt kahl gefressen, sie ziehen sich sodann nach einen andern hin. Besonders bemerkt man auch, daß, wenn sie sich an dem jungen Stangenholze einspinnen, nicht gern in der Dicke bleiben, sondern, da sie sich gemeiniglich von außen nach innen herein fressen, so scheinen sie doch, wenn ihre Spinnzeit eintritt, sich gern an dem äußersten Rande des jungen Holzes, besonders gegen die Sonnenseite, so wohl an den Gränzen, als auch, wenn die Dicke mit einer Straße durchschnitten war, gern längst demselben einzuspinnen. Bei ihren Wanderungen, sie mögen nun zum Einspinnen oder zur Fortsetzung ihres Fraßes nach neuen Distrikten geschehen, bemerkt man, daß, wenn sie ein sandiges unebenes Terrain antreffen, dieses ihren Marsch außerordentlich beschwerlich macht. Fanden sie Löcher oder Vertiefungen auf ihrem Wege, so ging es ihnen noch schlechter, besonders im sandigen Boden, sie blieben darin liegen, und man konnte sich dabei von der Wahrheit desjenigen überzengen, was der alte Angelus hierüber vor mehr als 200 Jahren geschrieben hat, denn wenn sie nur in ein etwas tiefes Geleise fielen, so konnten sie nicht heraus kommen, und viele tausend wurden von den Rädern der Wagen zerquetscht.

Aus der Beschaffenheit der Raupenfüße, wie ich sie im vorigen Kapitel beschrieben habe, läßt sich auch leicht abnehmen, daß sie nicht dazu gebaut sind, sich auf einem sandigen Boden zu bewegen, denn, sobald sie mit den 6 hakenförmigen Vorderfüßen auf dem sandigen Boden in die Höhe kriechen wollen, und der Sand herunter rollt, so finden sie hier keinen Anhalt, und wollen sie mit den Schwanzfüßen nachschieben, so finden sie keinen festen Stützpunkt, und müssen wieder

herunter

herunter fallen; dahingegen können sie sich sehr gut auf festen Körpern bewegen, und finden sie dergleichen in den Vertiefungen, so wird es ihnen leicht dadurch herauszukommen.

b) Wenn nun die Raupen dieses Hinderniß überwunden, und einen ihnen zum Einspinnen behaglichen Ort gefunden, so hat sich der Spinnsaft zur erwähnten Jahreszeit in so großer Quantität in den obenbeschriebenen Gefäßen bei ihnen gesammlet, daß durch das birnförmige Behältniß und die darin befindliche Oeffnung das Einspinnen geschieht. Finden sie keinen andern Ort zum Einspinnen, so geschieht es auch häufig auf den kahlgefressenen Zweigen. Das Gespinnst oder der Kokon hat das Ansehn, als wenn er auf beiden Seiten offen ist. (S. Tab. I. Fig. 3.)

Bei dieser Verrichtung verliert die Raupe die Haare, welche sie in den Kokon einspinnt. Die Farbe des Kokons ist bräunlich und sehr fest, und ist an den Ast, woran sich die Raupe eingesponnen hat, befestigt. Das Einspinnen dieser Raupe dauert größtentheils bis in der Mitte des Monats July; jedoch giebt es zu dieser Zeit viele, welche sich noch nicht eingesponnen haben, denn ich bin öfter noch später unter solch Holz durchgefahren, wo dann bei dem Anstoßen an die Zweige noch eine Menge herunter fielen, viele davon aber waren krank, andere aber schienen noch Kräfte zum Einspinnen zu haben. Da, wie oben erwähnt, die Raupe ihre Haare mit in den Kokon spinnt, so entsteht es, daß wenn man sie ohne Handschuh abnimmt, die Haare in die Schweißlöcher eindringen, die denn Jucken und durch wiederholtes Kratzen Geschwulst verursachen.

Diese Kokons haben wirklich ein Gespinnst, welches seidenartig ist. Der Königl. Preuß. Oberforstmeister Hr. Krause in Hinterpommern zeigte dem Forstdepartement an: daß der Herr Prediger Frorep zu Pitzentien in Hinterpommern einen Versuch gemacht habe, ob sich das Gespinnst dieser Kokons abwickeln ließe. Man fand den Faden oder das Gespinnst an dem rohen Kokon wie angeklebt, so daß es durchaus sich nicht wollte ablösen lassen; es wurde hierauf zum Kochen der Kokons Seifenlauge genommen, die Kokons aufgemacht, die Puppen herausgenommen, und durch wiederholtes Klopfen wurde endlich der Faden spinnbar. Er sahe silbergrau aus, und war in der Festigkeit den Seidenwürmerfäden gleich; nur die davon gewonnene Quantität Seide wurde die Mühe und Kosten nicht belohnen, denn allein zum Kochen von 2 Pfund Kokons hatte man ein Pfund Seife nöthig.

Dieser Versuch verdient bemerkt zu werden, wenn auch gleich der Erfolg nicht so ausgefallen, daß davon ein besonderer Nutzen zu hoffen ist.

D

In 8 Tagen verwandelt sich die Raupe in diesem Kokon in eine Puppe, welche länglich, der Hinterleib schwarzbraun, der Vorderleib mit den Flügelscheiden aber schwarzgrau ist. Die Puppe ist sehr empfindlich. (S. Tab. I. Fig. 4, und in Fig. 5. auf dem Rücken liegend). Es scheint, als ob die Natur auch dieses Insekt, die zärtliche Puppe durch das Kokon zu beschützen, angewiesen hat. Unter verschiedenen Raupen von dieser Art, welche mir in einem festen und wohlverwahrten Kästchen zugeschickt wurden, fand ich verschiedene, welche sich in dem Kästchen nicht eingesponnen hatten; und ohne irgend eine Spur von einem Gespinnst zu finden, lagen einige sehr zärtliche Puppen ganz frei in dem Kästchen. Vermuthlich hatte man sie aus dem Kokon genommen, weil sonst doch etwas von der Haut der Raupe in der Schachtel befindlich gewesen seyn würde, und es sich nicht denken läßt, daß, ob gleich die Puppen in diesem Behältniß so gut als im Kokon verwahrt lagen, sie von ihrer gewöhnlichen Oekonomie abweichen, und sich ohne Einspinnen verpuppen würden. So viel ist gewiß, daß in dem dabei gefügten Berichte von diesen Puppen nichts erwähnt war. Ich führe dieses nur deshalb an, um fernere Beobachtungen über das Einspinnen dieser Raupe in verschlossenen Oertern, wo die Luft keinen freien Zugang hat, anzustellen.

c) Höchstens in 3 Wochen nach dem Einspinnen tritt die letzte Verwandlung dieser Kiefernraupe ein, und vom Monat Juny bis August fliegt der Nachtvogel aus, begattet sich, und das Weibchen legt Eyer. Der Unterschied zwischen dem männlichen und weiblichen Schmetterling muß jeder Forstbediente vorzüglich genau kennen lernen; ich habe daher auf der ersten Kupfertafel Fig. 6. das Männchen, und Fig. 7. den weiblichen Schmetterling abbilden lassen. Unter beiden ist ein Unterschied. Das Männchen ist ungleich kleiner, hat einen schmalen Hinterleib und stark gefaderte Fühlhörner, ihre Grundfarbe ist röthlichbraun, der Oberflügel hat eine breite schmutzigbraune Binde, welche schwarz eingefaßt ist, nach außen zu ist sie stark gezackt, sie zieht sich über den Oberflügel des Männchens. Im Sitzen haben sie die Flügel dachförmig heruntergeschlagen. Ueberhaupt aber ist die Zeichnung dieses Nachtschmetterlings nicht gut zu beschreiben, weil bei mehreren Exemplaren sich eine große Verschiedenheit zeigt; gewöhnlich ist die Grundfarbe der Oberflügel aber doch dunkelröthlich braun. Bei manchen Exemplaren findet man auch nicht die oben beschriebene schwarze Binde, und ihre Farbe ist entweder ganz grau mit mehr oder weniger oder gar keiner schwarzen Zeichnung. Was aber gemeiniglich alle Exemplare von diesem Schmetterling gemein haben, ist der weiße

Fleck, der fast in der Mitte der Vorderflügel befindlich ist. Bei einigen findet man ihn rund, bei andern aber dreieckigt; ich glaube aber, daß die Abbildung, welche ich hier von diesem Schmetterlinge gebe, doch so ausgefallen seyn wird, daß man ihn daraus wird erkennen und von andern unterscheiden können, weil ich die mehrsten doch damit ähnlich gefunden habe.

Die Weibchen schwärmen zwar nicht so sehr herum, als die Männchen, und sitzen besonders gern bei Tage am Stamm stille, sie sind weit stärker und größer als das Männchen, haben nur fadenförmige und nicht gefäderte Fühlhörner. Sie begatten sich mit den Männchen an dem Stamm, und hängen öfters fast den ganzen Tag zusammen. Dieses ist aber nicht so zu verstehen, daß die Weibchen nicht auch gegen Abend herumfliegen sollten, doch nicht in einer beträchtlichen Höhe, so daß man viele mit den Handen greiffen kann. Ich habe mich selbst hiervon den 31. July 1793. Abends in dem unweit Berlin liegenden Köpenickschen Forst überzeugt. Da eine Menge von diesen Schmetterlingen gleich nach Sonnenuntergang herumschwärmten, und ich davon wohl 30 griff, so waren doch wenig Männchen darunter, sondern der größte Theil waren Weibchen. Es ist also nicht allein gewiß, daß der weibliche Schmetterling ebenfalls herumschwärmt, sondern es ist mehr als wahrscheinlich, daß auch der weibliche Schmetterling Meilen weit fliegen müsse; wie wäre es sonst möglich, daß kleine Kiehnreviere, welche öfters meilenweit von solchen Forsten, die von der Kiehnraupe befallen sind, und mitten in Feldern liegen, von dieser Raupe zerstöhrt werden könnten! Wenn aber das Weibchen den Leib voll Eyer und noch nicht viel abgelegt hat, so muß sie niedriger als das Männchen fliegen, wie ich oben durch ein Beispiel erwiesen habe; sie sitzen auch am Tage niedriger am Stamm, und können also leichter getödtet werden.

d) Die Vermehrung dieser Raupe durch den weiblichen Schmetterling ist außerordentlich zahlreich. Herr Prediger van Schewen sagt, daß er in einem Walde einige dieser weiblichen Phalenen gefunden, die vermuthlich einen Theil ihrer Eyer schon abgelegt hatten, aber daß er doch noch darin 160 bis 200 Eyer gefunden. Andere haben sie 150 Eyer legen sehen.

Noch im Jahr 1795 hatte ich Gelegenheit einige Beobachtungen mit den Raupeneyern und dem Auskommen der jungen Raupen anzustellen. Den 29. July desselbigen Jahrs erhielt ich von dem Herrn Landjäger Reier aus Potsdam mit der Post, und zwar blos in einem Papier, welches in dem Couvert des Briefes eingeschlagen war, ein Männchen und ein Weibchen von dieser Phalene, als einen

D 2

Beweis, daß diese Raupe nicht gänzlich vergangen, sondern noch hier und da in
den Forsten anzutreffen sey. Ich glaubte gewiß, ehe ich das Papier öffnete, daß
die Schmetterlinge todt gedrückt seyn würden. Sie waren aber noch beide am
Leben, wiewohl von dieser ungewöhnlichen Reise krank, das Weibchen hatte 20
Eyer auf das Papier gelegt, diese waren so fest angeklebt, daß ich sie nur mit
aller Mühe und Vorsicht ablösen konnte. Das Weibchen legte in ein Zuckerglas
noch 32. Nach 2 Tagen öffnete ich ein Ey, fand aber unter dem Vergrößerungsglase nichts als eine verdickte strahlenförmige Feuchtigkeit. Den 12ten August,
also in 14 Tagen, sah ich, daß in der Nacht vom 11ten bis zum 12ten August mit einmal eine Menge junger Raupen aus diesen Eyern entschlüpft waren.
Die jungen Raupen fand ich wenigstens 4 bis 6 mal länger als den Durchmesser
ihres Eyes; welches beweiset, daß sie im Ey kreisförmig müssen gelegen haben.
Der Kopf von diesen jungen Raupen war unverhältnißmäßig groß, sie waren
ganz rauh, etwas kleiner wie sie Fig. 9. abgebildet ist, sie brachten aus dem Ey
schon einen Spinnsaft mit, denn als ich verschiedene Kiehnenzweige in das Glas
stellte, so ließen sie sich an ihren Fäden von selbigen herunter, und spannen sich
auch wieder in die Höhe. Die 53 Eyer kamen alle bis auf 8 Stück aus. Den
12ten August des Nachts entschlüpften noch 12 Stück, und den 14ten noch 3,
die Eyer, welche nicht auskamen, sahen alle grünlicht, die Ausgekommenen aber
braunröthlich glänzend aus. Ich habe einige in der 8ten Figur zeichnen lassen.

Den 22ten August waren diese jungen Raupen bereits ½ Zoll lang, ich hatte
sie noch einige Zeit im Glase, konnte aber nicht an den Nadeln des Kiehnzweiges
den Fraß merklich spüren; indessen mußten sie doch fressen, indem sie eine Menge
Exkremente fallen ließen. Wenn die Phalene die Eyer legt, so sind sie in der
Größe, wie ich sie Tab. I. Fig. 8. abgebildet habe. Anfänglich sind sie, wie
schon gesagt, grünlich, sie werden aber sodann bräunlich, die Phalene klebt sie in
die Ritzen der Stämme, an die Zweige und an die Borke ohne Bedeckung. Die
Eyer, welche unbefruchtet sind, pflegen zusammen zu schrumpfen. Auf einigen bemerkt man einen schwarzen Punkt. Die Sonne ist eben nicht nöthig zum Aus-
brüten derselben; diejenigen, welche bei mir im Glase auskamen, standen im
Schatten.

Im September erlangt diese Raupe schon eine Größe, wie Fig. 9. Tab. I.
zeigt, und ehe sie ihre Winterwohnung bezieht, wird sie noch größer. In Ansehung der Farbe aber sind selbige, wenn sie auch ausgewachsen sind, sehr verschie-

den, einige sind helle orangefarbig, andere dunkel, noch andere dunkelbraun. Wenn der Winter eintritt, so sind die größesten 1½ Zoll lang, alsdann begeben sie sich größtentheils in das Moos und in die Ritzen der Borke, hier bleiben sie so wie viele andere Insekten in einer Erstarrung den Winter über, wo sie sich unter dem Moos nicht weit vom Stamm kreisförmig zusammen legen. Im Frühjahr, wenn sie wieder auf die Bäume kriechen, sind sie von sehr verschiedener Größe, so wie sie später oder früher ausgekommen sind, daß aber einige so spät auskommen sollten, daß sie gegen die künftige Spinnzeit nicht ihre gehörige Größe erhalten, und also sich erst über ein Jahr einspinnen sollten, ist noch nicht erwiesen und zu bezweifeln. Als einen Beitrag zu der Naturgeschichte dieser Raupe habe ich von der Oekonomie derselben aus den Raporten der Forstbedienten folgenden Auszug beizufügen nicht uninteressant gehalten.

1792 im August waren in allen Forsten bereits junge Raupen und Eyer in Menge vorhanden, hin und wieder bemerkte man auch die grüne Raupe, (Thenchredo Pini) welche ich unten beschreiben werde; auch sah man Jchneumons aus den Raupeneyern entschlüpfen.

Im September fand man die jungen Raupen noch auf den Bäumen, besonders auf dem hohen Holze, am Ende des Monats suchten sie schon hin und wieder das Winterlager. Ob gleich noch diesen Monat auch einige Phalenen dieser Raupenart herumflogen, so wurden sie doch vom Regen herabgeschlagen, und krepirten.

Oktober. Sämtliche Rapporte stimmten damit überein, daß die Raupen unter das Moos in ihr Winterlager gekrochen, und verschiedene von der Nässe krepirt sind.

November. Nach allen Rapporten sind die Raupen in ihrem Winterlager.

December. Wie im vorigen Monat. Man hatte beobachtet, daß die Raupen zwei Fuß vom Stamm sich in das Moos verkrochen hatten.

1793 im Januar waren die Raupen in ihrem Winterlager, und es konnte ihnen wegen der Witterung kein Abbruch geschehn.

Februar. Wenn einige gelinde Tage eintraten, so krochen sie an den Stämmen in die Höhe, und wenn es wieder kalt wurde, krochen sie in das Moos.

Im März machten sich die Raupen aus dem Moos auf die Bäume. Daß eingetretene kalte Wetter sollte ihnen sehr nachtheilig gewesen seyn, und man wollte darinn die Ursache finden, daß viele krepirten; welches in solchem Fall, wenn sie einmal aus der Erstarrung gekommen sind, auch wohl möglich seyn kann.

April. In diesem Monat verbreiteten sie sich in den Revieren überall. In einen und der andern Forst bemerkte man noch in den Rapporten, daß sie durch die eingetretene kalte Witterung gelitten hätten.

May. Continuirte der Raupenfraß. In verschiedenen Forsten wurde bemerkt, daß sie nicht mehr so stark fraßen und etwas matt zu seyn schienen.

Junius. In wenig Forsten fraßen sie stark, und in den mehresten fingen sie schon im Monat Juny an sich einzuspinnen.

Julius. Fast durchgängig fand man die Puppen voll Ichnevmonsmaden, viele Raupen krepirten, wurden matt, und kamen nicht zum Einspinnen.

August. Alle Nachrichten besagten, daß sich in den mehresten Puppen Maden befinden, andere kommen gar nicht aus, wenig Schmetterlinge und Raupen sind zu sehen, und scheinen Vergang zu nehmen.

September. Wenig junge Raupen; sie scheinen Vergang zu nehmen, man hatte viele Ichnevmons bemerkt. Die die, welche sich nicht eingesponnen fraßen.

Oktober. Da sie sonst jetzt schon in die Erde zu kriechen pflegen, so fressen doch die wenigen jungen noch hin und wieder, viele aber liegen todt auf den Bäumen.

November. Es wurden im Moos fast gar keine gespürt, und zeigten sich überhaupt sehr sparsam.

December. Nur noch wenig Raupen im Moos.

1794 im Januar fast keine zu spüren.

Februar desgleichen.

März. Was noch von jungen Raupen übrig war, kroch auf die Bäume, und fraßen doch nur sprankweis.

April krepirten viel junge Raupen, und sind nur noch wenig zu finden.

May. Verlohren sie sich merklich, und war wenig oder nichts von ihnen zu spüren.

Junius. Aeußerst wenig Kokons und Schmetterlinge, sie scheinen sich ganz zu verlieren.

Julius. Laut der mehresten Rapporte scheinen sich nunmehro die Raupen gänzlich verlohren zu haben.

Nach dieser so schädlichen Kiehnraupe, welche ich eben beschrieben habe, hat in vielen Wäldern die folgende ebenfalls großen und beträchtlichen Schaden auf den Nadelhölzern gethan; es ist die Larve der

2) *Phalena noctua piniperda* oder *Phalena piniaria*.

Die Forelphalena, die Föreneule.

Diese Raupe hat besonders in den Jahren 1725, 1783 und 84. in den Anspachschen und Nürnbergschen Waldungen beträchtliche Verwüstungen angerichtet; auch hat sie, wie in der Einleitung erwähnt, 1725 vielen Schaden in Sachsen gethan. Sie hat aber auch in Pommern, in den Ukermärkschen und Anklamschen Forsten beträchtliche Distrikte abgefressen, auch hat sie sich in der Neumark zugleich mit der großen Kiehnraupe, wie auch bereits in der Einleitung erwähnt ist, eingefunden.

a) Was nun die Raupe oder Larve selbst anbetrifft, so ist selbige, wenn sie ausgewachsen ist, und ihr Fraß im Nadelholze merklich wird, 1½ bis 2 Zoll lang, sie hat 16 Füße: 6 Brustfüße, 8 Bauchfüße, und 2 Schwanz- oder Hinterfüße. Der Rücken der Raupe ist weißlich gestreift, die Grundfarbe grün, 3 grüne Streifen laufen den Rücken herab, wovon der mittelste schmäler als die zwei ihn einfassende sind, welche eine grünschwärzliche Farbe haben, jede Seite hat 5 andere Streifen, nehmlich zwei weiße schmale, dann einen blaßgrünen, neben demselben einen dunkelgrünen. Ferner hat sie einen rothbraunen Kopf. Von der Zeit an, daß diese Raupe dem Ey entschlüpft, frißt sie etwa 8 Wochen, und am Ende July hört sie zu fressen auf. Diese Art Raupen sind gegen einander außerordentlich feindselig, wenn sie sich begegnen, so schlagen sie sich heftig, und wenn sie verfolgt werden, so können sie sich durch einen Faden von dem Baume herablassen. Im Kriechen scheinen sie am Halse und am Schwanze dünner als in der Mitte zu seyn, denn hinter dem Kopfe können sie den Hals zusammen ziehn, und auch den Schwanz sehr ausdehnen, so daß die Raupe in vorbeschriebener Form erscheint. Uebrigens ist diese Raupe glatt und nicht haaricht, die Anzahl Ringe und die Luftlöcher hat sie mit andern Raupen, so wie sie im vorigen Kapitel beschrieben sind, gemein. Im Fressen nimmt sie die Nadeln ganz zwischen die Bauchfüße, so daß man selbige nicht sehen kann, und fängt von der Spitze an zu fressen, wie sie denn auch die Nadeln von jungen Hölzern nicht liebt, sondern vorzüglich die ausgewachsenen anfällt. Ausgewachsen ist sie auf der zweiten Tafel in der ersten Figur abgebildet.

b) Im August, wenn sie ihre völlige Größe erreicht hat, zu welcher Zeit sie nicht so wie die unter Nro. 1 beschriebene Raupe weit herumläuft, verpuppt sie sich am Fuß des Baumes in dem Moose, öfters aber 2 Zoll tief in die Erde. Hier-zu macht sie ein dünnes Gespinnst, in welches sie Kiehnnadeln und Moos verwebet. Die Puppe hat 10 Ringe, ist von dunkelbrauner Farbe, unterschei-det sich besonders durch eine Erhöhung auf dem Rucken (Fig. 2) und durch 2 Schwanzspitzen. Die gesunden Puppen sind sehr lebhaft, wenn man sie an den vordersten Theil fasset, so machen sie mit der hintersten Spitze eine Bewegung in die Runde. Ist die Puppe von einem Insekt gestochen, so kann man bei genauer Beobach-tung die Narbe in der Puppe bemerken. Viele Puppen verfaulen aber auch, wenn sie zu feucht liegen, oder vertrocknen in Ermangelung der nöthigen Feuch-tigkeit.

Wenn die Puppe durch einen Feind oder Ichnevmon gestochen ist, so schrumpfet sie ganz zusammen, und man findet statt derselben eine zähe elastische Schale, worinn sich das Insekt ausbildet.

c) In diesem Zustande bleibt die Puppe den ganzen Winter über in dem Moose liegen.

Gemeiniglich und bei gutem Frühjahrswetter im Monath April oder doch ge-wiß im May entschlüpfet die Phalene. Der Herr Prediger van Schewen hat diese Phalene bereits im Märs bei warmer Witterung ausfliegen sehen. Das Männchen ist etwas kleiner als das Weibchen, es hat einen dünnern Leib und ein mehr ins dunkel fallendes Kolorit, die Fühlhörner sind borstenartig spitz zulau-fend. Die größten von diesen Schmetterlingen sind etwas über $\frac{1}{2}$ Zoll vom Kopf bis zum Schwanz, mit ausgebreiteten Flügeln aber von einem Flügel zum andern etwas über einen Zoll. Sie haben einen kleinen haarichten Kopf, ziemlich große Augen und einen zusammengerollten Saugrüssel. Der Vorderleib ist sehr haa-richt, die röthlichgelblichen mit weiß und grau vermischten Härchen vereinigen sich hinter dem Kopfe abwärts in 2 kurze Kämmchen. Der Hinterleib bestehet aus 7 Ringen, ist auch behaart, braungrau von Farbe und die Härchen stehen mehr von dem Körper abwärts. Die Hauptfarbe der Flügel ist braungelb, es werden auch hellere und dunkle Flecke darauf bemerkt, und überhaupt sind die Vorderflügel mit weislichen und gelblichen Flecken gezieret, die theils in ein Bindchen sich ausdehnen, theils Zacken vorstellen. Fig. 3 ist ein Weibchen abgebil-det, die Oberflügel sind fast dreieckicht, jedoch aber am Rande glatt abgerundet,

der

der Oberflügel derselben ist graubraun und am Rande weißlich, die Unterfläche der 4 Flügel ist gelbröthlich mit grauen Flecken, die besonders am Rande eine schwärzliche mit weiß vermischte Einfassung bilden.

d) Wenn sich beide Geschlechter der Schmetterlinge begattet haben, so legt das Weibchen die befruchteten Eyer.

Die Begattung selbst, bei dieser Art Phalene, dauert nicht so lange als bei andern Arten. Sie sind sehr unruhig, legen ihre Eyer an die Kiehnnadeln, woran sie selbige gleichsam ankleben. Das Ey ist blasgrün und läßt sich kaum erkennen, die Raupe entschlüpfet aus selbigem in 10 Tagen, so daß bereits am Ende des May sich junge Raupen zeigen. Anfänglich fressen sie unmerklich. Sie sind schwer in einem Glase zu erhalten, wenn man ihnen auch die saftigsten Kiehnnadeln giebt. Nach 4 Wochen spürt man schon an den Kiehnnadeln ihren Fraß, und die Exkremente werden auch unter den Bäumen sehr sichtbar; anfänglich, wenn die Raupen noch hellgrün sind, so sind sie schwer an den Nadeln zu erkennen. Bei der Beschreibung dieser Raupenart bin ich dem Herrn Doctor Kob *) gefolgt.

3) Phalena Bombyx Monacha.

Die Nonne, der Apfelspinner, der Nonnennachtfalter, der Flechtenspinner, der weiß = und schwarzstreifige Spinner.

a) Diese Raupe ist zwar auch auf andere Holzarten, als Weiden, Eichen, Apfelbäume angewiesen, sie hat aber 1783. und 1784. auf dem Fichtelgebirge im Bareuthschen viel Schaden gethan, und nicht allein altes Holz, sondern auch junges, in dem besten Wachsthum stehendes Fichtenholz angegriffen. Die Folgen davon wurden traurig, denn der Borkenkäfer folgte auf diese Raupe, er griff alles entnadelte Holz an und richtete es zu Grunde. Vorher hatte man den Borkenkäfer, als das Holz noch gesund war, nicht bemerkt. **) Herr Prediger van Schewen hat diese Raupen auch in den Jahren 83 und 84 in den Vorpommerschen Forsten Ahlbeck und Neuenkrug gefunden. Da ihre Verwüstungen in den Kiehnheiden nicht so in die Augen fallend waren, als der Schaden von der großen Kiehnraupe, so wurde sie auch nicht in den hiesigen Gegenden von andern als

---

*) Ursache der Baumtrocknis der Nadelwälder durch die Naturgeschichte der Forstphalene. 4. Leipzig. 1790.

**) Allgemeine Forst = Naturgeschichte Deutschlands, 2ter Band. S. 87.

34

von Entomologen entdeckt. Im abgewichenen Jahre zeigte der Herr Forstmeister Matthias dem Forstdepartement an, daß in den Baranischen und Regetischen Forsten in Preußisch-Litthauen sich Raupen einfänden. Nach der Beschreibung zu urtheilen, schien diese Raupe eine andere zu seyn, als die, welche in der Kurmark so viel Verwüstungen angerichtet hat. Um nun hiervon genaue Kenntnisse einzuziehn, wurde von Seiten des Forstdepartements dem Herrn Forstmeister aufgegeben, einige Exemplare von diesen Raupen oder Schmetterlingen einzuschicken; er that dieses sowohl mit den Raupen als auch mit einigen Puppen. Den 2ten August 1795. als die Puppen auskamen, sah man unbezweifelt, daß es die Phalena Bombyx Monacha oder die sogenannte Nonne war. Zugleich bemerkte gedachter Herr Forstmeister, daß sich diese Raupe mit den Kiehnnadeln an den untersten Aesten begnüge, auch nicht von einen Baume oder Distrikte zum andern wandere, sondern auf dem Baume bliebe und sich daselbst einspinne; sie sollte auch nicht die Nadeln ganz bis auf die Scheide abfressen. Auf den Gipfeln der Bäume hat man wenig und zum Theil gar keine gefunden. Ganz anders aber haben sie in den einzelnen Rothtannen oder Fichten in der Regetischen Heide gewirthschaftet, diese haben sie ganz kahl gefressen; woraus denn hervorgeht, daß sie die Nadeln der Rothtannen mehr als die Kiehnnadeln lieben müssen. Diese Verwüstungen griffen in der Baranischen Forst so um sich, daß 1796. bereits einige 1000 Morgen Fichten ganz abgefressen waren. Diese Raupe verbreitete sich auch nach Westpreußen. Den 3ten August 1796. liefen von dem Oberforstmeister Müller aus Bromberg Berichte ein, daß sich im Netzdistrikt in der Zellgniewoer Forst unweit der Stadt Schneidemühl ebenfalls Raupen eingefunden, und da gedachter Oberforstmeister Puppen einschickte, wovon Schmetterlinge auskamen, so sah man unbezweifelt, daß es ebenfalls die Larve von der Nonne war, welche sich in den dortigen Forsten eingefunden hatte; jedoch waren sie hier nicht so häufig, als in der Baranischen Forst in Preußisch-Litthauen; vermuthlich weil in gedachter Westpreußischen Forst bloß Kiehnen- und keine Rothtannen stehen.

a) Die Raupe Tab. II. Fig. 4 von diesem Nachtfalter erreicht ſeine Länge von 1½ Zoll, sie ist kurz und verhältnißmäßig sehr dick, ihre Grundfarbe ist dunkelgrau und über den Rücken ziehen sich helle Zeichnungen, wo man hin und wieder erhabene blaue und rothe Knöpfchen siehet. Auf dem 2ten Ringe siehet eben auf einem hellen Grunde ein großer nach vorne abgerundeter schwarzer Fleck, und die

3 letzten Ringe sind ebenfalls schwarzfleckig, hinter dem Kopf und in den Seiten befinden sich starke Haarbüsche und über dem Rücken einzelne Haare. Der Kopf ist groß, oben rund gewölbt, unten breiter, seine Farbe ist bräunlichgrau und über der Stirne sind dunkelbraune doppelte Striche in kleinen Punkten zu sehen. Sie ist mit unmerklichen zarten kurzen Haaren bewachsen, und über dem Maule bemerkt man einen dunkelbraunen Strich in Gestalt eines Dreyecks. Diese Raupe hat 6 spitze gelbliche Vorderfüße, die übrigen 8 Bauchfüße und 2 Nachschieber sind grau und schwarz gezeichnet. Die Luftlöcher haben die Farbe des Körpers und sind mit zarten schwarzen Ringen eingefaßt. Ende Junius oder im Julius erreicht sie ihre völlige Größe und schickt sich zum Einspinnen.

b) Sie ziehet sodann zwischen Blättern oder Nadeln der Bäume einzelne oder auch an andern ihr bequemen Orten ein Gewebe von zarten Fäden zusammen, (Fig. 5) unter dieser Decke schrumpfet sie ihren Körper ein, wird merklich kürzer und nach wenig Tagen wirft sie den Raupenbalg ab und wird zur Puppe (Fig. 6). Die Puppe ist außerordentlich lebhaft, sie zeichnet sich besonders durch das Häckchen (vergrößert Fig. 6. b) am Hintertheil der Puppe aus, wodurch sie sich in ihrem Gespinste festhält und das Vermögen hat sich im Gespinste hin und her zu wenden. Dieses Gespinst wird oft vom Winde, Regen oder Thau zerrissen so daß die Puppe blos mit dem Häckchen b am Hintertheil ganz frey an den Aesten und Nadeln hängen bleibt. Die Puppe ist glänzend und manchmal mit einem Goldschimmer überzogen, jeder Ring ist, besonders über dem Rücken, muschelförmig mit rothbraunen Haaren besetzt. Man kann in der Puppe schon das männliche und weibliche Geschlecht unterscheiden; erstere ist viel kleiner, der Hinterleib hat eine geschmeidige Spitze und die Scheiden der Fühlhörner ragen stark hervor; das Weibchen aber ist stärker, größer und dicker.

c) Etwa nach 3 Wochen, auch wohl 14 Tagen, wenn die Witterung günstig ist, zu Ende des Julius oder Anfang Augusts gehet die letzte Verwandlung vor sich und der Schmetterling entschlüpfet aus der Puppe. Die Puppen, welche ich im Glase hatte, kamen in der Nacht vom 3ten zum 4ten August 1796. aus. Kleman bemerkt, daß das Entschlupfen dieser Art Schmetterlinge nicht bei Nacht, wie gewöhnlich bei den Phalenen zu geschehen pflegt, sondern auch bei Tage geschieht; wie denn auch das Männchen ebenfalls bei Tage herumschwärmt. Dieser Schmetterling hat keinen Saugerüssel, die Flügel sind weiß mit schwarzen zackigten Streifen. Das Männchen (Fig. 7) ist kleiner, hat gekämmte Fühlhörner; das Weib-

E 2

36

chen (Fig. 8) aber größer und stärker, hat fadenförmige Fühlhörner, der Hinterleib ist roth und schwarzbräunlich.

d) In 8 Tagen hat die weibliche Phalene ihre Eyer abgelegt. Am Laubholze kle-
bet sie die Eyer auf der untern Seite des Blattes an. Man trifft sie mehrentheils nicht in großer Menge beisammen, öfters einzeln, sodann 6 bis höchstens
12 auf einem Blatte. Durch dieses Ankleben der Eyer auf der untern Seite der
Blätter sucht die Phalene die Eyer und jungen Raupen vor dem Regen und heis-
sen Sonnenstrahlen zu schützen. Ob nun wohl noch nicht gewiß ist, daß diese
Raupe vor dem Winter aus dem Ey entschlüpfet und überwintert, so ist doch
solches aus der Oekonomie derselben mit vieler Wahrscheinlichkeit zu entnehmen;
denn da die Phalene bereits Anfangs August ihre Eyer abgeleget hat, so ist der
Grad der Wärme in diesen und folgenden Monathen noch wirksam genug
um die Eyer auszubrüten. Es würden auch die Eyer, welche an die Blätter des Laubholzes gelegt werden, gewiß verderben müssen, wenn sie nicht vor
dem Winter auskämen, und die Blätter mit den Eyern abfielen, ehe die Raupe
entschlüpfen könnte. Wenn also diese Raupenart, wie man aber in Litthauen jetzt
nicht wahrgenommen haben will, noch vor Eintritt des Winters auskommt, so
müssen sich die jungen Raupen in Baumritzen oder in das Moos, so wie viele
andere Raupenarten, verbergen und in einer Erstarrung den Winter über bleiben.
Nach den Beobachtungen, welche der Herr Forstmeister Mathias angestellt hat,
soll die Phalene über 50 Eyer legen. Klemann schreibt, daß die, welche bei
ihm in der Stube ausgekommen, 20 unfruchtbare Eyer gelegt haben. Die Eyer
sind in der Größe wie Figur 9. Diese Phalene ist also in Ansehung der Frucht-
barkeit nicht so gefährlich als andere Nachtschmetterlinge; überdies findet man
auch viel Eyer unter selbigen, welche zerstört sind und ihren neuen Feinden
das Leben geben. Andere Arten von Raupen findet man zwar noch auf Nadelhölzern, sie haben aber bis jetzt in den Königl. Preuß. Forsten keinen merklichen
Schaden gethan; es ist aber doch nöthig, die Forstbedienten mit dieser Raupenart bekannt zu machen, damit sie, wenn sie selbige in den Forsten auf dem Nadelholz finden, solche kennen, und von andern schädlichern Nadelholzraupen zu
unterscheiden wissen.

4) Phalena Noctua quadra Linn.
Der Vierpunkt, die Stahlmotte, der Würfelvogel, der Strohhuth,
die Pflaumeule, die große Schabeneule, (nach Röffel) die grüngelb

und schwarzgestreifte haarigte Raupe mit rothen Knöpfchen. Diese Raupe ist nicht allein auf die Nadelhölzer von der Natur angewiesen, sondern man findet sie auch auf Buchen, Eichen, ferner in fauler Eichenborke, auch noch auf Weiden, Kirschbäumen und Linden; doch scheint sie die Nadelhölzer mehr zu lieben als die Laubhölzer.

a) Diese Raupe erreicht eine Länge von 1½ Zoll, sie ist fast cylindrisch, außer daß sie an beiden Enden etwas dünner wird. Die Ringe sind erhaben, und die Einschnitte ziemlich tief, der Kopf ist sehr klein, glänzend schwarz, oben getheilt, die Grundfarbe ist grau, manchmal heller, zuweilen gelblich oder weißlich vermischt. Zwei doppelte gelbe gezackte mit einem etwas breiten schwarzen Saum eingefaßte Linien ziehen sich über den Rücken, zwischen welchen in einem breiten Raume sich die Grundfarbe zeiget. In diesen Linien erscheint auf jedem Absatze eine kleine und große goldgelbe Warze, welche zuweilen hochroth gefärbt ist.

Ueber dem 3ten Paar Vorderfüße, dem 2ten Paar Bauchfüße und vor den Hinterfüßen stehen schwärzliche Flecke. Zur Seite finden sich auf den erhabenen Wärzchen graue und schwärzliche herausstehende Haare.

Diejenigen Haare, welche auf dem Rücken bemerkt werden, sind kürzer, der Hals, so wie der Nachschieber, ist mit etlichen gelben Strichen gezeichnet. Der Bauch ist braun und hat gelblichweiße Flecke. Die 6 Brust-, 8 Bauch- und 2 Hinterfüße haben die Farbe des Körpers. Ist die Raupe noch jung, so hat sie ein gelbgrünliches Ansehn, und bringt die Materie zum Spinnen mit auf die Welt. Sie hat eine Geschicklichkeit im Springen, so daß, wenn sie von dem höchsten Baume springt, sie jederzeit wieder auf die Füße zu stehen kommt. Eine ausgebildete Raupe ist auf der Tab. III. Fig. 7. vorgestellt.

b) Ein noch besonderer Umstand in der Oekonomie dieser Raupe ist, daß wenn ein warmer guter Herbst ist, sie nicht länger als 3 Wochen in der Puppe bleibt.

Ist der Herbst aber kalt, so bleibt sie den ganzen Winter durch in ihrem Gespinst. Sie spinnt sich im August in ein zartes Gewebe zwischen den Nadeln der Kiefer ein, etliche Tage nach dem Einspinnen wirft sie den Balg ab und wird zu einer glänzenden braunschwarzen Puppe, die nicht die mindeste Lebhaftigkeit zeiget. Das Gewebe ist Fig. 8. und die Puppe Fig. 9. abgebildet.

c) Die Phalene erscheinet sodann zwischen 3 oder 4 Wochen, sie ist glänzend okergelb, die Fühlhörner schwarz von beiden Geschlechtern fadenförmig, an jedem Oberflügel des Weibchens stehen 2 schwarzblaue rautenförmige Flecke. Die Füße sind blauschwarz, Fig. 10.

Das Weibchen ist von dem Männchen jedoch dadurch unterschieden, daß letzteres, wie die Fig. 11. zeigt, keine schwarzblaue rautenförmige Flecke auf den Flügeln hat. Das Weibchen hat auch einen stärkern Hinterleib. Im Sitzen legen sie die Flügel gemeiniglich übereinander und bedecken damit den ganzen Leib, so daß man nichts von selbigem siehet, sie sehen sodann sehr schmal aus.

d) Der weibliche Schmetterling legt seine Eyer an Gesträuch und an die Nadeln solcher Holzarten, wo die jungen Raupen sogleich Fraß finden. Die Eyer sind so klein wie die kleinsten Pulverkörner, bläulichgrün. Die Phalene leget an 100 Eyer und nach 12 Tagen kriechen die jungen Raupen aus. Im Monat Sept. ist die Raupe noch sehr klein, und wenn sie überwintert, so geschiehet dieses gemeiniglich noch vor der 2ten Häutung, wo sie in Ritzen der Borke oder unter dem Moose in einer Erstarrung den Winter über zubringt.

5) Phalena Bombyx Pytyocampa Fabr.
Der kleine Fichtenspinner.

Diese Raupe beschreibt besonders Reaumür, und Herr Schwarz *) sagt, daß sie auch in der Mark Brandenburg zu Hause ist. Indessen findet sich keine Nachricht, daß diese Raupenart in der Mark Brandenburg den Kiehnheiden merklichen Schaden zugefügt haben solle, gewiß ist es aber, daß sie auf das Nadelholz angewiesen ist, öfters aber nicht erkannt wird, weil sie sich in den Gipfeln der höchsten Kiehnen aufhält, und nicht eher herunterkommt, als bis sich ihre Zeit zum Einspinnen nähert. In der Gegend von Dresden soll diese Raupe an Kiefern, Fichten und Tannen großen Schaden gethan haben. **)

a) Die Raupe ist etwa 1 Zoll lang, ihre Farbe ist schwärzlichgrau, auch schwarz, die Haare, welche auf dem Rücken stehen, haben die Farbe welker Blätter, die 16 Füße der Raupe sind rothgelb. Sie erreicht vor dem Winter ihre Größe. Reaumür sagt, daß diese Raupe auf dem Rücken Oeffnungen habe, welche sie auf und zuziehen kann, und woraus sie kleine Haarflocken wie Baumwolle bläset; besonders thun sie es, wenn sie aus dem Neste kommen. Diese Raupe soll aus

---

*) Schwarz, Raupenkalender. Seite 12.
**) Forst = Naturgeschichte Deutschlands. 2ter Theil. Seite 83.

ihrem Hintern eine Feuchtigkeit lassen. Sie spinnt sich zwischen den Kiehnnadeln ein Nest, welches zuweilen die Größe eines Menschenkopfs erhält; gemeiniglich ist es trichterförmig, 8 Zoll lang und 4 Zoll im größten Durchmesser breit, wie auf der Tab. III. Fig. 1. abgebildet ist. Anfänglich, wenn die Raupen aus den Eyern kommen, machen sie zuerst ein kleines Nest, je größer sie werden, je mehr vergrößern sie das Nest. Man hat bemerkt, daß sie nur des Nachts fressen, alsdann gehen sie mit so vieler Ordnung, als die Prozessionsraupe, aus ihrem Behältniß, und wenn sie sich satt gefressen, so ziehen sie in eben dieser Ordnung wieder in selbiges zurück. Man muß sich in Acht nehmen, sie mit bloßen Händen anzugreifen, ihr Haar ist sehr brüchig, und wenn dies in die Schweißlöcher dringt, so verursacht es ein unausstehliches Jucken, welches mit Honig und Oehl gelindert werden kann. Vor Zeiten haben die Giftmischer sich dieser Haare bedient, wodurch eine heftige Entzündung im Leibe entstand, und ein großer Schmerz mit heftigen Konvulsionen den Tod nach sich zog. Diese Raupe kann nach Reaumür einen sehr großen Grad der Kälte, nemlich 14 Grad unter dem Gefrierpunkt aussiehen. Die Raupe ist auf der Tab. III. Fig. 2. nach Reaumür und seiner Beschreibung abgebildet.

b) Im Monat März und April frißt diese Raupe noch immerfort, alsdann schickt sie sich zur Verwandlung an, sie friecht in die Erde und zwischen den Steinen, wo man ihre Pupre öfters 2 Fuß tief gefunden hat. Hier verwandelt sie sich in einem unregelmäßigen Gespinnst zu einer orangegelben etwas mit braun gemischten Puppe, welche am Kopf hervorragende Spitzen hat. Dieser besondere Auswuchs dienet den Bartspitzen zur Scheide. Der Hinterleib ist conisch verdünnt, und hat zwei Spitzen. In dem Puppenzustand bleibt sie oft bis im July. Fig. 3 und 4.

c) Sodann entschlüpft die Phalene im July. Am Kopf und Rücken ist sie stark behaart und aschgrau, die Grundfarbe an den Vorderflügeln ist schmutzig grau, bei dem Männchen aber weislicher; bei dem Weibchen zieht sich die Farbe etwas ins Braune, die Unterflügel sind weislich, queer über den Vorderflügeln ziehen sich 3 dunkle etwas verlohrne Binden, von welchen die an der Wurzel oft kaum sichtbar sind. Zwischen den beiden äußern steht ein bräunlicher Fleck, die Fühlhörner sind bei dem Männchen gefiedert, das Weibchen hat sie fadenförmig und dunkelgrau, auch hat der Kopf noch ein besonderes Merkmal, denn zwischen den Fühlhörnern steht ein hervorragender Körper, der sich in 2 Ründe endigt, er hat 5 Schuppen, die wie Treppen übereinander liegen. Man sehe die Fig. 5 und 6.

d) Die jungen Raupen kommen im August zum Vorschein, wiewohl Reaumür sagt, daß sie in Frankreich erst im Oktober ausgekommen sind. Sie fangen sogleich an zu spinnen, und sich nach Verhältniß ihrer Größe ein Gewebe zu machen, wie bereits oben bei a erwähnt ist.

6) Pphinx Pinastri.

Der Fichtenschwärmer, der Tannenpfeilschwanz, die spißflüglichte Fichtenmotte, der Tannenpfeil, der Föhrenschwärmer, der Tannenabendfalter (nach Rössel) geschwänzte grün=gelb=weis=und braungestreifte Fichtenraupe mit dem Heuschreckenkopf.

Nach der Forstnaturgeschichte Deutschlands (2ter Theil Seite 72.) soll dieses die Raupe seyn, welche 1783 und 84 in den Nürenbergschen und Anspachschen Waldungen so viel Schaden verursacht hat. Dieses ist kaum zu glauben. Denn in der Beschreibung, welche Herr Doktor Rob macht, der damals in Anspach lebte, und eine Abhandlung über die Raupenart, welche sich in dortigen Forsten eingefunden, schrieb, erwähnt er nicht, daß es die Larve dieses Sphinx gewesen, welche den Schaden verursacht hat; sondern es wäre die sub No. 2. beschriebene Raupe.

Diese Raupe, so viel gegenwärtig bekannt ist, hat keine beträchtliche Verwüstungen in den Kiehnwäldern verursacht. Man findet sie auch auf andern Holzarten.

a) Nach der 1ten Häutung erhält die Raupe grüne Streifen, diese werden nach der 2ten und 3ten immer deutlicher, nach der 4ten erscheint sie in ihrer völligen Schönheit. Der Kopf ist groß, auf der Vorderfläche so wie auf den Seiten mit 2 rothbraunen Striche versehen, an welchen leßtern oberwärts ein paar schwarze Flecke stehen. Die Grundfarbe des Körpers ist gelblich und spielt ins Grüne. Ueber dem Rücken zieht sich ein rothbrauner, zuweilen auch heller, und beinahe ein rosenfarbiger Streif von ungleicher Breite, neben diesem ein weißlicher, dann ein grüner, und an diesem ein schwefelgelber Streif. Die Luftlöcher sind hochroth, schwarz gerändet, der 3te und 4te Ring hat weiße Punkte. Auf dem Rücken hat diese Raupe ein ganz schwarzes Horn, dessen Oberfläche höckrigt ist. Die 6 Vorderfüße sind hellbraun, die 8 Bauchfüße blangrün, und die Nachschieber grün mit schwarzen Punkten bestreuet. Die Raupe kriecht langsam, frißt aber heftig, sie ist nicht gesellig, und man findet sie nur einzeln. Bei dem Anrühren ist sie sehr empfindlich, und macht heftige Bewegungen, als ob sie um sich beißen wollte. Sie ist auf der Tab. II. Fig. 10. abgebildet.

b) Im September geht die Raupe in die Erde, sie macht fast gar kein Gespinnst, son-

sondern drückt nur die Erde, welche um sie liegt, von allen Seiten zusammen, und befestigt dadurch die Seitenwände der Höhle, welche sie mit einigen Seidenfaden ganz leicht überzieht. Gleich nachher verwandelt sie sich in eine große und dicke Puppe, die beinahe ½ Zoll dick und ½ Zoll lang ist. Die Farbe derselben ist kastanien = oder rothbraun, sie endigt sich mit einer gebogenen Spiße, welche mit dem Horn auf den Rücken der Raupe trifft, so wie solche in der Fig. 11. abgebildet ist.

c) In dieser Puppe überwintert die Raupe bis kommenden May, auch wohl bis im Junius, sodann erscheint der Sphinx oder Dämmerungsvogel. Dieser ist nicht schön. Die Oberflügel sind etwas convex, die Unterflügel kleiner als die Oberflügel. Der Vogel trägt die Flügel im Sißen so horizontal, daß sie einen großen Theil des Hinterleibes unbedeckt lassen. Die Grundfarbe des Körpers ist nebst dem Oberflügel dunkelgrau oder schwärzlicht, mit weißen und einigen dunkeln Schattirungen, die Unterflügel sind ganz schwarz. Die Flügel des Männchens haben unten Haare, bei dem Weibchen bemerkt man dieses nicht. De Geere hat an den Flügeln des Männchens noch eine kleine Erhöhung wahrgenommen, wodurch ein paar Haare gehen. Er will dieses auch bei allen männlichen Phalenen angetroffen haben, aber bei keinem Tagevogel. Das Weibchen legt grüne, ziemlich große Eyer, oval und in nicht geringer Anzahl, aber nicht häufig beisammen, sondern einzeln an die Nadeln der Fichtenbäume, sie sind ungefähr so groß als ein Hirsekorn. Ein Weibchen ist in Fig. 12. abgebildet.

d) Nach dem Raupenkalender des Herrn Schwarz (S. 496.) soll diese Raupe im Monat August aus dem Ey entschlüpfen, sie kommt aber gemeiniglich im Monat July aus. Die jungen Raupen können sich mittelst eines Fadens, welchen sie aus dem Maule ziehen, von der Höhe in die Tiefe lassen. Mit ihrer Häutung geht es geschwinde fort, denn sie hat kaum 8 Wochen zu leben, daher folgen die Häutungen auch alle 7 Tage aufeinander; man hat bemerkt, daß sie sich 4 mal häutet, und daß sie die abgeworfene Haut verzehrt.

7) Phalena Geometra Piniaria.

Der Föhrenspanner, die Bruchlinie, der Postillion, der Fichtennachtfalter, der Wildfang, die Phalene mit federbuschartigen Fühlhörnern. Phalène pannaché à raye blanc.

Der Herr Prediger van Schewen sagt in seinen Bemerkungen über die Kiehnraupe, welche er Einem Hochlöblichen Generaldirektorio unter dem 14ten July 1792.

F

überschickte, daß er sonst diese Raupenart für die einzige gehalten, welche die Verwüstungen in den Kiehnwäldern verursacht hat, und er dieserhalb auch in den 15ten
Theil des Naturforschers darüber eine Abhandlung habe einrücken lassen.

a) Die Raupe hat, wie die mehresten Spannmesser, 10 Füße, nemlich 6 Brustfüße
und 4 Hinterfüße, die Grundfarbe ist grün, und über den Rücken geht ein heller
weißer Streif, auf jeder Seite aber ein gelber, zwischen dem Rücken und der Sei-
tenlinie ist aber noch ein gelblich weißer Streif, welche überhaupt 5 Streifen oder
Binden macht. Der Kopf ist gleichfalls grün, und die hellen Streifen gehen noch
über selbigen, wodurch sie sich von den ähnlichen Raupen ihrer Klasse am leichte-
sten unterscheiden läßt. Ueber den Füßen ziehet sich ein gelber Streif, und die
Schwanzklappe ist gespalten, sie kann sich auf den Hinterfüßen in die Höhe richten, welches sie oft auf den Zweigen thut, um die Spitze der Nadeln zu ergreifen. Diese Raupen können Schaden genug verursachen, weil sie länger fressen als
die beschriebene Raupenarten. Der Fraß dauert vom May, nach Beschaffenheit
der Witterung, bis Oktober. Sie ist auf der Tab. IV. in der Fig. 1. abgebildet. *)
b) Zu Ende Septembers geht die Raupe, wenn die Herbstwitterung eintritt, von den
Bäumen, und spinnt sich unter dem Moos in die Erde ein. Sie macht ein leich-
tes Gespinnst, verwandelt sich hernach in selbigem zu einer braunen Puppe mit
grünlichen Flügelscheiden (Fig. 2.). Als Puppe bleibt sie den ganzen Winter in
der Erde, auch wohl, nachdem die Witterung ist, kommt erst im May
c) die Phalene zum Vorschein. Das Männchen und Weibchen dieser Phalene haben sehr verschiedene Zeichnungen, das Männchen (Fig. 3.) ist schwarzbraun, und
hat auf dem Vorderflügel einen großen hellgelben Fleck, der fast die Hälfte des
Flügels bedeckt. Auf den Hinterflügeln sieht man ebenfalls mehrere dergleichen
schwefelgelbe Flecke, die aber klein und mit braunen Punkten bestreut sind, und
nach unten zu eine Binde formiren, in der Mitte aber durch eine 3te Binde getheilt sind. Die Fühlhörner sind schwarzbraun und stark gekämmt. Die Grundfarbe des Flügels von der weiblichen Phalene (Fig. 4.) ist braun, und die Flecke
auf selbigen sind orangegelb, die Fühlhörner aber borstenartig. Das gemeinschaft-
liche Kennzeichen dieser Phalenen sind die 2 weißen Binden auf der Unterseite des
Hinterflügls (Fig. 5. Männchen, Fig. 6. Weibchen), welche der Länge nach her-

---

*) Gleditsch muß in seiner Forstwissenschaft S. 400. eine andere Raupe meinen, weil er sagt, sie sey braun.

ablaufen, und durch 2 dunkelbraune Queerlinien getheilt werden. Diese Nachtvögel unterscheiden sich auch noch von andern dadurch, daß. sie die Flügel über dem
Rücken senkrecht in die Höhe halten, und wenn sie selbige fallen lassen, so liegen
sie horizontal. Auch sieht man diese Phalene oft am hellen Mittag fliegen, sie
hat fast die Stellung der Tagefalter.

d) Im Monat April, wenn die Phalene aus der Puppe entschlüpft, geht auch die
Begattung vor sich. Die Eyer legt das Weibchen an die kleinen Zweige oder
Nadeln, so daß die jungen Raupen sogleich ihre Nahrung finden. Sie sind anfänglich nicht zu erkennen, bis im July, dann machen sie sich durch ihren Fraß schon
bemerklich, womit sie bis im Oktober fortfahren.

8) Phalena Geometra Fasciaria, oder Phalena Neustriaria.

Der Bandeling, der Fichtenmesser, die graue Bandphalene, der
Kiehnenbaumspanner, die blaßgrüne Spannraupe

gehört auch unter diejenigen Spannraupen, welche auf das Nadelholz von der Natur
angewiesen sind, haben jedoch aber durch ihren Fraß noch keinen merklichen Schaden
gethan, doch aber werden sie in den Forsten hin und wieder angetroffen; daher ist es
nötig, daß sie ein Forstmann kennen lernt, um selbige nicht mit andern zu verwechseln.

a) Die Raupe ist auf der Tab. IV. Fig. 7. in ihrer völligen Größe gezeichnet; sie wird
2 Zoll lang. In ihrer Jugend ist sie grün, der Leib ist mit vielen weißen kleinen Knöpfchen bestreuet, deren jeder mit einem kurzen zarten Härchen besetzt ist. Die
Luftlöcher erscheinen als schwarze Punkte. Die Grundfarbe behält sie, wenn sie
auch ausgewachsen ist, wie auch die kleinen obenbeschriebenen Knöpfchen. Der
Kopf ist blaßgrün. Die Absätze sind eingekerbt, und in jedem Gelenke befinden
sich einige Falten. Die 6 Vorderfüße sind gelb, die 4 Hinterfüße aber grün.
Sie sitzt, wenn sie der Hunger nicht treibt, gemeiniglich still, hält sich mit den
Hinterfüßen fest, den Vordertheil des Leibes aber schräge ausgestreckt, oder sie
rollt sich schneckenförmig zusammen.

b) Diese Raupe spinnt sich zu Ende July zwischen Blättern, auch in Moos mit etwas Erde bedeckt, ein. Die Puppe ist verhältnißmäßig sehr klein, an Farbe
glänzend, dunkelbraun, am Ende ist sie mit 2 Spitzen versehen, wie aus der Abbildung Fig. 8. zu ersehen.

c) In der Mitte des Augusts oder nach 3 Wochen kommt die Phalene zum Vorschein; beide Geschlechter sind nur in Ansehung ihrer Größe unterschieden, doch
aber sind die Kämme in den Fühlhörnern der Männer kenntlicher, bei den Weib-

F 2

chen aber sind sie kaum zu erkennen, und erscheinen fast fadenförmig. Auch sind die Fühlhörner der Weibchen dunkler als die von den Männchen, welche eine braune Farbe haben. Die Grundfarbe der Flügel ist weißgräulich braun, aber ungemein schön weißlich eingefaßt, und überhaupt sehr schön gezeichnet, wie die Fig. 9. zeigt. Im Sitzen hält die Phalene die Flügel horizontal. Ich habe diese Raupe und Phalene aus Rössels Insektenbelustigungen genommen. Herr Prediger Herbst hält dafür, daß es die Phalena duplicata Fabr. zu seyn scheint, und daß selbige nur zu schön gezeichnet ist. *)

d) die Phalene, welche so früh ausfliegt, legt auch, wie alle Phalenen, bald nachher ihre Eyer an einem, dem jungen Insekt zur Nahrung dienenden Ort, und es ist wohl zu vermuthen, daß bei der warmen Witterung die jungen Raupen noch auskommen, und sodann in dem Moos, Baumrinden oder andern bedeckten Oertern, auch in einer Erstarrung die warme Witterung des Frühjahrs erwarten.

9) In Westpreußen bemerkte der Herr Oberforstmeister v. Katzler 1794 in seinem Distrikt ebenfalls in den Kiehnrevieren Raupen, welche aber nach allen Beschreibungen nicht die große Kiehnraupe, die in den Kurmärkischen Forsten so viel Schaden verursacht hatte, seyn konnte. Es wurde also gedachtem Herrn Oberforstmeister von dem Forstdepartement aufgegeben, Raupen oder Kokons aus den dortigen Kiehnheiden herzuschicken, damit man sich näher unterrichten könnte, zu welcher Raupenart sie gehörten. Dieses geschah in demselbigen Jahre, wo eine Schachtel mit Kokons einlief. Den 13ten April kam selbige in Berlin an. Bei Eröffnung der Schachtel fand man 3 Schmetterlinge mit 4 kurzen stumpfen Flügeln, wie ich sie auf der Tab. IV. Fig. 10. genau habe abzeichnen lassen. Es waren Weibchen, so wie bekanntlich, bei verschiedenen Raupenarten dergleichen Schmetterlinge vom weiblichen Geschlecht gefunden werden; gemeiniglich gehören ihre Larven zu den Spannraupen **). Ich setzte diese Schmetterlinge in ein Zuckerglas auf einige Kiehnzweige, worauf die weiblichen Schmetterlinge herumkrochen. Am Tage saßen sie ganz still, sobald es aber Abend ward, krochen sie auf die Zweige, und schwungen ihre kleinen Flügel, ohne daß sie sich dadurch zu heben im Stande waren.

Das Männchen Fig. 11. war beflügelt, es lag aber todt in der Schachtel, und die Flügel waren etwas verwischt; jedoch ließ ich es mit Hülfe eines Vergröße-

---

*) In einem Privat-Schreiben an mich.

**) Von Geer, 2tes Quartal. Seite 110.

rungsglases abzeichnen und mit Farben illuminiren. Die Weibchen lebten bis zum 19ten April, alsdann starben sie. *) Allem Nachsuchen ungeachtet fand ich nicht mehr als 3 weißliche Eyer an den Kiehnnadeln, welche auf der Seite, wo sie an den Nadeln klebten, platt waren. Sie müssen aber nicht befruchtet gewesen seyn, denn sie kamen nicht aus, und als ich sie nach geraumer Zeit öffnete, fand ich nur eine weißliche zähe Feuchtigkeit in selbigen. Man wollte in den Westpreußischen Forsten bemerkt haben, daß die Phalene, welche aus der Puppe Fig. 12. entschlüpfte, die Piniperda seyn sollte; jedoch, die Puppen, welche davon überschickt wurden, konnten von dieser Art nicht seyn, denn ich habe nicht die Hauptunterscheidungszeichem, nemlich die Erhöhung auf dem Rücken wahrnehmen können; auch ist sie sehr von Tab. II. Fig. 2. unterschieden. In dem Bericht, der damit einlief, war man der Meinung, daß dieses die Phalene seyn sollte, wovon die Larve in dem Naturforscher im 21ten Stück abgebildet ist; diese ist aber keine andere als die Piniperda, welche Herr Kob so ausführlich beschrieben hat. Von den überschickten Puppen kam kein einziger Schmetterling aus, sondern eine Menge Blatt- und Schluppwespen. Von letztern, als den Feinden der Raupe, werde ich in der Folge ein mehreres anführen.

Ich komme jetzt zu einer Raupenart, welche sich zwar in den Königl. Preuß. Kiehnheiden findet, auch durch ihren Fraß bemerklich macht, aber dennoch keinen so beträchtlichen Schaden als die 16 füßigen Raupen verursacht hat. Dieses ist die Art Raupen, wovon ich bereits im 1ten Kapitel erwehnt habe, daß man sie Afterraupen nennt, und sich dadurch von andern unterscheiden, daß sie mehr als 16 Füße haben; sie verpuppen sich zwar, aber aus der Puppe entsteht kein Schmetterling, sondern eine Blattwespe, welche sich paaret und Eyer legt, woraus die künftigen Afterraupen entschlüpfen.

10) Wir hatten solche Raupenart im abgewichenen Sommer 1796 in der Hasenheide bei Berlin; man nennt sie:

Tenthredo Pini. *Linn.*

Die Fichtenblattwespe, Fichtensägemücke nach Reaumür. Mouche, a Scie.

a) Diese Raupen sind blasgrün mit dunklen Flecken, die in einer Reihe stehen, und Tab. IV. Fig. 13. abgebildet sind; diejenigen, die sich in den hiesigen Forsten

*) Herr Prediger Herbst hält diese kleinen Schmetterlinge für die Noctua valbigera. Siehe Exper.III.Tab.69.Fig.5.

fanden, hatten einen hellbraunen, fast ins Fleischfarbige fallenden Kopf mit 2 schwarzen Flecken. Die Raupe ist sehr gefräßig, und halten sich ganze Familien an einem Orte zusammen, daher der Schaden auch leichter sichtbar wird als bei andern. Im Monat August haben sie ihre völlige Größe erreicht. Die Raupe hat 22 Füße, die 6 Vorderfüße sind etwas länger als die Hinterfüße, haben auch mehr Gelenke als die Schmetterlingsraupen. Sie hat 14 Bauchfüße und 2 an dem letzten Gliede, und erreicht eine Größe von 1½ Zoll, auch noch drüber. Auf jeder Seite hat die Raupe 9 schwarze Luftlöcher, woraus sie, wenn man sie berührt, einen Saft sprißen soll, und wenn man sie sehr beunruhigt, so sprißt sie diese Feuchtigkeit aus allen 18 Löchern. Wenn diese Feuchtigkeit die Augen trift, so kann sie wohl nachtheilig seyn, auf der Hand aber bemerkt man keine Schmerzen. Ich habe diese Eigenschaft der Raupe, so wie sie von Geer beschreibt, hier aufgenommen; an denen Raupen aber, welche ich von dieser Art selbst von den Kiehnbäumen genommen habe, habe ich diese Eigenschaft nicht bemerkt. Daher denn Herr van Schewen in seiner dem Forstdepartement übergebenen Abhandlung sagt, daß diese Raupe, welche von Geer beschreibt, nicht diejenige seyn soll, welche man auf den Kiehnen findet, doch aber sehr viel ähnliches mit selbiger habe. 1788 hat sie Herr van Schewen außerordentlich häufig in der Garzischen Stadtforst in Pommern gefunden. Wenn ihr nachgestellt wird, pflegt sie sich in einen Kreis zu wickeln und zu Boden zu fallen.

b) Im August bekömmt sie ihre völlige Größe, sie kriecht sodann vom Baume herab und spinnt sich an Steinen in die Erde ein, und macht ein außerordentlich hartes pergamentähnliches Gewebe, welches hellbraun und nicht ganz eyförmig, sondern länglich ist, und ein auf beiden Seiten abgerundetes Kokon bildet. Dieses Kokon habe ich noch mit einem weißen seidenartigen hellen Gespinnst überzogen gefunden. Ich habe sie bei ihrem Einspinnen genau beobachtet. Ich hatte verschiedene aus der bei Berlin liegenden Haasenheide mitgenommen, und in ein Zuckerglas gesetzt, worin ich 1½ Zoll Erde that, und sie mit frischen Kiehnzweigen versorgte. Zwei davon spannen sich zwischen den Kiehnnadeln ein, die übrigen aber rollten sich auf der Erde in einen Kreis zusammen, und täglich verschwanden sie mehr und mehr unter die Erde, in welcher ich häufig nach einigen Tagen die Kokons fand, und als ich kurz hernach einige dieser Kokons öffnete, fand ich darin die Raupe zusammengelegt, und mit einer Feuchtigkeit umgeben, jedoch war sie weit dünner als in ihrem Raupenstande, das Kokon war etwas größer als das, was hier in der Fig. 14. Tab. IV. gezeichnet ist.

c) Dieses Gespinnst giebt der Raupe eine außerordentliche feste Bedeckung und sie bleibt in selbigem den ganzen Winter als Raupe. Mit angehendem Frühling streift sie ihre alte Hülle ab und erscheint als Puppe; sie hat das Besondere, daß sie nicht so wie die Raupen, welche sich ebenfalls in Kokons einspinnen, sich zur Krisalide in einer besondern Schaale mit Flügeldecken verwandelt; sondern sie schrumpfet nur zusammen, die Puppe wird erst weißgrün, dann dunkelgrün, und man erkennet an selbiger sogleich die Wespe, woran man den Kopf und die okergelben 6 Füße deutlich sehen kann. In der Zeichnung Fig. 15. Tab. IV. ist eine solche Nymfe vergrößert abgebildet, um hiedurch einigermaßen den Unterschied gegen die Puppen der gewöhnlichen Raupen zu erkennen.

d) Bis im Monat May, auch wohl noch länger, bleibt sie in diesem Zustande, sodann kommt die Blattwespe zum Vorschein, diese ist ungleich kleiner wie ihre Raupe oder Larve und kaum von der Größe der Stubenfliege. Das Männchen ist ganz schwarz bis auf die Füße, welche gelb sind. Das Weibchen hat aber sowohl auf dem Brustschilde als auf dem Leibe viele gelbe Flecke. Bei dem Männchen sind die Fühlhörner stark und schön gekämmt (Fig. 16.). Das Weibchen hingegen hat fadenförmige Fühlhörner, und ist weit größer als das Männchen. (Fig. 17.) Nach der Beobachtung des Reaumür soll das Weibchen hinten einen Sägestachel haben, womit sie die Blätter und Nadeln öffnet und hierin 5 Eyer legt, so daß man sie für eine Erhöhung auf dem Blatte ansiehet. Besonders unterscheidet sich die Fichtenblattwespe dadurch, daß sie sehr still sitzet und nicht eher fortzufliegen pflegt bis man sie anrühret.

e) In 14 Tagen bei warmem Wetter entschlüpft die junge Raupe aus dem Ey, man findet sie sodann gemeiniglich an den Kiehnnadeln, sie erreicht in einer Zeit von 8 Wochen ihre völlige Größe.

Im Jahre 1795. fand sich diese Raupe bei Berlin, wie schon erwähnt, in der Haasenheide ein. Da sie in Gesellschaft frißt, so wurde ihr Fraß einigermaßen merklich. Ich erhielt diese Raupen im Monat August wo sie ihrer Verwandelung nahe waren; sie fraßen zwar die Nadeln ab, aber nicht so weit als die oben unter Nro. 1 beschriebene große Kiehnraupe. Ihre Exkremente sind klein, jedoch in eben der Form wie von der großen Kiehnraupe; auch haben sie eben diese Farbe. Ich bemerkte, daß sie vor ihrem Einspinnen eine Menge Exkremente fallen ließen.

Den Winter über hatte ich sie in der Stube, in der Hoffnung bald die Blattwespe zu erhalten, war aber nicht glücklich, und ich glaube daß die Stubenwärme
sie vertrocknet hat; von 30 Kokons kam nicht eins aus. Ich öffnete einige und
fand darin eine Feuchtigkeit, worinn eine zusammengeschrumpfte Blattwespe lag,
die unter dem Vergrößerungsglase ganz deutlich zu sehen war. Es ist doch nöthig, daß ein Forstbediente sich von ihrer Oekonomie unterrichte, obgleich der
Schaden, den diese Raupe verursacht hat, hier von keiner Bedeutung gewesen ist.
11. Im Jahr 1794. Ende Monats Juny fand ich in der Hohenkrugschen Forst in
Hinterpommern die auf der Tab. IV. Fig. 18 in Lebensgröße abgezeichnete Raupe,
welche ich nicht kannte, und schickte sie daher nach Berlin zum Abzeichnen. Ich
fand sie auf dem 6 bis 8 jährigen Kiehnenaufschlag; die Raupe ist glatt, dunkelgrau
ins Grün fallende mit gelben Füßen. Sie hatte 22 Füße, und dieses beweiset, daß
sie unter die Afterraupen gehört und daß sie durch keinen Schmetterling, sondern
durch eine Blattwespe fortgepflanzt wird; sie gehört zu den geselligen Raupen, denn
es fressen viele bei einander auf einem Stamm, und zwar die jungen Nadeln an
den 2jährigen Schößen ab, jedoch habe ich nicht bemerkt, daß sie die Spitzen des
Maytriebes entnadelt hätten. In meiner Abwesenheit hatte man sie nicht gut behandelt, sie kamen also nicht zum Einspinnen und starben. Gewiß ist es aber, daß
diese Raupenart zur Zeit ihrer Verwandelung sich in die Erde begiebet und daß sodann die Blattwespe im Frühjahr ausschlüpfet; beträchtlichen Schaden haben sie aber
auch nicht gethan.

Sie hat eine außerordentliche Aehnlichkeit mit der Afterraupe, welche in dem
22sten Stück des Naturforschers Septbr. 1791 beschrieben wird, und daher habe ich
diese auch auf der Tab. IV. Fig. 19. abzeichnen lassen, von der Blattwespe, aber sowohl das Männchen Fig. 20 als das Weibchen Fig. 21, sitzend mit übereinander geschlagenen Flügeln Fig. 22 und das Kokon Fig. 23. Die Raupe ist hinter dem Kopfe
ein wenig dicke. Der Kopf ist rund, klein, schwarzglänzend, der Körper der Länge
nach vom Kopf bis zum Schwanz gestreift. Die Streifen selbst wechseln in schwärzlich, lichtgrüne, schwarze und weiße Streifen ab. Unterhalb ist die Raupe schwärz-
lichgrün, übrigens am ganzen Körper glatt, sie hat 6 Vorder- 14 Bauch- und 2 Af-
terfüße.

Sie frißt in Gesellschaft, aber sie frißt nicht die Nadeln bis an die Scheide ab.
Der Verfasser dieses Aufsatzes hat bemerkt, daß sie sogar auch das junge Holz an-
biß, ob sie gleich noch Nadeln genug zu ihrem Fraß übrig hatte.

Be-

Bei dem Häuten hängen sie sich mit gekrümmten Hintertheil an einer Nadel, schweben mit dem Vorderheil herab und kriechen sodann allmählig aus der alten Haut hervor. Ein paar Stunden nach der Häutung erhalten sie eine andere dunklere Farbe, und der Kopf und die Vorderfüße werden wieder schwarz. Sie verpuppen sich sodann in der Oberfläche der Erde.

Im Anfang des Septembers entschlüpft die Blattwespe. Das Weibchen ist kaum ¼ Zoll lang, hat schwarze Fühlhörner, welche vorwärts auseinander stehen, der Hinterleib ist länglicht abgerundet, der ganze Körper übrigens glatt und so wie die Füße von braungelber Farbe, und von den 4 durchsichtigen Flügeln haben die vordern unten am äußern Rand einen braunen Punkt. Im Sitzen legen sie die Flügel übereinander. Fig. 22.

Das Männchen ist kleiner, die Fühlhörner verhältnißmäßig größer und gefiedert, die Füße sind braungelb, der übrige Körper dunkelschwarz und glänzend, die Flügel auch mehr grau, anstatt daß sie bei dem Weibchen gelblich sind.

Nachdem ich die Raupen und Afterraupen, welche sich von den Nadeln der Kiehnen und Fichten ernähren, beschrieben habe, so muß ich noch einiger andern Raupen erwähnen, die zwar die Kiehnnadeln nicht abfressen, aber theils dem jungen Maywuchs schaden, theils auch die Kiehnäpfel verderben. Wenn ihre Verwüstungen gleich nicht so auffallend sind, als die von obenbeschriebenen Raupenarten, so wird doch sehr oft ein Forstbediemter Kiehnzweige und Kiehnäpfel finden, welche von diesem Insekt angegriffen und zerstört sind, wodurch sowohl der Wuchs des Holzes verdorben werden kann, als daß Kiehnäpfel, welche mit dergleichen Insekten befallen sind, zur Aussaat nicht taugen, und nicht aufspringen. Die Schmetterlinge von diesen Raupen habe ich oben Motten (Tinea) genannt. Es giebt auch unter diesen kleinen Raupen Spinner mit 16 Füßen, auch Spannraupen, welche eben diese Kennzeichen haben, die oben von dieser Raupenart sind angegeben worden.

12) Phalena Tinea, Resinella.

Der Kiehnsproßwickler, die Harzmotte, die Kiehnsproßmotte, die Fichtenharzeule.

a) Die Raupe erreicht eine Länge von ¼ bis ½ Zoll, ihre Grundfarbe ist okergelb, der Kopf und Hals färben sich braunroth. Sie lebt von Jugend auf in den Harzauswüchsen junger Föhrenstämme (Tab. V. Fig. 1.), und hat die Eigenschaft, vor und rückwärts zu gehen, da das Wenden in ihrem engen Behältnisse nicht

G

so wie im Freien möglich ist. Sie hat 16 Füße wie andere Raupen und eine Gebißzange das Holz anzubeißen, damit das Harz herausfließt; überdem ist sie auch mit einem Faden versehen, vermöge deffen sie sich bei großen Gefahren aus ihrer Wohnung in die Tiefe herabläßt und sodann sich wieder an selbigem herauf=spinnen kann. Vor Winters und zwar im Monat October erreicht sie ihre völ=lige Größe, alsdann verwandelt sie sich in ihrer Wohnung. Herr Schwarz glaubt, daß sich diese Raupe im Monat März verpuppe; Frisch aber hält dafür, daß sie sich. im Winter, wenn der Baumfaft nicht so stark in Bewegung, verwan=dele und in der Verwandelungshülse den Winter über bleibt; welches auch der Natur der Sache, da sich diefes Insekt von dem Saft des Baumes nähren muß, meines Erachtens, wohl angemeffen ist. (Tab. V. Fig. 2.)

b) Die Puppe (Fig. 3) ist anfänglich braun, am Ende aber wird sie schwarz. Wenn man sie aus ihrem Harzbehältniß nimmt, so vertrocknet sie gleich, welches denen zur Nachricht dienet, die dergleichen Puppen überwintern wollen. Damit die Raupe sich nicht an dem harten Harze reibet, so hat die Puppe an den untern Absätzen stachlichte Ringe. In diesem Puppenzustande bleibt sie bis im May.

Sobald der junge Maytrieb an der Kiehne hervorkömmt, fliegt auch die Phalene aus ihrer Harzzelle heraus. Man findet die Schaale der Puppe jeder=zeit mit dem Kopfe gegen das Licht gekehrt. Fig. 4. Tab. V. ist ein fliegendes Weibchen, und Fig. 5. ein fitzendes Männchen, welches kleiner ist und längere Fühl=hörner hat, vorgestellt. Die Grundfarbe ist grau und braun mit gewäfferten Queer=streifen, die daneben mit weißen eingefaßt find; sie läßt ſſich nur des Abends und Nachts in den Wäldern sehen.

c) An den zarten Maywuchs legt die Motte ihr Ey, und wenn das Räupchen aus=gekrochen, so bohrt es eine Oeffnung in der Spitze des Maywuchses, welches man deutlich sehen kann, und man wird mehrentheils diese Spitze vertrocknet finden.

Hat sich nun die kleine Raupe eines Fingers breit herab gebohrt, so läuft der harzige Saft in die Wunde zwischen der zarten Rinde, das Insekt lebt in=deffen von dem Saft des jungen Triebes und klebt den harzigen Saft, welcher noch immer aus der Wunde zuläuft, um sich herum, daraus entstehet eine Harz=beule, welche öfters als eine Hafelnuß groß wird. Von den jungen Kiehnnadeln bleiben hier und da in diesen Harzknoten einige fitzen und die Raupe arbeitet sich in selbigen eine Höhle, worinn sie geräumig liegen kann, sie macht aber diesen Raum nicht zu groß, damit die Puppe nicht darin umfalle und etwa mit dem

Kopfe unterhalb zu liegen komme, weil es sodann der Phalene aus dem Harzknoten zu entschlüpfen nicht möglich seyn würde; den trocknen Harz mit den Er-
krementen legt sie über sich gegen die Spitze zu, wo sie hinein gekrochen, von da
sie hernach über dem Harzknoten herabfließen.

Der Schade, den dieses Insekt in den Kiehnwäldern verursacht, ist nicht
ganz unbedeutend, denn da, wo es den Maywuchs durchbohrt und sich der Harzknoten gesetzt hat, schießt in dem folgenden Jahre der junge Trieb nicht gerade in
die Höhe, sondern seitwärts und formirt eine Gabel, wodurch der gerade Wuchs
des Holzes für die Zukunft sehr leidet, und mancher Stamm, der sonst zu gera-
dewüchsigem Bauholz herangewachsen seyn würde, kann öfters nur Brennholz oder
höchstens einen Sageblock geben.

13) Die kleine 16füßige braune Raupe in dem Maywuchse der Fichten.

So nennt sie von Geer, und nach selbigen habe ich sie auf der Tab. V. Fig. 8.
abgebildet, er hat sie wirklich in den Kiehnknospen gefunden, es ist die Larve der
Phalena Tinea Dodecella, welche man auch den 12 Punkt, ferner die licht-
graue, braunstimpliche Maywuchsmotte nennt; man siehet aus der Zeichnung
des von Geer, daß, obgleich nach der Uebersetzung sie im Fichtenzapfen lebet, hier
doch die Knospe des jungen Maywuchses gemeinet ist. Sie zerstöhrt so wie erstere
den Maywuchs der Fichte und Kiefer, daß das Holz dadurch an seinem Wachsthum
in der Länge gehindert wird und in ein Mißgewächs ausartet. Diese kleine Raupe
frißt die jungen Maykuospen so aus, daß sie ganz hohl werden, auswendig aber
ganz gesund aussehen. Die Raupe hat 16 Füße, der erste Ring ist schwarz. Sie
verwandelt sich in eine kleine braune, länglichte Puppe. Fig. 7 ist sie in ihrer
natürlichen Größe und Fig. 10. vergrößert abgebildet, und unterscheidet sie sich besonders durch die langheruntergehende Flügelscheiden.

Zu Anfang des Junius erscheint die Motte, es ist ein Nachtfalter die Hauptfarbe des Vogels ist perlaschgrau mit verschiedenen Punkten besprenkelt, der Leib
nebst den Füßen ist silberförmig, die langen Fühlhörner sind schwarz und sehr voller
Schuppen. Fig. 6. ist sie natürlich, Fig. 9. aber vergrößert vorgestellt; das Weibchen
ist dunkler und schwärzer. *)

---

*) Diese Motten, Raupen und Puppen von Fig. 6 bis 15 habe ich nach der Zeichnung des von Geer kopiren,
und bloß nach der Beschreibung illuminiren lassen; wo sich also wohl in der Natur einige Abweichungen in Ansehung der Farben noch finden könnten.

G 2

14. Noch eine Raupe hat von Geer in den Tannzapfen gefunden, welche er den Tannzapfenspanner nennt.

a) Die Raupe ist hellbraun, hat einen schwarzen Kopf und ihre 10 Füße sind auch von dieser Farbe (Fig. 12. Tab. V.) sie spinnt sich, wie andere Raupen, die in den Tannzapfen wohnen, ein.

b) Die Phalene kömmt am Ende des Mays aus, die Farbe ist grau und schwarz mit hellgrauen Streifen. Fig. 11.

Ferner lebet eine Raupe noch in den Tannzapfen, welche 16 Füße hat (Fig. 14.) aber an Farbe braun ist, sie fällt ins Schiefergraue, der Bauch ist etwas fleisch-farbig, verwandelt sich erst im Juny des folgenden Jahres zur Phalene. Die Pha-lene, die kleine Tannapfel-Phalene genannt (Fig. 13.), hat nur 2 Farben, schwarz und lichtgrau, und ist ½ Zoll lang. Eine andere Art kleiner Nachtschmetter-linge entstehet auch aus einer Raupe, welche in den Fichtenzapfen lebt; sie ist auf der Fig. 15. abgebildet; die Oberflügel sind fast schwarz, mit einigen agatförmigen ins Lila fallenden Queerstreifen, am Rande haben sie einige kleine weiße silberförmige Flecke, der Leib, Flügel und Füße sind unten glänzend silbergrau, nach allen Kenn-zeichen ist es Tinea Strobitella Linn. Durch die schon oft gerühmte freundschaftliche Unterstützung des Herrn Hofpredigers Gronow erhielt ich aus seiner vortrefflichen Sammlung zwei Fichtenmotten, Fig. 16 unter dem Namen Pinastrella und Fig. 17. unter der Benennung Pinetella. Beide sind auf den Fichten, die erste ziemlich häufig, letztere aber seltener; letztere halte ich fast für die Phalena Tinea Pinella Linn. (gelbe Fichtenmotte) nach der Beschreibung hat sie gelbe mit einem doppelten silberfarbenen Flecke besetzte Flügel. Im August soll sie in Harzwäl-dern auf Fichten und Kiefern sich aufhalten.

Diese letzte Beschreibung der Motten ist eigentlich als eine Abweichung an-zusehen, indem hier nur von solchen Raupen, welche die Kiehnen entnadeln, die Re-de ist; da aber, wie bereits oben erwähnet, die Forstbedienten oft Gelegenheit ha-ben, solche Insekten in den Kiehnäpfeln zu finden, so habe ich es nicht für über-flüßig gehalten, auch dieser Arten zu erwähnen, und sie abzubilden. Sehr oft kann man es den Kiehnäpfeln nicht ansehen, daß sie durch ein Insekt verdorben sind, denn sie bleiben dabey geschlossen und sehen von außen ganz gesund aus. Gemeiniglich ist das Insekt schon aus denen Kiehnäpfeln, bei welchen man von außen ein Loch wahrnimmt, ausgeflogen. Ich habe hierüber Versuche angestellt, indem ich mehrere gesunde Kiehnäpfel auf einen warmen Stubenofen legte, um selbige aufzusprengen und den Saamen heraus zu nehmen. Verschiedene davon sprangen gar nicht auf, ich legte sie 4 Tage auf den warmen Ofen, sie ließen aber nicht das geringste Merkmal zum Aufspringen gewahr nehmen. Außerdem sahen sie von außen ganz gesund aus. Um mich von der Ursache zu unterrichten, schnitt ich die Kiehnäpfel auf und fand in jedem eine lebendige Made von 1¼ Zoll lang; als ich sie unter das Vergrößerungsglas brachte, fand ich weiter nichts als daß sie einen spitzzulaufenden braunen Kopf hatte. Die Made hatte viel ähnliches mit dem Wurme, woraus der Holzkäfer entstehet. Es ist wahrscheinlich, daß dieses Insekt länger als 1 Jahr und wenigstens so lange bis die Kiehnäpfel ihre Reife erhalten haben, darinnen lebe. Diese Maden, welche ich in den Kiehnäpfeln der Kiefern fand, hatten noch einen beträchtlichen Theil desselben zu durchbohren, ehe sie sich den Ausgang öffen konnten und sie waren auch nicht völlig ausgewachsen.

16) Der Raupenfraß und Windbruch in den Wäldern zogen verschiedene andere Insekten, besonders Käfer, nach sich, welche zum Verderben des Holzes das Ihrige auch beitrugen. Einige von diesen, welche sich in dem Kiehnholze befanden, werde ich besonders beschreiben, wenn ich zuförderst etwas von dem, den Fichten so nachtheiligen Borkenkäfer werde angeführt haben. Ich halte dieses um desto nöthiger, da auch dieser eine Folge von dem Raupenfraß werden kann. Der Fall könnte in den Rothtannenrevieren der Litthauischen Forsten eintreten, wo die obenbeschriebene Phalena Monacha beträchtliche Distrikte von Rothtannen verwüstet hat. Dieser Käfer wird genannt: Bostrichus Typographus Fabr. Dermestes Typographus Linn. Der schwarze Wurm, der Holzwurm, der gemeine Borkenkäfer, der Buchdruckerborkenkäfer, Frz. typographe.

In der Abhandlung, welche unser unvergeßlicher Gleditsch 1788. von diesem Käfer schrieb, scheint er Seite 115 der Meinung zu seyn, daß dieser Borkenkäfer sich auch in den Kiefern einfände, und Seite 118 sagt er noch bestimmter, daß der in den Kiehnen gefundene Borkenkäfer derselbe Käfer sey, welcher so viel Verwüstungen auf dem Harz in den Rothtannenrevieren verursachet hat. Das Ansehen eines so fleißigen und aufmerksamen Beobachters der Natur läßt auch hierin keinen Zweifel, und da er ihn damals in den Kiehnen gefunden, so berechtiget mich dieses desto eher, die Beschreibung seiner Oekonomie hier einzurücken.

Nur der Borkenkäfer, welcher sich nach dem Windbruch in den Kurmärkschen Kiehnenrevieren einfand, war kein Typographus, sondern ein anderer, welchen ich unten näher beschreiben werde. Zu mehrerer Gewißheit ließ ich mir einige Exemplare von dem Borkenkäfer der Rothtannen aus dem Harz schicken und verglich sie genau mit denen Käfern, die sich in unsern vom Winde geworfenen Kiehnen eingebohrt hatten; ich fand aber beide außerordentlich verschieden. Sie unterscheiden sich besonders in Ansehung der Ausschnitte der Flügeldecken und der Größe der Halsschilder. Der in den Kiehnen gefunden wurde, hatte nur wenig Haare, das Maul war spißiger und die Klauen an den Füßen sind ofergelb, die Freßzange aber schmaler. Den Borkenkäfer Bostrichus Typographus habe ich auf der Tab. IV. Fig. 1 vergrößert, und in der Fig. 2. nach seiner natürlichen Größe abzeichnen lassen. Er ist ganz haarig, 2¼ bis 3 Linien lang, die Freßzangen sind hornartig und vorne breiter. Die Flügeldecken sind breiter nach hinten zu, und der Kopf mit dem Halsschilde macht beinahe die Hälfte von der Länge des Körpers aus. Zwischen dem Halsschilde und dem Kopfe bemerkte ich durch das Vergrößerungsglas, wenn der Käfer den Kopf herunter bewegte, einen hellglänzenden Ring. Der Käfer bohrt sich in die Borke der Fichte ein, und geht gerade in der Safthaut in die Höhe, gräbt sich rechts und links dieses Ganges kleine cylindrische Höhlungen, etwa 2 Linien von einander und leget in jede 1 Ey, so daß er 50 bis 100 Eyer in ein Stück Borke von 4 Zoll lang legen kann. Aus diesen Eyern entstehet in 14 Tagen eine weiße Larve mit einem rothen Strich über den Rücken, welche an den 3 ersten Ringen 6 hornartige Füße hat. Sie haben keine Fühlstangen. Der Kopf ist gelblich und wird hornartig. Sie fangen sodann an, sich Gänge unter der Borke auszuhöhlen und sind sehr empfindlich gegen Sonne und Luft, worinn sie bald sterben. Wenn sie ungestöhrt fressen können, so werden sie größer als der Käfer selbst. Ist das Wetter warm und günstig, so geht die Verwandlung bald vor sich, und man findet bereits im August ausgebildete Käfer. Die Puppe ist anfänglich äußerst weich, und so bleibt sie 2 bis 3 Wochen; sodann erhärten sich die Theile und es entstehet daraus der Käfer, der erst gelblich, dann hellbraun und zuletzt dunkelbraun wird.

Bei günstiger Witterung begattet er sich schon im Herbst; auch die alten fliegen zuweilen noch einmal aus und legen ebenfalls noch Eyer. Ungünstige Witterung kann ihnen aber auch sehr an der Fortpflanzung hindern. Ist die Witterung nicht günstig und der Herbst kalt und naß, so bleibt der Käfer den ganzen Winter in der Borke wie todt liegen, er kann in diesem Zustande einen außerordentlichen Grad der Kälte ausstehen, und die jungen Käfer fliegen erst im Frühjahr, im April oder May in ganzen Schwärmen aus. Das Wurmmehl, die Löcher in der Borke, die

öfters wie mit Schrot geschossen darinn zu sehen sind, das Tröpfeln des Har=
zes sind die Merkmale, daß der Käfer sich eingefunden, wiewohl ich bei vielen
Stämmen, woran die Borke so sehr durchlöchert war, keine Käfer gefunden, son=
dern sie waren sämtlich ausgeflogen. Wenn dieser Käfer sich in die Safthaut
der Fichte einbohrt, so zerstöhrt er selbige, wodurch die Säfte stocken und
die Bewegung derselben gehemmt wird, so daß die Borke abfällt. Viele Forst=
männer und Naturforscher haben die Frage aufgeworfen: ob dieser Käfer nur
kranke, oder auch gesunde Fichtenstämme angreife? Der größeste Theil ist der Mei=
nung, er greife nur kranke allein an. Ich habe nicht Gelegenheit gehabt, hierüber
Beobachtungen anzustellen; einige Versuche, welche kürzlich im Forst = und Jagdjour=
nal angeführt sind *), scheinen beide Meinungen am besten zu vereinigen. Der Ver=
fasser dieses Aufsatzes hat gefunden, daß im Holze, welches sehr harzig und saftreich ist,
und auch auf gutem Boden steht, das Harz so häufig zufließe, daß es den Käfer
an seiner Arbeit hindert, und er hat selbige sogar im Harze todt gefunden. Also
schließt er daraus: da Fichten, welche auf schlechtem Boden stehen, gesund seyn
können, aber nicht einen so reichlichen Zufluß von Harz haben, so wird auch durch
den Zufluß des Harzes der Käfer in seiner Oekonomie nicht so sehr gestört, und er
kann sich also in dergleichen Stämme, ob sie gleich gesund sind, einbohren. Es
könnte auch möglich seyn, daß, wenn das Wetter die Fortpflanzung des Käfers be=
günstigt, so daß er sich im Herbst einbohrt, da der Zufluß des Harzes in dieser
Jahreszeit nicht so häufig ist, dieses seiner Arbeit nicht so sehr hinderlich seyn könne.

Die bis jetzt bekannten Mittel, den Verwüstungen dieses Käfers Einhalt zu thun,
bestehen darinn: erstlich im Winter die von dem Käfer angefallenen Stämme aufzu=
schlagen, und mit möglichster Sorgfalt die Borke aus der Forst zu schaffen oder sie
zu verderben. Zweitens dahin zu sehen, daß kein Klafter = oder ander Holz mit der
Borke den Sommer über in Fichtenreviere stehen bleibe, weil sich der Käfer gemei=
niglich darin einbohrt. Endlich ist dabei Wachsamkeit der Forstbedienten nöthig,
damit, wenn der Käfer nur einige Stämme angefallen hat, er selbige sofort herun=
terhauen lasse.

17) Im Frühjahr 1793 schickte man mir den 23ten May aus der Mühlenbecker

---

*) Forst= und Jagdjournal, 4ter Band 2te Hälfte. S. 114.

Forst *) bei Berlin, und unter dem 15ten Juny aus Zehdenick **) einige Käfer, welche bei warmen Tagen häufig auf das vom Winde geworfene Holz anflogen, und sich mit einer besondern Geschwindigkeit in die Borke einbohrten, wenn sie auch noch so stark war. In der Gegend von Zehdenick nannte man ihn den kleinen fliegenden Wurm. Im Juny fand man auch schon kleine weiße Maden in der Borke der geworfenen Kiehnen, welche sich nicht lange nachher verpuppten, und woraus sodann wieder Käfer entstanden. Zum Unterschied seiner Gänge, welche er in der Borke macht, gegen den vorher beschriebenen, und wie er seine Eyer auf einem Haufen beisammen zu legen pflegt, habe ich auf der Tab. VI. Fig. 16. ein solches Stück zeichnen lassen.

Daß dieser Käfer unter das Geschlecht des Dermestes oder Bostrichus gehörte, war in die Augen fallend. Ich schickte davon einige Exemplare an den Herrn Prediger Herbst, welcher die Gefälligkeit hatte mir zu schreiben, daß dieses der von ihm genannte Bostrichus Testaceus sey, welchen man nach dem 5ten Theil seiner Naturgeschichte in alten Kiehnstubben findet. Er soll bald von dunkelbrauner, bald von okergelber Farbe seyn, Herr Herbst hat ihn öfters in Sandgräben um oder an Kiehnengehölzen gefunden, und vermuthet, daß wenn er in Schwärmen kommt, er eben so gefährlich als der schädliche Borkenkäfer (Typographus) werden könnte. Die Käfer, die ich erhielt, waren nur 2 Linien eines rheinländischen Zolles lang, sie hatten eine dunkelbraune, fast in das Schwarze fallende Farbe. Auf den Flügeldecken erschienen durch das Vergrößerungsglas einige Reihen silberfarbige glänzende Punkte, die Füße sind okergelb, die Fühlhörner haben eben große okergelbe Knöpfe, sie erscheinen fast durchsichtig, auch sind die ovale Knöpfe mit 2 dunkeln fast schwarzen Ringen umgeben. Gegen den Kopf werden die Fühlhörner stärker als sie in der Mitte sind, wo sie dünnere knopfförmige Gelenke haben. Die Freßwerkzeuge sind gegen die Mitte zu breit, und bewegen sich horizontal gegen einander. Die Flügeldecken sind nicht so wie bei dem schädlichen Bostrichus Typographus eingeschnitten, sondern cylindrisch, und decken den ganzen Hinterleib; wenn der Käfer auf der Seite liegt, so entdeckt man hin und wieder einige Haare.

Man hat nicht bemerkt, daß er anderes als umgeworfenes Holz anfiel, und da das

---

*) Von dem Herrn Oberförster Bartikow.

**) Von dem jetzigen Herrn Forstmeister Schulze.

das vom Winde geworfene Holz bald aus den Forsten abgefahren, oder doch aus der Borke gebracht wurde, so verlohr sich dieser Käfer auch bald wieder; und obwohl derselbe noch hin und wieder in einigen liegenden Kiehnstämmen befindlich seyn konnte, so hat man doch nicht bemerkt, daß er das stehende Holz angegriffen hat.   Nach der Beschreibung des Herrn Herbst ist dieser Käfer der Bostrichus Glaber Testaceus; sonst hat ihn Herr Herbst wegen seinerveränderlichen Farbe Dispar genannt, weil er bald okergelb, bald schwarz ist; im 1ten Falle hat er mit einem andern (Liginiperda) viel Aehnlichkeit, nur das 1te Glied seiner Fühlhörner ist nicht so dick. Das Brustschild ist vorn enge, nicht breiter als der Kopf, und fein punktirt. Wenn er schwarz ist, so sind seine Füße rosetfarbig, das Deckschild ist punktirt, und voll eingestochener Punkte. Diejenigen Käfer, welche ich in der Kiehnborke gefunden habe, waren sehr dunkelbraun, fast schwarz; ich habe sie also auch in dieser Art abbilden lassen, und ein Exemplar nach der Zeichnung des Herrn Herbst beigefügt. Man sehe Tab. VI. Fig. 3, und vergrößert Fig. 4. nach Herrn Herbst, Fig. 5, und vergrößert Fig. 6., wie ich sie gefunden.

18) Ein anderer Käfer, den man in den hiesigen Kiehnheiden vielfältig antrifft, der aber keinesweges so wenig eine Folge vom Windbruch als vom Raupenfraß ist, verdient bemerkt zu werden.   Man findet vielfältig in den Kiehnrevieren die jungen Triebe der Seitenzweige auf der Erde liegen, und dieses fast zu allen Jahrszeiten. In der Potsdamschen Forst fand ich sie bei gelindem Wetter schon im Februar frisch abgestoßen. In der Haasenheide bei Berlin aber und im Thiergarten sah ich sie im Frühjahr und Sommer häufig. Man konnte es deutlich an diesen abgestoßenen Zweigen sehen, daß diese Triebe durch ein Insekt durchbohrt, und dadurch abgefallen seyn mußten.

Der Käfer, welcher dieses verursacht, ist nicht ganz so groß wie der, welchen ich unter No. 17. beschrieben habe. Er hat röthliche Flügeldecken, okergelbe Füße, desgleichen ein gleichfarbiges Fühlhorn, das Halsschild ist dunkelschwärzlich, und spielt etwas ins Graue. Das Fühlhorn ist Fig. 7. vergrößert abgebildet. Durch das Vergrößerungsglas bemerkte ich ebenfalls helle silberfarbige Punkte. Auf den Flügeldecken traten sie am Rande etwas näher zusammen, und schienen eine Art von Einfassung zu bilden, wodurch sie sich von den übrigen Punkten auf den Flügeldecken unterschieden. In der Fig. 8. und Fig. 9. mit hervorragenden Flügeln ist dieser Käfer in seiner natürlichen Größe abgebildet, in der Fig. 10. habe ich ihn sehr vergrößert gezeichnet, womit Herrn Panzers Abbildung ziemlich übereinstimmt, und

H

denen, welche ich aus den Zweigen selbst genommen, in Farbe und Form am nächsten kommt. In der Fig. 11, 12 und 13 habe ich die Gänge und Löcher, wie er sie in den Kiehnenzweigen aushöhlt, und die jungen Zweige durchbohrt, nach der Natur abzeichnen lassen. Ich habe die Käfer lange in einem Glase gehabt, um ihre Oekonomie zu observiren; sie bohren sich mit außerordentlicher Geschwindigkeit durch die jungen Zweige, unter welchen man eine Menge Wurmmehl findet. Dieser Käfer ist ganz unbezweifelt der

Bostrichus Piniperda Fabr. und Herbst, Dermestes Piniperda Linn. Der Fichtenzerstöhrer.

Herr Müller giebt ihm den Nahmen Waldgärtner, denn er glaubt, daß, da dieser Käfer bloß die jungen Seitenzweige durchbohrt, daß sie abfallen, so soll seiner Meinung nach dieses dem Nadelholze keinen Schaden thun, sondern es soll desto mehr in die Höhe treiben. Es ist nun zwar nicht bemerkt worden, daß in den Markbrandenburgischen Forsten dadurch ein erheblicher Schaden entstanden. Wenn indessen dieser Käfer sich häufig einfindet, so kann er wenigstens verursachen, daß die Kiehnen nicht so reichlich Kiehnäpfel tragen, weil dadurch mancher junger tragbarer Zweig verlohren geht. Ich habe in dergleichen Kiehnzweigen, welche ich untersucht habe, an verschiedenen in den Seitenzweigen diesen Käfer, und in dem Maywuchs noch überdem die Larve der obenbeschriebenen Harzmotte gefunden. Durch solche Angriffe muß dann freilich das Holz sehr leiden, und der Wuchs und der künftige Werth desselben sehr verliehren. Fig. 14 und 15 habe ich diesen Käfer nach der Zeichnung des Herrn Herbst Naturgeschichte 5ter Theil vorgestellt, welcher aber von dem meinigen sehr verschieden ist.

19) Ich muß noch eines Käfers erwähnen, dessen gewöhnlicher Aufenthalt und angewiesene Nahrung nicht eben das Nadelholz und die Kiehne ist. Dieser Käfer thut den Kiehnen dadurch, daß er die Nadeln abfrißt, Schaden, anderntheils aber hat er in den Kiehnheiden auch einigen Nutzen gestiftet. Es ist der sogenannte Juliuskäfer, den ich auf der Tab. VII. Fig. 1. abgebildet habe. Rössel nennt ihn den scheckigten, weißsprenklichten großen Juliuskäfer; auch nennt man ihn den Walker, den Tiger. Scarabus Antennarum lamellis septenis aequalibus, corpore nigro elitris maculis alis sparsis Linn. Scarabus Vullo.

Das Männchen hat viel größere Fühlhörner als das Weibchen, wie solches in der Fig. 1, wo ein Männchen abgebildet ist, Fig. 2. aber ein Weibchen, zu entnehmen ist. Das Weibchen hat einen dicken und großen Hinterleib, das Männchen aber einen langen schwarzschuppigten Hinterleib. Röffel ist der Meinung, daß seine Fortpflanzung auf eben die Art wie bei den Mayfäfern geschieht. Man trift sie selten gepaart an. Das Weibchen begiebt sich nach der Paarung unter die Erde. Ehe dieser Käfer seine völlige Größe erlangt, so ernährt er sich über 3 Jahr unter der Erde. Es ist wahrscheinlich, daß sie einen Ballen von Leim oder Erde machen, sich in selbigem in eine Puppe verwandeln, welche der Puppe des Mayfäfers in allem ähnlich ist. Wenn dieser Käfer auch wirklich im Januar oder Februar seine Vollkommenheit erreicht haben sollte, so kommt er doch nicht eher als im July zum Vorschein. Er giebt, so wie fast alle Holzkäfer, wenn er berührt wird, einen Ton, indem er langsam die Flügeldecken aufhebt und sie an dem Halsschilde reibt; er thut dieses auch noch wenn er todt ist, und man etwas die Flügeldecken drückt; übrigens hat er einen unangenehmen Geruch.

1731 haben sich diese Käfer so häufig eingefunden, daß Frisch sagt, daß sie die Bäume aller Orten stark angegriffen, auch zuletzt sogar das Gras gefressen haben. Man hat sonst nicht diese Art auf den Kiehnen, wenigstens nur sehr selten gefunden, allein 1792 fand ihn der Herr Oberforstmeister von Kropf in der Lebufer Forst auf den Kiehnen, von welchen er wirklich die Nadeln fraß. Im Jahr 1796 traf man eine Menge solcher Käfer in der bei Peitz liegenden Tauerschen Forst an, jedoch nur in einigen Quadraten, wo sie die Kiehnen entnadelten; und zum Beweis, daß es diese Käfer wirklich sey, wurden einige von der Königl. Neumärkischen Kammer an das Forstdepartement überschickt; doch hat man nicht gehört, daß dadurch die Kiehnen einen merklichen Schaden gelitten haben sollten.

Drittes Kapitel.

Von der vortheilhaften und nachtheiligen Witterung zur Vermehrung der Raupen, und von ihren Feinden.

Vor mehr als 200 Jahren schrieb schon der alte gute Colerus, daß warme Witterung die Vermehrung der Raupen sehr befördere *), er glaubt, daß, wenn das Laub im Herbst nicht von den Bäumen fallen will, so hätte man einen kalten Winter zu hoffen, und im Sommer viel Raupen zu erwarten. Vermuthlich setzt er zum voraus, daß nach einem kalten Winter ein heißer Sommer folgen müsse, welche den Raupen zu ihren Verwandlungen und Vermehrungen günstig seyn könnte. Die neuen Metereologen sind nicht von diesem Satz überzeugt, wiederlegen ihn vielmehr durch die Erfahrung, wie solches kürzlich der Hr. Pred. Gronow bewiesen hat **). Wenn man erwegt, daß der Eintritt der Sonne in die Himmelszeichen, wovon wir die vier Jahreszeiten an rechnen, wohl zur Berechnung des Kalenders richtige Data geben können, daß man aber die vier Jahreszeiten im gemeinen Leben mehr nach der Temperatur der Luft und nach der Wirkung derselben auf die organisirten Körper beurtheilt, so kann die Temperatur von so viel Nebenursachen abhängen, daß es im Sommer kalt, im Winter aber warm seyn kann; denn ist die Luft wärmer als die äußern Theile des Körpers, so nennt man sie warm, wie viel Ursachen können aber nicht eintreten, welche den Wärmestoff, der auf uns und andere organisirte Körper würkt, aus dem Dunstkreis entfernen oder häufen können? daß also füglich der Stand der Sonne nicht hier allein in Betracht gezogen werden kann. Vielfältige Erfahrungen und Wetterbeobachtungen stimmen damit überein, und zu diesen müssen wir auch unsere Zuflucht nehmen, um Bemerkungen anzustellen, welche Witterung der Vermehrung der Raupen günstig

---

*) Coleri immerwährender Kalender im Monat Oktober.
**) Denkwürdigkeiten der Mark Brandenburg, 8tes Stück 1796. Seite 792.

oder nachtheilig gewesen ist. Aus den alten und neuen Schriftstellern, welche die Witterung aufgezeichnet haben, muß man die Beschaffenheit derselben in den Jahren, wo sich häufig Raupen eingefunden, und welche ich in der Einleitung bemerkt habe, aufsuchen, und darauf Rücksicht nehmen, ob ein oder die andere Witterung am öftern eingetreten ist.

Daß die Witterung auf die Vermehrung dieses Insekts einen Einfluß haben müßte, ist wohl nicht in Zweifel zu ziehn. Raupen, welche man im Zimmer aufbehält, verpuppen sich eher, und der Schmetterling entschlüpft zeitiger aus der Puppe als in der freien Luft, wo sie ungünstiger rauher Witterung ausgesetzt sind. Wie auch selbst es Raupenarten giebt, von welchen, wenn der Herbst noch warm und schön ist, der Schmetterling aus der Puppe entschlüpft; bei ungünstiger kalter Witterung bleiben sie aber in ihrem Puppenzustande den Winter über, und der Schmetterling fliegt erst bei warmer Frühjahrswitterung aus. Hieraus geht wohl unbezweifelt hervor, daß warme Witterung ihre Verwandlungen und ihre Vermehrungen sehr begünstigen müsse.

Daß strenge Kälte den Kiehnraupen in ihrem Winteraufenthalte nicht besonders nachtheilig seyn kann, beweisen die Versuche, welche die Naturforscher damit angestellt haben, und die im vorhergehenden Kapitel bei der Naturgeschichte der Kiehnraupen angeführt worden sind. Starker Regen kann zu gewissen Zeiten den Raupen schaden, jedoch nicht sowohl den Raupen als ihren Schmetterlingen. Denn man hat oft gesehn, daß die durch starken Regen von den Bäumen heruntergeworfenen Kiehnraupen sich bald wieder erhohlt und auf die Bäume gekrochen sind; trifft aber ein so starker anhaltender Regen in der Paarzeit der Schmetterlinge ein, so können selbige, wenn sie zu Boden geworfen und ihre Flügel erweicht sind, sich nicht wieder erhohlen; wodurch also die Fortpflanzung des Insekts sehr gehindert werden kann.

Auch kalte Witterung im Sommer kann ihre Verwandlungszeit verspäten, so daß die Brut im Herbst nicht zu der Größe und Stärke gelangt, daß sie gegen künftige Spinnzeit völlig ausgewachsen ist, und selbige also weiter im Jahre heraussetzen muß, welches denn der künftigen Generation noch nachtheilig ist. Von Carlowitz *) schreibt, daß das Glatteis der jungen Raupenbrut sehr nachtheilig seyn soll, die Fälle sind aber selten, daß die Raupen, besonders Kiehnraupen, zur Zeit, wenn es glatteiset, außer ihren Winterquartieren anzutreffen sind. Ich habe aus Angeli Chronik und

---

*) Wildebaumzucht. S. 42.

aus dem oben angeführtem schätzbaren Werke des Hrn. Hofpr. Gronau, wie auch aus dem Beitrag, welchen derselbe mir hierzu freundschaftlich mitgetheilt hat, nachstehende Tabelle gezogen, worin ich die Witterung von jedem Jahre, in welchem sich Raupen eingefunden haben, so wie ich sie in der Einleitung angemerkt habe, nicht weniger auch von dem vor diesem Raupenfraß verflossenen Jahre, welches besonders zur Vermehrung derselben beigetragen haben muß, aufgezeichnet. Aus dieser Tabelle wird man zur näheren Beurtheilung der Witterung, welche die Vermehrung der Raupen befördert zu haben scheint, einige Resultate ziehen können. Warme Frühjahre, trockne warme Sommer sind hauptsächlich die günstige Witterung, welche die Vermehrung der Raupen befördern können. Unter den 20malen, wo die Raupen in vorzüglicher Menge sich in den Forsten eingefunden, sind nach der beigefügten Tabelle 4 Sommer kühl, 10 warm, 7 aber trocken und heiß gewesen, und obgleich das Frühjahr 1782 unangenehm und der Sommer feucht war, so war das Jahr vorher doch für die Vermehrung der Raupen sehr vortheilhaft: der Winter war gelinde, der Frühling warm und der Sommer sehr heiß. Der Sommer von 1783 und das Frühjahr und der Sommer 1784 waren ebenfalls zu ihrer Vermehrung sehr günstig. Dieser Fall trat auch in den Jahren 1791 und 92, ein, wo die Witterung sehr vortheilhaft für sie war. In dem dritten und letzten Jahre ihrer Verwüstung 1793, und das 1794te Jahr war die Witterung ihnen auch noch sehr günstig, wenn ihre Feinde und andere Vorkehrungen ihnen einen längern Aufenthalt gestattet hätten. Hieraus kann man einigermaßen schließen, daß die Witterung in den Raupenjahren zu ihrer Vermehrung nicht wenig beigetragen haben kann. Wie aus einliegender Tabelle zu entnehmen.

Wenn aber auch die Witterung ungünstig ausfallen sollte, so kann solches zwar die Raupen sehr an ihrer Vermehrung hindern, sie sind aber von der Natur, besonders die große Kiehnraupe, gegen die ungünstige Witterung ziemlich verwahrt, und diese ungünstige Witterung ist auch so zufällig, daß gewiß mehr wie 1 Jahr dazu gehören würde, um die Raupen zu vertilgen. Die gütige Vorsehung hat aber ihrer Vermehrung Schranken gesetzt, welche ungleich wirksamer sind als die, welche man sich von der Witterung zu versprechen hat. Denn so wie sich die Raupen vermehren, so finden sich auch noch in größerer Anzahl ihre Feinde ein. Dieses sind Insekten, welche Manchem unbemerkt bleiben, demungeachtet aber mächtige Alliirte der Forstbedienten gegen die Vermehrung und übermäßige Verbreitung dieses Insekts sind.

Die Feinde der Raupen im Thierreiche sind mannigfaltig, vom Insekt bis zum 4füßigen Thiere. Die Vögel und vierfüßigen Thiere, welchen die Raupen, Schmetter-

INSERT FOLDOUT HERE

linge und Puppen zu ihrer Nahrung angewiesen sind, können ihnen zwar Abbruch thun, würden sie aber schwerlich vertilgen, da die Vermehrung dieses Insekts so außerordentlich zahlreich ist. Es sind aber noch andere Feinde der Raupen, die eben die Witterung begünstigt, welche der Vermehrung der Raupen vortheilhaft ist. Um desto nöthiger ist es, den Forstmann mit diesen Feinden der Nadelholzraupe bekannt zu machen, denn dadurch wird sich erklären lassen, wie es ehemals und gegenwärtig zugegangen, daß die Raupen vergangen sind.

1) Ich habe bei dem Schluß des vorigen Kapitels einen Käfer beschrieben den man den Juliuskäfer nennt, und bemerket, daß er auch Kiefern entnadelte; ich führe ihn hier wieder an und zwar zuerst, weil er in der Mitte stehet und dem Nadelholze nachtheilig seyn, dadurch aber, daß er die Kiehnraupen tödtet, auch demselben Vortheil stiften kann. Bei dem letzten Raupenfraß in den Kurmärkschen Forsten fand er sich an einigen Orten mit der Kiehnraupe zugleich ein und tödtete die Raupen, welche ihm auf den Kiefern in den Weg kamen; wie dieses ebenfalls der Herr Oberforstmeister von Kropf in der Lebuser Forst bemerkt hat.

2) Der eigentliche Käfer aber, welcher ein Erzfeind der Kiehnraupe ist, ist auf der Tab. VII. Fig. 3. abgebildet. Man nennt ihn den Bandit oder Mordkäfer, auch den Raupenjäger Scarabus Sicophanta Linn., le Mipreste Quarée.

Die Flügeldecken sind grünlich, goldglänzend und spielen ein wenig ins Röthliche oder Kupferfarbene; längs den Flügeldecken wird man Streifen gewahr, welche, wenn man sie ansiehet, dem Auge Farbe und Ort verändern, das übrige des Leibes hat eine schöne schwarzglänzende Farbe. Der Käfer hat lange Fühlhörner, welche sowohl bei dem Weibchen als Männchen aus kleinen Kügelchen zusammengesetzt sind. Das Männchen ist etwas kleiner, bei der Befruchtung steigt das Männchen auf das Weibchen, letzteres legt sodann ihre Eyer in die Erde; hieraus entstehen kleine schwarze Würmer, die sich eine Zeit lang in der Erde aufhalten, sodann verpuppen, woraus dann der Käfer wieder entstehet. Wenn man ihn mit den Fingern berührt, so behalten sie einen üblen Geruch, denn erstinkt sehr.

Wenn der Käfer die Raupen angreift, so kneift er sie mit der Freßzange, welche in Fig. 13. vergrößert abgebildet ist, unter dem Bauch hinter dem ersten Ring, es läuft sodann ein grüner Saft aus der Raupe und sie muß sterben. Ich habe ihn bei dem letzten Raupenfraß in den Raupengraben häufig angetroffen, allein die außerordentliche Menge der Raupen, welche in diesen Graben lagen und vielleicht die zu opulenten Mahlzeiten, hatten sie so abgemattet, daß sie selbst nicht aus dem Graben kommen konnten, so daß viele darin krepiren mußten. Die Raupen wurden in dieser ihrer Gefangenschaft so dreist, daß sie über den abgematteten Käfer herüberkrochen, ohne daß diese das Geringste zu ihrer Vertheidigung unternahmen. Unser verstorbener Gleditsch setzte auf die Kräfte dieses Käfers so viel Zutrauen, daß er dem Forstdepartement 1783. vorschlug, eine Prämie darauf zu setzen, wer die beste praktische Geschichte dieses Käfers schreiben und Mittel anzeigen könnte, wie er zum Besten der Forsten zu vermehren sey. Uebrigens sind noch mehrere von dem Geschlechte der Laufkäfer (Scarabus), welche von Raupen leben; wenige von ihnen können fliegen.

3) Nach den Käfern kann man auch die Ameisen zu den Feinden der Raupen rechnen. Bei dem große Raupenfraß in den Märkischen Forsten fand man in den Distrikten, worin die Bäume ganz kahl von den Raupen abgefressen waren, hin und wieder mitten unter diesen einige stehen welche ganz grün und gesund geblieben waren. Bei näßrer Untersuchung fand man an allen diesen Bäumen Ameisenhaufen, und ich habe es selbst gesehen, wie sehr die Raupen zu kämpfen hatten, wenn sie über einen Ameisenhaufen kriechen wollten; die Ameisen fielen sie mit Wuth an, zwackten sie von allen Seiten, die Raupe hob das Vordertheil des Leibes in die Höhe, schlug um sich, und nur selten gelang es ihr den Stamm des Baumes zu erreichen.

4) Zu den gefährlichsten Feinden der Raupen gehören die fliegenden Insekten; diese sind es, welche die Natur hauptsächlich dazu bestimmt hat, der übermäßigen Vermehrung der schädlichen Raupen Schranken zu setzen. Die Menge derselben ist groß, zum Theil auch nicht bekannt; die Naturgeschichte der bekannten aber hier anzuführen, würde zu weitläuftig ausfallen und mich zu weit von meinem Vorsatze entfernen. Aber ein Forstmann muß doch diese seine Freunde und Verbundene nach allgemeinen Kennzeichen, und das Hauptsächlichste von ihrer Oekonomie kennen lernen; und hiervon einen allgemeinen Begriff zu geben, ist mein Vorsatz.

Unter den fliegenden Insekten sind die gefährlichsten Feinde der Raupen die sogenannten Raupentödter, Schlupfwespen, oder wie sie Frisch ziemlich passend nennt, Sackwespen und Bastardwespen. Die Schlupfwespen, die man Ichnevmon nennt, unterscheiden sich von dem sogenannten Raupentödter durch den mehreren Schaden, welchen sie den Raupen zufügen. Die ersten tödten Raupen, Puppen und verderben die Eyer; wo sie diese antreffen, stechen sie selbige mit ihren Bohrstacheln und legen ihre Eyer in den Körper der Raupen, in die Puppen oder ins Ey, wodurch sie die Raupe in ihren mehresten Verwandelungen zu Grunde richten. Die, welche man aber Raupentödter (Sphex) nennt, so schleppen diese Insekten die Raupen in

aufausgeworfene Gruben stechen, sie halb todt und legen sodann ihre Eyer in den Körper der Raupe.

Schon aus der Oekonomie dieser Raupentödter ergiebt sich, daß sie den Raupen nicht so großen Abbruch thun können als erster; jedoch aber sind diese Art Wespen denjenigen Raupen, welche sich in der Erde verpuppen, nachtheilig. Sie unterscheiden sich auch von den Ichnevmons dadurch, daß sich ihre Bohrstachel nicht außer dem Leibe befindet, und ist derselbe ganz anders eingerichtet, als bei den Ichnevmons.

Die Schlupfwespen werden hauptsächlich nach der Form ihrer Fühlhörner in verschiedene Klassen getheilt. Die Gestalt ihres Leibes ist einer Wespe ähnlich, die Fühlhörner sind mehrentheils konisch. Ein Kennzeichen des Ichnevmons ist, daß sein Stachel außer dem Leibe in einer Scheide steckt. Wenn sie sitzen, so pflegen sie beständig die Fühlhörner zu bewegen, auch thun dieses einige mit den Flügeln. Größtentheils haben sie 4 Flügel, und die Füße sind den Mückenfüßen ähnlich, besonders denen, von der sogenannten Wassermücke. Andere sehen wie gewöhnliche Stubenfliegen aus, nur daß sie rostfarbige oder okerfarbige Füße haben, und bei manchen ist auch kein Bohrstachel zu sehen. Oben habe ich erwähnt, daß der Oberforstmeister Herr von Katzler dem Königl. Forstdepartement Kokons von den Raupen, welche sich in den dortigen Kiehnheiden eingefunden hatten, überschickte. Die daraus entstandene Schmetterlinge habe ich beschrieben. Außerdem aber entschlüpften aus den Kokons eine beträchtliche Menge Ichnevmons; einige waren zweyflügelicht, hatten gelbe Füße und einen schwarzen Körper, wie Fig. 4. auf der VIIten Tafel zeiget. Aus andern entstanden Ichnevmons, in der Art wie Fig. 7., welche man reitende Raupentödter nennt (Equitator); auch den durchbohrenden (Compunctator) Fig. 6. erhielt ich daraus. Eine andere Art habe ich Fig. 5. abgebildet, desgleichen auch ein Kokon Fig. 8. Diese Kokons sind ganz pergamentartig, so daß es Mühe macht, wenn man sie mit dem Federmesser durchstechen will. In allen übrigen Kokons, welche ich öffnete, fand ich dergleichen Ichnevmons; auch habe ich von einer Schlupwespe Fig. 9. ein Männchen, und Fig. 10 ein Weibchen abzeichnen lassen, um von dieser Art Feinde der Raupen wenigstens einen Begriff zu geben.

Ich glaube, daß durch das Anschauen der Zeichnungen ein Forstbedienter diese Raupenfeinde wird kennen lernen und darauf aufmerksam gemacht werden kann, wenn er sie häufig in seiner Forst antrift. Als in den Anspachschen Forsten die

Kiehnraupen im Jahr 1783. so große Verwüstungen anrichteten, so bemerkte man, daß eine große Menge allerhand Schmeißfliegen, wie sie die dortigen Wildmeister nannten, noch ehe die Raupen zu sehen waren, in den Wäldern herumschwärmten *); welches keine andere Insekten als die Raupenfeinde waren, die zu ihrer Tilgung erschaffen sind, und sich in so beträchtlicher Menge nach dem Aufenthalte der Raupen zogen.

Wie aber diese Feinde den Raupen so schädlich werden und ihnen den Tod bringen können, muß ich noch näher erklären. Diejenigen Ichneumons, welche die Natur mit einem Bohrstachel versehen hat, setzen sich auf die Raupe, wo sie selbige finden, stechen sie mit ihrem Bohrstachel und legen in die Wunde ihr Ey, wovon man öfters 20 in einer Raupe findet. In der Raupe selbst kriecht der Wurm aus dem Ey und lebt von dem Spinnesaft der Raupe; denn die Natur hat diesen Saft den Ichneumonsmaden zu ihrer Nahrung angewiesen.

Sie halten sich sodann zwischen der Haut und dem cylindrischen Gefäße welches in der Raupe befindlich ist, und worin der Magen und andere edlere Theile der Raupe enthalten sind, auf. Würden sie diese angreifen, so müßte solches den Tod der Raupe nach sich ziehen, und sie selbst konnten ihre Verwandlungszeit nicht erreichen.

Aus demjenigen, was ich oben von der innern Beschaffenheit der Raupe gesagt habe, läßt sich also abnehmen, daß die Raupe fressen und leben kann, ob sie gleich diese Würmer im Körper hat, bis sie zum Einspinnen ihre Zeit erreicht, und zu fressen aufhört; alsdann ist aber auch die Verwandlungszeit der kleinen Ichneumonsmaden vorhanden. Sind nur wenig dergleichen Maden und die Raupe hat noch Spinnsaft genug, so kann sie sich zwar einspinnen, aber noch niemals ist die Puppe zur Verwandlung gekommen. Sind aber in einer Raupe viele Ichneumonsmaden, so kömmt sie nicht zum Einspinnen und die Maden fressen sich durch den Körper der Raupe, spinnen sich unter derselben ein, so daß sie nicht von der Stelle kommen kann und sterben muß. Man findet dergleichen Raupen öfters von solchen Ichneumonsmaden so ausgesogen, daß nur ein leerer Balg über diesem Madennest ist. Sie spinnen sich unter der Raupe in kleine Zellen, welche den Wespen- oder Bienenzellen ähnlich sind, ein, und bestehen aus vielen kleinen nebeneinander verbundenen Cylindern, welche oben eine Klappe haben. Sobald nun die Made sich

---

*) Siehe Naturforscher 21. Stück Seite 40.

verpuppt hat und der Ichneumon zur Vollkommenheit gelanget ist, so stößt er die Klappe auf und fliegt davon. Sehr viele dergleichen hat man unter den Kiehnraupen gefunden, welches den mit der Oekonomie dieses Insekts Unbekannten die Meinung beigebracht hat, daß dieses Junge sind, welche die Raupe ausbrütet. Diejenigen Ichneumons oder Fliegen, welche keinen Bohrstachel haben, legen ihre Eyer bloß auf den Rücken der Raupe, und die Made, welche sich daraus generiret, frißt sich sodann in den Körper der Raupe herein und lebt darinn bis zu ihrer Verwandlung. Um einen Begriff von einem solchen Gespinnst zu geben, habe ich eine Raupe mit halb aufgedecktem Gespinst, welches aber ganz war, in Fig. 11. vorgestellt.

Wenn nun aber auch eine Raupe wirklich zum Einspinnen und Verpuppen kömmt, so ist sie doch in diesem Zustande noch nicht vor ihrem Feinde sicher. Der Ichneumon durchbohrt die Kokons und Puppen, und leget, so wie in der Larve, seine Eyer; die Maden zerstöhren sodann die Raupenpuppe und als Ichneumons fliegen sie heraus. Von dieser Art Ichneumons, welchen Rössel den Nahmen Wipperwespen giebt, ist eine auf der Tab. VII. Fig. 12 abgezeichnet. Die Schmetterlinge der Raupen sind, so viel man weiß, vor dieser Art Feinde sicher; wenigstens habe ich in keiner Naturgeschichte gefunden, daß Ichneumons ihre Eyer in Schmetterlinge legen. Die Ursache hiervon ist wohl, weil sie zu kurze Zeit leben, um daß die Verwandlung des Ichneumons in selbigen vorgehen könne. Desto mehr aber haben sie von andern geflügelten Feinden zu befürchten. Wenn aber auch der Schmetterling nach der Begattung seine befruchteten Eyer abgeleget hat, so sind doch die Eyer vor der Verfolgung der Ichneumons nicht sicher. Es giebt dergleichen, welche die kleinen Eyer der Raupen durchbohren; wie ein solcher Ichneumon auf Tab. V. Fig. 14. wenn er aus dem Ey entschlüpfet, Fig. 15. in natürlicher Größe, Fig. 16. stark vergrößert, abgebildet ist, nebst einigen Eyern, welche er durchbohrt hat; man wird daran einen braunen Fleck Fig. 17. a bemerken, wo er sie gestochen hat, welchen man an gesunden Raupen Fig. 18. und Fig. 19. nicht wahrnimmt. In diesem Raupeney generiret sich eine Ichneumonsmade, lebt bis zu ihrer Verpuppung von der Substanz des Raupeneyes, frißt sich als Ichneumon durch die Schaale und fliegt davon. Von Geer erzählt, daß aus 60 Raupeneyern, welche er zum Auskommen aufbewahrt hat, keine einzige Raupe ausgekommen, sondern es sind lauter Ichneumons zum Vorschein gekommen, so wie sie in der Fig. 14 abgezeichnet sind. Dieses Heer von Feinden und Verfolgern der Raupen in allen ihren Verwandlungen, welches durch die zahlreiche Vermehrung der Ichnemons entstehet¹, läßt die Ursache einsehen, wodurch die Raupen, wie man saget, öfters verschwunden sind, so daß Niemand wußte, wo sie hingekommen; denn man hat wohl zu ältern Zeiten auf diese ihre fürchterlichsten und zahlreichsten Feinde nicht geachtet. Selbst auch die kleinen Raupen und ihre Puppen in den Kiehnäpfeln entgehen nicht der Nachstellung der Ichnemons. Von Geer hat ein dergleichen Ichnevmon in seinem ersten Theil auf der 22ten Tafel in der 28sten Figur abgebildet. Bei meinen Forstbereisungen im Monathe July 1796. fand ich in dem Perleberger Stadtforst unter den ausgesäeten Kiehnäpfeln einige, welche nicht aufgesprungen waren; ich vermuthete also gleich, daß sie durch eine Raupe zerstöhret seyn mußten, und als ich einen derselben aufschnitt, fand ich statt der Raupe einen schwarzen Ichnevmon mit langen konischen Fühlhörnern und dunkelgelben Füßen, so wie ihn v. Geer am oberwähnten Orte beschreibt.

Es sind also gewiß die Ichnevmons die furchtbarsten Feinde der Raupen, sie zerstören Larven, Puppen und Ey, und suchen sie in den verborgensten Schlupfwinkeln auf. Manche Raupen werden denn auch von den sogenannten Raupentödtern (von andern Sackwespe, Sphex genannt) getödtet. Diese scharren mit ihren Füßen ein Loch in die Erde und werfen den Sand im Scharren hinter sich und wenn der Boden ihnen zu hart ist, daß sie ihn mit den Füßen nicht zwingen können, so werfen sie selbigen stückweise hinter sich. Sobald das Loch fertig ist, holen sie eine Raupe von der Nähe und schleppen sie nach dem Loche. Ich habe oben bereits gesagt, daß sie das Insekt nicht ganz tödten, sondern nur matt machen, damit die Made bis zu ihrem Einspinnen Nahrung behalte. Die Made wird fast ½ Zoll lang und spinnet sich in einen cylindrischen Kokon ein, woraus sich die Sackwespe frißt. Diese Art Sphex sind zwar mit Bohrstacheln versehen, womit sie empfindlich stechen können, sie pflegen denselben aber nicht außerhalb, sondern in dem Leibe zu haben und durch eine Scheide herauszustecken. Einige dieser Sackwespen haben eine Länge von 1 Zoll, gemeiniglich sind sie schwarz am Kopf und Leib, der Bauch gelb, die Fühlhörner krumm, sie haben 4 Flügel, sind aber in der Größe sehr unterschieden. Ich besinne mich nicht, daß ich in den Kiehnrevieren bei dem Raupenfraß dergleichen Sackwespen gefunden habe und ich glaube, daß sie der kleinen Art der Kiehnraupen nachtheiliger seyn können als den großen Kiehnraupen, welche den Kurmärkschen Forsten so schädlich gewesen sind; sie verdienen aber schon deshalb bemerkt zu werden, weil sie die Puppen in der Erde zerstöhren können.

5) Unter die Feinde der Raupen rechnet man denn auch mit Recht manche beflügelte Bewohner der Wälder. Die Berechnung aber von der Anzahl Raupen, welche die Sperlinge zu ihrer Nahrung nöthig haben, und die sich für eine Familie nach den Bemerkungen des Engländers Bratley die Woche auf 3360 belaufen soll, ist wohl bei den Waldraupen nicht anwendbar, da die Sperlinge nur selten in den Wäldern angetroffen werden, und der Nutzen hiervon wohl nur den Gärten zufallen dürfte.

Indessen hat der Wald auch noch geflügelte Bewohner genug, die oft so sehr verfolgt oder verkannt werden, ob sie gleich den Raupen, Puppen und Schmetterlingen vielen Schaden thun können. Die sogenante Ohreule (Horneule oder Fuchseule, Strix Otus), der große Kauß (Steinkauß, Käußlein, Steinauf, Strix Ulula), Käußchen (kleine Kauß, Todtenvogel, Leichenhühnchen Zwergeule, Strin Passerina), thun den Nachtschmetterlingen vielen Abbruch. Unter den Waldvögeln zeichnen sich noch besonders hierin aus: Der Alprabe (Waldrabe, Scheller, Steinrab, Corvus Eremita) suchet die Käferlarve auf und frißt sie. Der gemeine Rabe (Aasrabe), sucht die Käferlarven und Raupen auf; besonders auch die Saatkrähe (Ackerkrähe), schwarze Krähe (Corvus Frugilegius) die graue Krähe (Corvus Cornix), die Dohlen (Thalen, Thaleken) graue Dohle, Schneedohle, (Corvus Monedula). Nicht weniger werden Raupen und Puppen von dem Holzhäher (Nußhäher, Holzschreyer, Eichelhäher, Corvus Glandarius) nachgestellet. Der gemeine Kukuk (Cuculus Canorus) fängt auch Raupen und Käfer; Wie auch die Drosseln von allen Arten. Im Jahr 1793. bei dem großen Raupenfraße fanden sich sowohl in dem Rödlinschen als Zehdenicker Forst eine große Menge Krammetsvögel in den von Raupen befallenen Distrikten ein, die sehr viele Raupen auf den Bäumen ganz verschlungen, und auch die, welche im Frühjahr in dem Moose lagen, aufsuchten, und dabei so ämsig waren, daß sie sich nicht stöhren ließen. Noch gehören unter die Feinde der Raupen die Piroll (Withewall, Goldamsel, Bierhold, Oriolus Galbula), die Staare, der Goldammer (Emmerling Gelbling, Grünfink, Emberiza Citrinella); alle fressen Raupen, Insekten und Maykäfer. Auch kleine Wald- und Singevögel, Finken, Zeisig, Lerchen, thun den Raupen hin und wieder Abbruch. Besonders sind allen Spechtarten Raupen, Käfer und Larven zu ihrer Nahrung angewiesen, wie auch dem Wiedehopf.

Außer den Drosseln fand man auch öfters, daß sich die Krähen in die raupenfräßigen Distrikte zogen. Ich habe auch selbst bei meinen Forstbereisungen gefunden, daß wenn die Raupen einen Distrikt befallen hatten, welcher mit den Feldern grenzte, sich die Krähen dahin zogen; und es ist wohl nicht zu bezweifeln, daß sie daselbst Raupen aufgelesen und gefressen haben. Jedoch krochen noch Raupen genug auf der Erde und an andern Orten herum, und es schien als wenn sie sich lieber auf den Feldern ihre Nahrung suchen, als mit diesem Futter fürlieb nehmen wollten. Doch will der jetzige Oberforstmeister Herr Lust bemerkt haben, daß als die Potsdamer Forst mit Raupen ehemals befallen wurde, sich Tausende von Krähen darinn eingefunden haben sollen, man hat aber nicht bemerkt ob das Uebel dadurch sehr vermindert worden ist. Alte Forstbediente wollen nun zwar behaupten, daß so lange der Vogelfang stark in den Forsten ist betrieben worden, sich die Raupen so übermäßig eingefunden haben sollen. Doch ist dieses wohl nicht die Haupturfache; denn in ältern Zeiten fielen die Raupen auch häufig in gewissen Perioden, die Wälder an, und damals ist wohl nicht zu vermuthen, daß der Vogelfang übermäßig ist betrieben worden. Es würde sich auch dieser häufige Fang größtentheils nur auf die Drosseln erstrecken. Wenn man die Vermehrung der Vögel als das vornehmste Mittel zur Tilgung der Raupen ansehen und deshalb den Fang einstellen wollte, so könnte hierbey noch der Zweifel vorkommen, daß diejenigen Vögel, welche sich von kleinen Insekten, als Schlupfwespen und dergleichen Feinden der Raupen nähren, durch die Verminderung der Raupenfeinde die Vermehrung der Raupen selbst befördern helfen. Besonders würde dieser Fall bey der Vermehrung der kleinen Vögel, als der Fliegenschneppe, Bachstelze, Rothkehlchen, der Meisenarten und der Grasemücke, welche von kleinen Insekten leben, eintreten.

6) Man weiß auch, daß die Raupen unter den 4füßigen Thieren ihre Feinde finden; wenn ihnen selbige gleich nicht zu ihrer Nahrung allein angewiesen seyn sollten, so zerstöhren sie doch ihre Winterlager und wühlen die Puppen aus. Hierunter sind nun diejenigen Thiere zu rechnen, welche die Oberfläche der Erde mehr oder weniger tief durchwühlen. Aus der Naturgeschichte der Kiehnraupe ist bekannt, daß einige als Larven im Moose und in der Erde überwintern und in einer Erstarrung zubringen. Andere verpuppen sich in der Erde und überwintern im Puppenzustande; also alle diejenigen 4füßigen Thiere, welche von Natur die Erde umbrechen oder durchwühlen, können den Raupen dadurch nachtheilig werden. Das wilde und zahme Schwein ist also unter den 4füßigen Thieren der vorzüglichste Feind der Raupen, denn wenn im späten Herbst die Raupen sich zum Winterschlaf anschicken, oder sich in der Erde verpuppen, auch nicht bald Frost einfällt, so brechen die zahmen und wilden Schweine das Erdreich in den Wäldern auf, wodurch sie dann manche Pup-

pe und erstarrte Raupe zerstöhren. Wie denn auch einige Forstbediente bei dem großen Raupenfraße bemerkt haben, daß in die von den Raupen befallenen Distrikte sich die wilden Schweine im Spätherbst gezogen und sehr gebrochen haben, wodurch dann viele im Moose gelegene Raupen und Puppen zerstöhret worden sind; so wie auch namentlich in der Potsdammschen Forst die Säue die Körnung auf den Futterplätzen nicht so gut angenommen, sondern sich in den Raupenfraß gezogen und daselbst gebrochen haben.

Der Dachs, welcher noch bis Martini, ja so lange es noch nicht frieret, aus seinem Bau herauskömmt, bricht oder sticht die Erde auf; und da bekannt ist, daß Käfer mit zu seiner Nahrung gehören, so ist es auch möglich, daß er manche Puppe oder im Winterschlaf begriffene Raupe zerstöhret.

Andere 4füßige Thiere, welche sich in der Erde aufhalten, und selbige durchwühlen, können den Larven und Puppen in der Erde Schaden zufügen; worunter vielleicht der Maulwurf, welcher überdies auch von Würmern lebt, zu zählen ist, denn es giebt Raupen genug, die sich auch tief in der Erde verpuppen.

Wenn man nun alles dieses, was ich in diesem Kapitel von der nachtheiligen Witterung und von den Feinden, welche den Kiehnraupen nachstellen, gesagt habe, zusammennimmt, so kann man hieraus abnehmen, daß der Schöpfer sehr gütig dafür gesorgt hat, daß schädliches Ungeziefer nicht bis zum gänzlichen Verderben und Verwüstung der den Menschen unentbehrlichen Bedürfnisse überhand nehmen kann; man wird aber auch in dem folgenden Kapitel ersehen und sich überzeugen können, daß zur Verminderung dieses Insekts Mittel zu finden sind und angewandt werden können, daß diese auch gewiß nicht ohne Wirkung gewesen sind, wenn sie mit der Oekonomie des Insekts übereinstimmend waren; aber man wird auch zugleich abnehmen, daß es diese Mittel nicht allein gewesen seyn können, welche den gänzlichen Vergang der Raupen bewirkt haben.

Viertes Kapitel.

Von den Mitteln zur Verminderung der Kiehnraupe.

Als der Schaden, welchen die Raupen in den Kiehnheiden der Mark Brandenburg verursachten, jedermann in die Augen fiel, so kann man leicht denken, daß es nicht an Vorschlägen und Mitteln zur Verminderung, oder wohl gar zur Tilgung derselben fehlte. Mancher wurde aus guten patriotischen Gesinnungen, andere durch zu hoffende Belohnungen bewogen, auf Mittel zur Tilgung der Raupen zu denken. Sie wurden zwar alle angenommen, sodann aber geprüft, und die Urheber, eine Probe zu machen, aufgefordert. Diese Vorschläge bestanden nun entweder in eigentlicher Tilgung der Raupen in Schonung und Vermehrung einiger obenangeführten Feinde der Raupen, oder auch in Absuchen der Schmetterlinge und Raupeneyer, und in andern der Natur der Sache angemessenen Forst-Polizeyanstalten.

Ich bin nicht gesonnen, allen den Unsinn anzuführen, der jedem bei gesunder Vernunft, wenn auch nicht durch entomologische Kenntnisse, in die Augen fallen muß, und der so oft in diesen Vorschlägen enthalten war. Ich würde aber auch manchem auf eine ungerechte Art hierbei zu nahe treten können; denn nur derjenige verdient eine Demüthigung, der seine Meinung durch rohen Erfahrungsstolz unterstützen will, ohne zu bedenken, daß Erfahrung, wenn sie als Beweisgrund gelten soll, geprüft seyn muß, und daß sodann mehr dazu gehört als gesunde Augen. Alle schiefe Urtheile, in so fern sie Naturbegebenheiten und Naturgeschichte betreffen, können auch selbst Forstmännern, unbeschadet ihrer andern guten Forsteigenschaften, nicht nachtheilig seyn und verziehen werden.

Denn wer hat sich zu ihren Zeiten, da sie in der Lehre waren, einfallen lassen, daß es Raupen gäbe, welche viele tausend Morgen Kiehnheide zerstöhren könnten! Ihr Lehrherr hatte nur mit seinen Raupen im Garten zu thun, und hier war es, wo er seine Zöglinge die Vertilgung derselben lehrte. Wenn also mancher diese Mittel in der Forst anwendbar glaubte, so ist ihm dieses eben nicht zu verargen.

Ich

Ich schließe auch hier alle diejenigen Vorschläge und Verirrungen aus, welche sich auf Zauberkraft, Sympathie und Antipathie gründen, weil sie dem menschlichen Verstande keine Ehre machen, so lange sie auf bloßen guten Glauben angenommen werden müssen, und in keine physikalische Ursach gegründet werden können. In der Berlinischen Monats=schrift *) findet man einige ganz richtig erzählt.

Andere Vorschläge hingegen, die sich entweder auf Beobachtungen gründen, auch sonst der Natur nicht entgegen laufen und dem Forstdepartement eingeschickt wor=den sind, kann ich aber nicht unberührt lassen; auch werde ich darüber meine Meinung eröffnen.

Die Erfahrung beweiset, daß starke Platzregen, auch heftige Winde die Raupen von den Bäumen werfen können. Man hat es mehr als einmal gesehn, daß sie des=halb nicht todt auf der Erde liegen bleiben; es sey denn, daß sie den Tod von ihren Feinden schon bei sich tragen, und bereits krank oder matt geworden sind, außerdem kriechen sie wieder auf die Bäume. Man schlug daher vor, gleich nach solchem Regen die von den Raupen befallenen Reviere mit Schaafen zu betreiben; da diese sich ge=schlossener als das Rindvieh in Heerden halten, so glaubt der Verfasser dieses Vorschlags, daß dadurch viele Raupen zertreten werden könnten. Obgleich die Ausübung dieses Mit=tels außerordentlich von Zeit und Umständen abhängt, so gehört doch solches unter die Vorschläge, welche nicht ganz zu verwerfen sind, und im Fall ein solcher Platzregen zu einer Zeit trift, wo die Schaafe in der Heide, oder nicht weit entfernt von solchen Oer=tern weiden, oder daß kurz vor dem Austreiben des Viehes ein solcher Regen gefallen ist, so ist es ausführbar und wahrscheinlich, daß die Schaafe manche Raupen zertreten werden. Auch wenn andere Viehhuden bei solchen Umständen in die Forsten getrieben werden, können sie gleichfalls den auf der Erde liegenden Raupen einigen Abbruch thun. Den Schaafen so wenig als anderm Viehe kann durch die Raupen Schaden an ihrem Fraße zugefügt werden; wie die Erfahrung bewiesen hat. Unter solchen Um=ständen, wenn die Raupen durch Platzregen oder Sturm von den Bäumen herunter geworfen wurden, haben sie einige Forstbediente, wenn sie auf die Bäume wieder kriechen wollten, von den Stämmen ablesen lassen. Man hat Versuche gemacht **), und dadurch erprobt, daß in solchem Fall innerhalb 4 Stunden mit 4 Mann und 11

---

*) Im Oktober 1792.
**) Herzogl. Curländis. Oberförster, Herr Dinter.

K

Knaben und Mädchen über 9 Berliner Scheffel Raupen von den Stämmen abgelesen sind. Der Rath Scheffer in seiner Abhandlung über die in Sachsen schädlich gewordene Baumraupe, so in Regensburg 1761 herausgekommen, hat die Raupen unter obenerwähnten Umständen auf der Erde mit Knitteln und Dreschflegeln todtschlagen lassen. Warum sollte man alle diese Mittel bei einer so überhand genommenen Calamität nach jeden Orts Lage und Befinden der Umstände in Verbindung mit andern Mitteln nicht anzuwenden suchen? Bei manchem Vorschlag zur Tilgung der Raupen wurde diese Waldraupe mit den in der Stube aufgezogenen Seidenwürmern verglichen, welche oft krepiren, ohne daß der Grund, woher solches entsteht, untersucht wird. Die Zufälle dieser hier nicht zu Hause gehörigen und nicht im Freien lebenden Raupe können wohl nicht mit denen, welche hier einheimisch sind und im Walde leben, verglichen werden. Man ist der Meinung, daß dem Seidenwurm das Schießen in der Nähe nachtheilig seyn solle; es wurde auch dieses bei der Kiehnraupe in Vorschlag gebracht, und man glaubte, daß die Erschütterung von dem Knall des abgefeuerten Geschützes ebenfalls den Kiehnraupen schädlich seyn sollte. Den Beweis aber, wie wenig dieses auf die Kiehnraupe wirkte, konnte man nahe bei Berlin sehen. Denn der bei dem Wedding vor Berlin liegende Exerzierplatz der Königl. Preuß. Artillerie gränzt mit der Magistratsheide. Das heftige Kanoniren, welches eben zu der Zeit geschah, da die Raupen am stärksten fraßen, hinderte nicht, daß die Berlinische Magistratsheide auf dieser Seite ganz außerordentlich von den Raupen mitgenommen wurde. Hiernächst glaubte man noch ein kräftiges Mittel in Dampf und Rauch zu Tilgung der Raupen zu finden. Es wurden auch hierzu mancherlei Vorschläge gethan; einige gingen in das Kleine, und wollten die Raupen mit Rauchtöpfen von den Bäumen herunter räuchern, andere wollten sie durch brennende Kohlenmiler vertreiben. Man wollte behaupten, daß, als die Stelzenberger Forsten in der Neumark mit grauen und grünen Raupen vor einigen Jahren befallen worden, solche durch die Kohlenmiler getilgt seyn sollten; andere wollten diesen Rauch durch allerhand stinkende brennbare Materien verstärken. Man brachte in Vorschlag, ein Gestell von 16 Fuß breit durch den Raupenfraß auf eine Strecke von 100 Ruthen durchzuschlagen, alle 30 Schritte sollte ein Loch eine Elle tief und vier Ellen breit gegraben werden. Hierin sollte Feuer von Steinkohlen, Torf, Kalmus, Schilf, Feldkümmel und 1½ Pfund Schwefel angezündet werden; dieses sollte alle Tage 8 mal geschehen. Ein gewisser Kaufmann, Nahmens Zirkenbach aus Dessau, wollte ein Arkanum haben, dessen er sich zu seinem Räucherwerke bediente, wodurch die Raupen, wenn ein Gestell auf 900 Ruthen durch den Forst geschlagen, und auf selbigen das Räucherwerk angebracht würde, die Raupen auf einer Strecke Wald von einer Quadratmeile getödtet werden sollten. Im Juny 1793 wurde auch resolvirt, denselben damit eine Probe machen zu lassen, und es wurde der Besitzer des Arkani angewiesen, einen Versuch in dem Potsdammer Forst zu machen. Wahrscheinlich war derselbe zu der Zeit nicht mehr in Dessau, da er sich so wenig einfand als eine Antwort auf diese Aufforderung von sich gab. In so großen Wäldern hängt die Verbreitung des Rauches von so vielen Nebenumständen ab; widriger Wind und dicke Luft können sowohl das Steigen des Rauches verhindern, als auch selbigen nach einer ganz entgegengesetzten Seite führen. Manche andere Erfahrungen, welche bereits über die Wirkung des Räucherns als Tilgungsmittel der Waldraupen angestellt sind, machen den guten Erfolg sehr zweifelhaft.

Im Jahr 1783 wurden einige Neumärksche Forsten von den Kiehnraupen befallen. Der kürzlich verstorbene Oberforstmeister Müller zu Bromberg, welcher damals Forstmeister in der Neumark war, stellte in der Reppenschen Forst verschiedene Versuche an, in wie fern der Rauch und Dampf dieser Raupenart schädlich seyn konnte; er erwählte hierzu nicht hohe von den Raupen befallene Kiehnen, und ließ unter selbigen einen Dampf von angezündeten Blättern und Nadeln machen. Die Raupen gaben aber nicht das geringste Kennzeichen von sich, woraus man abnehmen konnte, daß ihnen dieser Dampf schmerzhaft oder empfindlich sey. Hierauf brach er einige Zweige mit Raupen ab, hielt sie in einen dicken Dampf, die Raupen krochen aber auf den Zweigen ganz gelassen herum. Endlich um zu sehen, ob es nicht möglich sey, dieses Insekt durch den Dampf zum Herunterfallen zu bringen, ließ der Oberforstmeister Schwefel anzünden, hielt ihn brennend nahe unter den Zweig, worauf die Raupen krochen; er bemerkte zwar, daß sie heftig mit den Köpfen hin und her fuhren, jedoch aber nicht starben, noch von den Zweigen herunter fielen.

Der jetzige Oberforstmeister Herr Lust berichtet, als er noch Landjäger war, und den Potsdammschen Forst unter seiner Aufsicht hatte, daß er bei dem Raupenfraß von 1783 sich überzeugt habe, wie die Raupen nicht durch den Rauch erstickt würden, und durch dieses Mittel etwas gegen dieses Ungeziefer ausgerichtet werden könnte. Wie denn auch der Herr von Uslar in seinen Forstwirthschaftlichen Bemerkungen (Seite 216.) ausdrücklich sagt, daß die Kiehnraupe auf dem Harz sich gar nicht an den Dampf der Kohlenmiler gekehrt und ungestöhrt zwischen und bei rauchenden Milern ihren Fraß fortgesetzt habe.

Herr Prediger van Schewen zu Neuwarp in Pommern, der durch seine ento-

K 2

mologische Kenntniſſe rühmlich bekannt iſt, that in einer Abhandlung, welche er dem Forſtdepartement über einige Raupen, die auf das Nadelholz angewieſen ſind, einreichte, Vorſchläge zu Verminderung der Kiehnraupe (Phalena Bombyx Pini) nach ſehr richtigen und auf der Oekonomie der Raupe beruhenden Gründen. Das Schweineintreiben in die Diſtrikte, wo die Raupen ihr Winterlager nehmen, war von ſicherm Nußen; auch war es von dem Chef des Forſtdepartements ſchon lange vorher verordnet.

Es bewies der Herr van Schewen ſehr richtig durch die Naturgeſchichte der Phalene, daß man ihr mit dem Leuchtfeuer nicht viel Abbruch thun könnte, weil man nur höchſtens Männchen dadurch tödten würde, da das Weibchen dieſer Phalene zum Herumſchwärmen zu ſchwer, und ſich nicht weit von dem Stamm entfernet.

Verſchiedene Berichte der Forſtbedienten ſtimmten auch damit überein, daß mit dem Leuchtfeuer nicht viel auszurichten geweſen; in einigen wenigen Forſten, als in Arendsdorf, wollte man aber dadurch viele Schmetterlinge vertilgt haben. Da aber noch mehrere Nachtvögel als die von der Kiehnraupe zu dieſer Zeit herum ſchwärmen, ſo iſt es die Frage, ob ſie auch von dieſer Art Kiehnraupe geweſen ſind, und ob es auch nicht größtentheils Männchen waren. Hiervon hat man ſich meines Wiſſens aber in Arendsdorff nicht überzeugt.

Die Vorſchläge des Hrn. Pred. Lembke in Schernow im Amte Frauendorf hatten zur Abſicht, die Raupen durch Geſtelle und Graben ſo einzuſchränken, daß ſie verhungern müßten. Den Diſtrikt, wo ſie freſſen, ſchlägt er vor, von andern durch ein Geſtell abzuſondern, das Holz am Geſtell nach dem Raupenfraß hereinfällen zu laſſen, ſodann einen Graben zu ziehen, das Geſtell aber zu pflügen, und längs dem Graben Hanf zu ſäen, an welchen die Schmetterlinge ihre Eyer zu legen pflegen, der ganze Diſtrikt ſollte ſodann noch mit einem Graben, auch noch mit mehreren Queergraben eingeſchränkt werden. Der Herr Prediger hat ſich durch Verſuche in ſeinem Garten von den Vortheilen dieſes Mittels überzeugt. Wie ſchon erwähnt, hat das Forſtdepartement die Ziehung der Raupengraben bereits früher verordnet, und man wird unten überzeugt werden, daß ſelbige von guter Wirkung geweſen ſind.

Bei dem Vorſchlag, Geſtelle durch den Forſt zu ſchlagen, wenn ſelbige nicht bereits geradet, würde wegen Ausradung der Stubben manche Schwürigkeit finden, welche nicht ſo geſchwinde, als es hier nöthig iſt, aus dem Wege geräumet werden könnte. In Anſehung der Hanfſaat iſt ſehr zu zweifeln, ob die Phalene der Kiehnraupe am Hanfſtengel ihre Eyer ablegen würde, da man doch bei der Oekonomie jeder Raupe findet, daß der Schmetterling ſchon von Natur angewieſen iſt, ſeine Eyer an ſolcher

Holzart oder Pflanze zu legen, wo die jungen entschlüpfenden Raupen ihre erste Nah-
rung finden; auch scheint es fast, als ob der Herr Prediger hier nicht die Larve der
Phalena Bombyx meine, weil er bemerkt, daß den im Frühling aufkommenden jungen
Raupen durch den Graben die Nahrung benommen würde, die Raupen der Phalena
Bombyx aber kommen im August aus. In einem neuern Promemoria, welches der Herr
Lembke bei dem Forstdepartement einreichte, bringt derselbe in Vorschlag, die Schmetterlinge durch Dampffeuer zu tödten oder zu verjagen, wodurch sie den Wald verlassen
müßten und ihre Eyer nicht ablegen könnten. Da nun dieses in einem großen Reviere
noch mehrere Bedenklichkeiten hat, als den Raupen durch Dampf Abbruch zu thun, so
haben hiervon auch keine Versuche angestellt werden können.

So wenig diese Vorschläge ausführbar waren, so waren sie doch der Natur des
Insekts angemessener als das sogenannte Arkanum des Amtmanns Dunker, wovon er
in seiner Abhandlung redet, welche er über die große Kiehnraupe 1793 herausgab, und
worinn er einige Nachricht von seinem Tilgungsmittel giebt. Er hatte die Idee, daß
junge Holz und den Boden eines von den Raupen befallenen Distrikts mit seinem Arkanum einzupudern. Dieses sollte so wirksam seyn, daß es den Raupen die Füße abfressen, und das
Heraufkriechen auf die Bäume unmöglich machen konnte, so daß sie auf der Erde verhungern müßten. Die ganze Schrift ist, wie jedem Sachverständigen von selbst einleuch-
tet, voller entomologischen Unsinns. Diese wenigen Kenntnisse des Verfassers, die Be-
dingung, daß der Distrikt, welcher mit seinem Arkanum bestreut wird, ein halbes Jahr
vor der Hütung geschont werden müßte, auch da der Herr Dunker nicht einmal die
Kosten zu Bestreuung eines unbeträchtlichen Distrikts mit seinem Arkanum bestimmen
konnte, alles dieses vermochte das Forstdepartement, sich auf seine Vorschläge gar nicht
einzulassen.

Außer den obigen angeführten Vorschlägen zu Tilgung der Raupen kamen andere
auf die Gedanken, daß es doch möglich seyn müßte, wenn mit einer beizenden Essenz
oder Liquor die Raupen bespritzt würden, sie zu tödten. Ein gewisser Schulhalter,
Nahmens Starke zu Spandau, brachte dergleichen Mittel in Vorschlag, und es sollte
nur die Mixtur, um die Kiehnen auf einen Morgen zu bespritzen, 1 Rthlr. 8 Gr. kosten; er versicherte, daß hiernach der Tod der Raupe gewiß erfolgen müßte. Der Forst-
kommissarius Herr Voigt schlug hiezu eine Mischung von schlechten Tobaksblättern und
Stengeln, Zwiebelschaalen, Asche, größtentheils aus grünem Wermuth gemacht, vor;
wenn die Raupen im Winterlager liegen, so sollte das Moos abgeharkt, und sodann

mit Sprengfässern der Boden mit obenerwähnter Mischung besprengt werden. Es wurde demselben aufgegeben, hierüber einen Versuch anzustellen, weil die Wirkung des Mittels auf ein im Winterschlaf und in der Erstarrung liegendes Insekt vielleicht verschieden ausfallen könnte.

Mit der Lauge, welche der Schulhalter Starke in Vorschlag gebracht hatte, wurde eine Probe im Thiergarten bei Berlin unter Aufsicht des Hofjägers Hahn ange-stellt; diese Probe lief nach dem hierüber aufgenommenen Protokoll folgendergestalt ab: Man erwählte im jungen Kiehnholze einen Ort von 6 bis 7 Quadratruthen, welcher ganz mit Raupen befallen war. Das Holz wurde daselbst mit der Lauge durch Hand-spritzen bespritzt, die Raupen, welche sie traf, krochen ganz zusammen, und äußerten eine schmerzhafte Empfindung; eine ganze Zeit lang lagen sie still wie todt, nach einer Viertelstunde aber erholten sie sich wieder und krochen fort. Des folgenden Tages fand man einige Raupen an den Bäumen herunter hängen, andere aber fraßen wieder ganz munter. Der Starke zeigte auch selbst an, daß, wenn er die Raupen einige Minu-ten in diese Lauge getaucht hätte, so wären sie doch nicht gestorben. Wenn man also dieses in Erwegung zieht, und darauf Rücksicht nimmt, daß dieses Mittel außerordent-lich viel Kosten im Großen verursachen würde, und mit seiner Wirkung und Nu-tzen in kein Verhältniß gebracht werden kann, denn die Mixtur zum Bespritzen dieser 6 bis 7 Quadratruthen kostete 2 Rthlr. 23 Gr., wonach ein Magdeburger Morgen zum Bespritzen 75 Rthlr. Kosten verursachen würde, so könnte man sich im Großen hier-auf nicht einlassen. Der Erfinder rühmte von dieser Lauge noch, die er aus Tabak ge-zogen haben wollte, daß nach gemachtem Gebrauche dieser Tabak doch noch an die Ta-baksfabrikanten verkauft werden könnte.

Zur Vollständigkeit der Materien, welche ich in diesem Kapitel abhandele, muß ich noch die Vorschläge, welche der verstorbene Professor Gleditsch dem Forstdepartement bereits im Jahr 1783 gethan hatte, hier anführen. Sie bestanden darinn, das Holz, woran die Kokons befindlich, abhauen und verbrennen zu lassen, besonders aber, wie ich schon beiläufig oben bemerkt habe, einen Preis darauf zu setzen, welche Mittel ange-wandt werden könnten, den Scarabeus Sycophanta oder Raupenjäger zu vermehren, (es ist der oben Seite 63. beschriebene Käfer). In der bekannten gedruckten Abhand-lung schlägt Gleditsch vor, man solle, wenn die Spinnzeit herannaht, Kiehnstrauch in denen Distrikten verbreiten, auch die Graben der Schonung voll Reiser füllen, an den Gränzen der Schonung aber 1½ Ruthen breit abhauen und das Holz verbrennenlas-sen, die Asche aber von den verbrannten Reisern ausbreiten, weil die Raupen nicht darüber wegkriechen könnten. Unter diesen Vorschlägen verdient besonders das Ausbreiten des Tannenstrauches, da wo kein Unterholz ist, alle Aufmerksamkeit, weil die Raupen sich sehr gern am jungem Holze einspinnen, auch solches öfters thun müssen, wenn sie die Spinnzeit übereilt, alsdann muß solches Strauchwerk, sobald sich die Raupen eingesponnen, mit den Kokons verbrannt oder vergraben werden.

Ungeachtet aller dieser vorher angeführten Verminderungsmittel der großen Kiehnraupe, welche auf Tödten der Raupen, wenn sie auf die Erde fallen, Tilgung derselben durch den Knall des Geschützes, ferner durch Rauch und Dampf, durch Eintreiben der Schweine, durch Ziehung der Raupengraben durch Schlagen von Gestellen und Aufpflügen derselben, durch Bestreuen des Bodens und Holzes mit beizenden Materien, desgleichen durch Bespritzen oder Besprengen hinaus liefen, sah sich das Forstdepartement doch genöthigt, den größten Theil dieser Vorschläge auf sich beruhen zu lassen, und nur die wirksamsten und erprobtesten Mittel der Verbreitung dieses Ungeziefers entgegen zu stellen. Es war wohl zu ermessen, daß menschliche Kräfte eine so übermäßige Menge Raupen zu tilgen, nicht hinreichend seyn konnten; desungeachtet war der Eifer, alle mögliche menschliche Kräfte und Mittel zur Verminderung des Ungeziefers aufzubieten, außerordentlich rühmlich. Im Jahr 1791 Anfangs July lief zuerst Nachricht ein, daß sich in einigen Forsten um Berlin Raupen einfänden, und sich durch ihren Fraß bemerklich machten. Indessen war das Uebel noch nicht so sehr auffallend als in den folgenden Jahren. Die kleinen Raupen krochen im folgenden Frühjahr bei gelinden Tagen aus ihrem Winterlager heraus, und fingen an zu fressen. Dieses war befremdend, und gab Gelegenheit, den Winteraufenthalt auszuspüren; man suchte sie bloß in den Rißen und Spalten der Borke, wo man zwar auch einige fand, an ihren Winterschlaf in der Erde dachte aber niemand; ja manche Sachverständigen wollten dieses bezweifeln, obgleich Herr Schwarz in seinem Raupenkalender (S. 372.) der eben in diesem Jahre herauskam, es deutlich sagt. Selbst einer unserer ersten Forstschriftsteller, der verstorbene Herr von Moser, zog dieses noch in Zweifel, zu einer Zeit, wo man sich schon völlig davon überzeugt hatte. Unter dem 5ten Januar 1793, bei Gelegenheit der gedruckten Anweisung, welche das Forstdepartement zu Verminderung der Raupen ergehen ließ, äußerte derselbe, wie er zweifelte, daß man der Raupen in ihrem Winterlager Abbruch thun könne, und würden alle Forstmänner und Naturkundigen hierüber einen Aufschluß wünschen, weil nach allgemeinen Erfahrungen der Frost die Raupen tödten sollte, wann sie ohne Verpuppung in den Winterschlaf übergingen. Gedachter Schriftsteller glaubte auch nicht, daß dieses die Raupe von der Phalena Bombyx Pini, sondern die

Noctua Piniperda seyn müsse. Da also Gelehrte hierüber so dachten, so waren Andern solche Gedanken wohl zu verzeihen. Andere Naturforscher wollten die Raupengraben verwerfen, weil sie glaubten, die Schmetterlinge würden doch herüber fliegen. Die Erfahrung zeigte aber, daß sie in außerordentlicher Menge, wenn sie die Bäume kahl gefressen, nach andern Distriften wanderten, und gegen die Spinnzeit sehr die Sonnenseite suchten; man beobachtete, daß, wenn sie über Wege und tiefe Geleise krochen, welche sandig waren, sie nicht wieder herauskommen konnten.

Schon 1791, als der Raupenfraß noch nicht sehr überhand genommen hatte, ließ der Herr Minister Graf v. Arnim verschiedene zweckmäßige Verordnungen, welche diesen Erfahrungen und der Oekonomie der Raupe angemessen waren, ergehen.

Zu der Zeit, da die Berichte 1791 vom Raupenfraß einliefen, war beinahe die Freßzeit der Raupen zu Ende, und die Zeit zu ihrem Einspinnen nahete heran; es wurde also befohlen, die Kokons von den Bäumen, wo sie erreicht werden konnten, abzulesen, zu verbrennen, oder sie sonst zu verderben. Die Eyer sollten, da wo man sie an den Stämmen angeklebt sah, und man sie erreichen konnte, abgekraßt werden, und es wurde befohlen, Krähen und Dohlen zu schonen, obgleich mancher schrie, daß diese Thiere den Rephühnern und Enten nachtheilig wären!!

Diese Mittel waren den jetzigen Umständen und dem Zustande des Insekts, nach dem Schaden, den selbiges verursacht hatte, ganz angemessen. Indessen hatte der Raupenfraß in manchen Forsten doch beträchtlich um sich gegriffen, so daß in dem bei Storkau liegenden Kölpinschen Forst bereits 800 Morgen abgefressen waren, und die Rapporte, welche von dem Zustande der Raupen einliefen, enthielten nicht viel erfreuliches. Selbst bei etwas warmen Wintertagen fingen die Raupen, welche in den Baumritzen überwintert hatten, an, sich zu bewegen. Diese Nachrichten vermochten den Chef des Forstdepartements, diesem neuen sich zeigenden Uebel möglichst Einhalt zu thun. Es wurden Sachverständige aufgefordert, über die Mittel, wodurch diesem Uebel Einhalt zu thun, nachzudenken und Vorschläge einzureichen. Der Winter von 1792, welcher mit Frost und Nässe abwechselte, hatte die Raupen nicht vermindert, und es liefen zwar Vorschläge von Sachverständigen zur Verminderung dieses Insekts ein, sie reduzirten sich aber auf Schonung der Krähen und Dohlen, und abzuwarten, ob nicht in der nassen Witterung die Kokons verfaulen würden. Man hielt dafür, daß die Ursache dieser Vermehrung der Raupen davon entstanden sey, daß in dem kalten Winter viel Vögelwerk erfroren, welches selbigen sonst nachtheilig gewesen ist; ja mancher verlohr den Muth, weil noch kein Forstmann vom ältesten bis zum jüngsten etwas gegen diese Raupe erfunden hatte!

Bei

Bei so bewandten Umständen blieb das Forstdepartement, in Ansehung der Mittel zu Verminderung der Raupen sich ziemlich selbst überlassen. Der Chef des Departements ließ verschiedene Verordnungen zu Vertilgung des Insekts ergehen, wodurch die Forstbedienten angewiesen wurden, was sie dabei zu thun hatten. Unter dem 6ten April 1792 wurde verordnet,

1) daß genau die Spinnzeit der Raupen beobachtet werden sollte, und ob sie sich in den jungen Ausschlag einspinnen würden; in Ermangelung desselben sollte unter das hohe Holz Tangersträuche gefahren werden, damit sich die Raupen in selbige einspinnen könnten, sodann aber der junge Ausschlag abgehauen, und, so wie die Tangersträuche, mit den Kokons verbrannt oder in tiefe Graben vergraben, auch mit Erde tüchtig verdammt werden.

2) Da sich gemeiniglich die Raupen am Rande der Dickten im jungen Holze einspinnen, so sollte es eine Ruthe breit abgehauen und mit demselben eben so wie mit dem Kiehnenstrauch verfahren werden; es sollte dieses aber mit möglichster Geschwindigkeit geschehen, weil öfters der Schmetterling in 10 Tagen ausfliegt.

3) Es sollten Leuchtfeuer des Nachts unterhalten, und am Tage die Schmetterlinge, besonders die Weibchen, welche gemeiniglich unten an den Stämmen sitzen, abgesucht, getödtet und die Eyer zerquetscht werden.

4) Da auch diese Raupenart sich im Herbste ins Moos verkriecht, so soll das Moos an den Stämmen mit den Kiehnnadeln zusammengeharkt, verbrannt, eingegraben, oder sonst aus dem Forst geschaffet werden.

Diesen Befehlen folgten bald sehr zweckmäßige Zusätze. Im Juny 1792. da man sah, daß die Raupen auf den Wegen zu Tausenden in den Geleisen lagen und nicht herauskommen konnten, wurde sogleich die Verfertigung der Raupengraben befohlen.

Diese Verordnung hatte einen außerordentlich guten Erfolg, so daß ihre Verfertigung und wie sie situirt seyn müssen, näher beschrieben zu werden verdient.

In der Naturgeschichte dieser Kiehnraupe ist bemerkt worden, daß, wenn sie einen Distrikt kahl gefressen, sie nach einem andern wandert, ferner; daß wenn sich ihre Spinnzeit nahet, sie außerordentlich unruhig wird, von dem hohen Holze herunter kriecht, sich auf die Erde begiebt und gern auf den jungen Aufschlag kriecht, sich auch besonders gegen die Sonnenseite des Reviers einspinnt. Hiernach müssen also die Raupengraben dergestalt gezogen werden, daß der abgefressene Distrikt von einem noch nicht befressenen abgeschnitten werde, und bei ihren Wanderungen, wenn die Spinnzeit herbey kömmt, müssen die Graben nach der Sonnenseite vorgezogen werden, man wird auch gleich dieses gewahr, wel sie im Fortkriechen die Köpfe da hin halten. Die Erde kann man auf der Seite nach dem Raupenfraß planiren oder sie auch jenseit aufwerfen; in allen Fällen aber muß bei dem Ziehen der Graben darauf Acht gegeben werden die Grabenlinie so abzustecken, daß sich keine Bäume auf beiden Seiten mit ihren Zweigen berühren. Werden die Raupengraben im jungen Holze gezogen, so ist es am besten, eine Ruthe breit oder weniger nach Befinden der Umstände, so daß sich die Zweige des jungen Holzes nicht berühren können, abhauen zu lassen; befinden sich aber in der Grabendirektion alte Stämme welche sich berühren, so muß der welcher von den Raupen befallen ist, abgehauen werden.

Das Profil des Raupengrabens ist 1 Fuß, höchstens 1½ Fuß breit und 1 Fuß tief und muß so steil als möglich ausgestochen werden. Diese Graben werden öfter so voll, daß sie zugeworfen und neue gemacht werden müssen. Je mehr Raupen in den Graben fallen, je leichter wird es ihnen am Ende wieder herauszukommen, wozu sie sich jeder Wurzel, die in dem Graben hängt, geschickt zu bedienen wissen.

Um nun den Raupen das Herauskriechen zu erschweren und nicht nöthig zu haben, so oft neue Graben aufzuwerfen, so fiel man darauf, alle 4 oder 5 Schritt in dem Boden des Grabens runde Löcher, wovon der Diameter etwas kleiner als die Breite der Grabensohle war, einen Fuß tief ausstechen zu lassen. Sobald nun die Raupen in den Graben fallen, kriechen sie auf der Sohle desselben fort, und fallen in die Löcher, welche man von Zeit zu Zeit mit der aus den Löchern ausgegrabenen Erde, die man auf den Grabenbord legen muß, zuwirft. Die Löcher müssen mit der Grabensohle gerade seyn. Hierdurch behält der Graben jederzeit seine Tiefe, und es können keine Raupen so leicht herauskommen. Man kann sodann immer wieder neue Löcher, so lange es nöthig ist, graben lassen. Wird ein solcher Graben für Geld gemacht, so wird für die Ruthe 6 Pf. bezahlt, und bei fleißiger Arbeit kann ein Mann 80 Schritt Graben täglich auswerfen, und 12 Mann können täglich 1000 ordinaire Schritt Graben verfertigen.

Die sehr gute Wirkung, welche diese Graben thaten, veranlaßte den Staatsminister Herrn Grafen v. Arnim, unter dem 29ten Juny, wo die Kalamität noch immer zunahm, ein Publikandum an sämtliche Forstbediente ergehen zu lassen, und sie

1) dahin anzuweisen, Raupengraben von 1 Fuß tief und 1½ Fuß breit ziehen zu gelassen, und im Fall kein Weg zwischen dem Raupenfraß und dem Graben ist, so sollte eine Strecke Holz niedergehauen, und nach dem Raupenfraß herein gefällt, alle Kokons aber, noch ehr die Schmetterlinge ausfliegen, sollten verbrannt werden.

2) Für die Metze Kokons sollten 6 Pf., und für die Metze Schmetterlinge 1 Gr. bezahlt werden.

3) sollten die Schmetterlinge, welche am Tage an den Stämmen sitzen, so hoch man reichen könnte, von den Bäumen abgesucht werden.

4) sollten des Nachts in den Forsten Leuchtfeuer zur Flugzeit der Schmetterlinge unterhalten werden; und wenn man sieht, daß viel Eyer an der Borke sitzen, die man nicht erreichen kann, so soll der Baum abgehauen, und die Borke verbrannt werden.

Hierbei bemerke ich, daß man bei dieser Gelegenheit die Erfahrung machte, daß zur Anfüllung einer Berliner Metze 400 Kokons, 840 Stück Schmetterlinge, und 570 bis 600 Stück Raupen im Durchschnitte gehörten. Der Berliner Scheffel ist 3045 Rheinländische Kubikzoll angenommen, und wird dieses auch bei allen künftigen Berechnungen zur Basis angenommen werden. Man kann also rechnen, daß 3 Raupen von dieser Art einen Rheinländischen Kubikzoll Raum einnehmen. Die Leuchtfeuer wurden auf den Wildbahnen im Raupenfraß in Löchern 50 Schritt auseinander angemacht, und bei 6 Feuern wurde ein Mann zur Wache gestellt. Es hat zur Verminderung der Raupen vieles beigetragen, daß die Unterthanen zum Ablesen der Raupen und zu andern Diensten durch ein besonderes Direktorialrescript angewiesen wurden. Die Nothwendigkeit wurde aus einem sehr richtigen Gesichtspunkt vorgestellt, daß die Unterthanen bei dergleichen Kalamitäten unentgeldliche Hülfe leisten müßten, so wie bei andern Landplagen, als Wolfsjagden, Heuschreckenplagen und andern allgemeinen Uebeln; auch sind besonders hierzu die Unterthanen, welche auf Holzbenefizien angewiesen sind, zum Besten der Nachkommen verbunden, durch unentgeldliche Handdienste das Holz zu retten, und zu Vertilgung der Raupen mit gemeinschaftlichen Kräften zu arbeiten. Dieses muß sich aber nicht allein auf die Königl. Unterthanen einschränken, sondern auch ohne Unterschied auf alle Privatforsten, Dorf- und Stadtheiden, in deren Nachbarschaft Reviere mit Raupen befallen werden, welches auch zu ihrem eigenen Besten und zur Konservation ihrer Heiden gereicht. Es wurde hiernach in Vorschlag gebracht, eine billige Vertheilung der Arbeit zu treffen, wobei das Tagewerk jeder Arbeit zum Maaßstab angenommen wurde: es sollte nemlich

ein ganzer Bauer 24 Ruthen Graben und 12 Metzen Kokons
— Halbbauer 12 — — — 6 — —
— Büdener 6 — — — 3 — —
unentgeldlich aufwerfen oder sammlen. Die Forstbedienten mußten sie hierzu an-

L 2

weisen, und die Schulzen und Gerichtsmänner die Aufsicht führen. Das Generaldirektorium fand diese Vorschläge der Sache sehr angemessen, vereinigte sich mit dem Chef des Forstdepartements und gab hierüber den Kammern eine für das Wohl des Landes außerordentlich wohlthätige Verordnung, daß nemlich die Verbindlichkeit der Unterthanen ohne Unterschied bei diesem allgemeinen und auch für die Zukunft so äußerst verderblichen Uebel hülfreiche Hand zu leisten, keinem Zweifel unterworfen sey, und es sollte

1) was die bereits von den Raupen befallenen städtischen, adlichen = und andere Privatkiehnheiden betrift, durch die Steuerräthe und Städteforstmeister das Nöthige verfügt werden, und jedes Orts Obrigkeit sollte ihre Unterthanen zu Verrichtung der nöthigen Dienste bei Grabenziehungen, Raupenablesen, Sammeln der Kokons und Schmetterlinge anhalten, und eine verhältnißmäßige Repartition unter selbigen machen.

2) Bei den Amts = und Domainenforsten sollte eine gleiche Anweisung an die respektive Domainenämter und Forstbediente ergehen, daß alle Tage Unterthanen, welche auf den Königl. Forsten, es sey durch Bau = und Brennholz und sonstige Holzunterstützungen, durch Viehweide und Holzeinmiethe benefizirt sind, in Beziehung auf ihre verschiedene bäuerliche Qualität die erforderlichen Dienste und Hülfleistung nach Anweisung der Forstbedienten unter Aufsicht und Assistenz des Beamten verrichten sollten.

3) Es sollte ferner das Forstamt gemeinschaftlich mit den Beamten und Forstbedienten eine Repartition der von den zu jedem Forstdistrikt gehörigen Dorfgemeinen zu leistenden Dienste anfertigen, und die nöthigen Handdienstleistungen ausschreiben; nur müßten nicht zu entfernte Dorfschaften mit zugezogen, und vor andern prägraviret werden. Dieses ist der wesentliche Inhalt dieser vortrefflichen Verordnungen, welche an alle Kammern unter dem 4ten July 1792 erging. Die Unterthanen wurden überdies noch an verschiedenen Orten zu diesen Arbeiten durch nicht unbeträchtliche Summen von dem Chef des Forstdepartements ermuntert; auch wurde verboten, daß vor der Hand alles Ameiseneverfuchen und Zerstöhrung der Ameisenhaufen unterbleiben und eingestellt werden sollte, wovon ich die Ursach eben angeführt habe. Da auch nunmehr die Zeit heranrückte, daß die Raupen die Bäume verließen, und sich in die Erde begaben, so wurden alle Forstbediente auf diesen Zeitpunkt aufmerksam gemacht, und durch eine gedruckte Verordnung vom 19ten November 1792 angewiesen, alle Mittel anzuwenden, den Raupen in ihrem Winterlager Abbruch zu thun. Diejenigen Distrikte, wo die Unterthanen nicht aus Vorurtheil glaubten, es könnte ihren Schweinen schädlich seyn, wenn sie in die mit Raupen befallenen Kiehnreviere eingetrieben würden, wurden hierzu angewiesen; desgleichen sollte das Mooes mit den Raupen, sobald selbige ihr Winter-

lager bezogen, zusammengeschippt werden, welches besser als das Harken ist; sodann sollte man das Moos anzünden oder vergraben. Es wurde auch den Unterthanen erlaubt, das Moos zum Düngen aus dem Forst zu fahren; jedoch mußte dieses in ausgeflochtenen, mit Brettern ausgesetzten, oder mit Leinwand beschlagenen Wagen geschehen, damit die Raupen während dem Fahren nicht in der Heide herum verstreuet würden. Ferner sollten, da nach der gemachten Erfahrung den Schweinen das Brechen im Raupenfraß nicht schädlich ist, zumal wenn man sie gleich nachher zu Wasser treibt, die Reviere mit Schweinen betrieben werden. Durch diese Veranstaltungen sind viele Raupen getödtet worden.

Die Mittel zu Verminderung der Raupen müssen sich nach der Zeit jeder Verwandlung richten, und in den Forsten, wo sich dieses Insekt einfindet, mit Nachdruck in Ausübung gebracht werden; es wurden daher auch hernach Verfügungen getroffen, und von Monath zu Monath die schicklichsten Mittel angewandt. Von den Maßregeln zur Konservation und schleunigen Verwendung des Holzes werde ich unten mit mehrerem reden.

Ich habe bereits oben erwähnt, daß die angewandten Mittel zwar nicht hinreichend sind, die Raupen zu vertilgen; unstreitig richtig ist es aber, daß sie um ein Beträchtliches dadurch sind gemindert worden. Will man einige dieser Mittel, als das Ablesen der Kokons dahin ausdehnen, daß, wenn man sie ohne Auswahl abnimmt, dadurch viele Ichneumons getödtet werden können; so muß man auch keine Raupen tödten, weil eine große Menge derselben die Brut ihrer Feinde und ihren Tod bei sich führen, welche mit der Larve zerstöhrt werden. Dieser Fall würde auch bei den Eyern der Schmetterlinge eintreffen können. Ich bin überzeugt, daß das Uebel ohne menschliche Hülfe aufgehört haben würde; ob aber der Schaden ohne diese Anstalten, und wenn man dem Raupenfraße ruhig zugesehn hätte, nicht weit beträchtlicher würde geworden seyn, das ist mehr als wahrscheinlich.

Ich bin ein Augenzeuge, daß das Stölpische Revier in einem Neumärkischen Forste, von den Raupen frei geblieben ist, dahingegen die daran gränzende Privatheide von denselben völlig verwüstet worden. Der Königl. Stölpsche Forst war aber augenscheinlich dadurch, daß der Hegemeister, welcher das Revier respicirt, das junge Holz an den Gränzen jener Privatheide eine Ruthe breit abgehauen, und durch einen Graben davon abgesondert hatte, gerettet worden. Solche in die Augen fallende Wirkung von den Raupengraben habe ich noch in mehreren Forsten gefunden, so daß dadurch beträchtliche Distrikte sind erhalten worden. Zur selbsteigenen Beruhigung eines treuen Dieners des

Staats muß es also gewiß gereichen, wenn er alle seine Kräfte aufgeboten, und mit Thätigkeit die vorgeschriebenen Verminderungsmittel mit richtiger Beurtheilung angewandt hat.

Will man sich überzeugen, mit wie viel Thätigkeit diese Maasregeln zu Verminderung der Raupen in Anwendung gebracht sind, so darf man nur einen Blick auf beigefügte Tabelle werfen, so wird man durch einige geringe Berechnungen sich leicht überzeugen können, daß aller Wahrscheinlichkeit nach durch selbigen den Raupen ein sehr beträchtlicher Nachtheil, den Forsten aber badurch viel Nutzen gestiftet worden seyn muß.

Wenn man annimmt, daß auch in $\frac{3}{4}$ von den aufgeworfenen Raupengraben nichts gefangen worden, und man also nur $\frac{1}{4}$, um nicht zu viel zu rechnen hierzu, annimmt, ferner, daß die Raupen in diesem $\frac{1}{4}$ der Graben 2 Zoll hoch im Durchschnitt gelegen haben, da sie doch sehr oft Spann hoch, wie ich mich selbst überzeugt habe, darinn lagen, so wird man finden, daß hiedurch getödtet sind • • • 23,343552 Stück Raupen.

Hierzu die scheffelweis abgelesenen • • • • • • • 3,869445 — —

Die Verminderung der Raupen ist durch die zerstöhrten Kokons, Kalitten oder Schmetterlinge in Rücksicht auf die Postirität, welche dadurch hätte erzeugt werden können, dergestalt zu berechnen, daß man die Hälfte der Puppen als bereits von den Ichnevmons verdorben annimmt, die Hälfte der Phalenen für weibliche, die Hälfte der Eyer aber auch als verdorben rechnet, und nur dabei zum Grunde nimmt, daß ein Schmetterling 50 Eyer legt, so können nach obigen Sätzen von den Eyern • • • • • • • • 6,803249 — —

von den abgesuchten Puppen • • • • • • • • 9,379750 — —

und Schemtterlingen • • • • • • • • • • 7,132387 — —

$\overline{\text{in Summa 50,575066 Stück Raupen}}$

vertilgt worden sind.

Die im Ganzen angegebene Quantität an Raupen, Kokons und Eyern, da selbige nicht sicher hat angegeben werden können, rechne ich nicht, um nicht hierin zu willkürlich zu verfahren; allein da 11957 Fuder Moos geharkt, aus den Forsten gefahren oder vergraben sind, so kann man wohl auf jeden Fuder $\frac{1}{2}$ Scheffel Raupen rechnen. Hieraus gehet hervor, daß überhaupt ein Quantum von 108,800666 Raupen sind vertilgt worden, die, wenn sie nicht wären getödtet worden, sich außerordentlich würden ver-

INSERT FOLDOUT HERE

breitet haben. Hierunter sind diejenigen nicht mit begriffen, welche an den Stämmen getödtet, die Eyer zerquetscht sind, auch was durch das Eintreiben von 1725 Stück zahmen, und manchem sich dabei eingefundenen Rudel wilder Schweine ist zerstöhrt worden; welches die Zahl der getödteten Raupen außerordentlich vermehrt, und hier nur sehr mäßig angenommen ist. Man bemerkt ferner, daß wenn die Raupen, welche in den Gräben gefangen worden, zum Einspinnen hätten kommen können, so würden funfzigmal mehr daraus entstanden seyn. Dieses aber will ich nicht rechnen und nur bei obiger Summe stehen bleiben, wobei ich annehme, daß wenn 600 Raupen sich auf einer mittelmäßigen Kiehne befinden, sie selbige merklich kahl fressen können, so daß sie davon gewiß Schaden leiden wird, das also wahrscheinlich durch diese Veranstaltung 18133⅓ Stämme gerettet worden sind, welche im Durchschnitt gerechnet an Werth gewiß über 300000 Thaler betragen.

Ich glaube, daß diese kurze und gewiß nicht übertriebene Darstellung der Vortheile, welche durch die Maaßregeln des Forstdepartements sind bewirkt worden, hierdurch sattsam einleuchten, und sich künftig in ähnlichen Fällen empfehlen werden.

Fünftes Kapitel.

Bemerkungen, wie der Raupenfraß, besonders in den Kurmärkischen Kiehnrevieren nach und nach um sich gegriffen, und das Holz abständig geworden.

Es ist wohl zu glauben, daß die große Kiehnraupe, welche besonders in den Jahren 1791 bis 93. so viel Verwüstungen in der Kurmark verursacht hat, so wie alle Kreaturen, welchen die Natur gewisse Oerter zu ihrer Nahrung und Aufenthalt angewiesen hat, solche Gegenden nicht ganz verlassen werden; wenigstens werden sie sich in geringer Anzahl daselbst aufhalten. Auch dieses läßt sich von der großen Kiehnraupe behaupten, und da sie durch günstige oder ungünstige Umstände sich vermehren oder vermindern, so ist es wahrscheinlich, daß die Kiehnraupen, nachdem sie 5 Jahr vorher den Forsten merklichen Schaden zugefügt, 1791 durch viele ihre Vermehrung begünstigende Umstände so zahllos wieder zum Vorschein gekommen seyn können.

Die Gegend, wo sich diese Raupen zuerst 1791 durch ihren Fraß bemerklich machten, war ein Forst, worinn sie sich bereits vor 5 Jahren auch eingefunden und beträchtlichen Schaden gethan hatten. In denen Kurmärkischen Forsten, welche auf der Abendseite liegen, war kein Raupenfraß, oder er war doch unbedeutend; die ganze Altmark blieb verschont. Im Magdeburgischen war er unbedeutend, und nur etwas im Schweinitzer Revier Amts Loburg, disseit der Elbe, hier war er nicht einmal im Hauptrevier, sondern in einem abgesonderten Reviere von keiner beträchtlichen Größe, welches mit Feldern umgeben ist.

Die ersten Kurmärkischen Reviere, wo sich die Raupen 1791 bemerklich machten, waren in den Forsten Potsdam, Kunersdorf und Arendsdorf. Potsdam war schon vor dem Raupenfraß ein sehr irregulair bestandenes und verhauenes Revier von schlechtem Boden, und das Holz hat keinen gesunden Wuchs. In Kunersdorf ist im größten Durchschnitt der Boden etwas besser, der Forst war auch nicht so sehr verhauen, als der Potsdamsche. In dem Arendsdorfschen Forst fielen die Raupen das Revier, der

Pa-

Pavillon genannt, an, welches mit jungem Holze der 3ten und 4ten Klaſſe beſtanden iſt; dieſes Revier hat einen ſchlechten ſandigen Boden, iſt nicht groß, und liegt mitten in Feldern. Zu gleicher Zeit zeigten ſie ſich in dem kleinen Kiehnenreviere bei Berlin, die Haaſenheide genannt, wo das Kiehnenholz ebenfalls von ſchlechtem Wuchs iſt. Bald darauf lief Nachricht aus der Neumark ein, daß in einigen in dortiger Provinz liegenden Forſten verſchiedene Reviere von den Raupen befallen worden.

Am meiſten traf es daſelbſt den Reppenſchen Forſt, wo die Raupen bereits vor 6 Jahren viel Schaden gethan hatten, wie denn auch die in der Nähe liegenden adeliçen und Bürgerheiden von dieſem Inſekt befallen wurden. Es iſt zu vermuthen, daß die Raupen auch damals ſchon in andern Kur - und Neumärkiſchen Forſten vorhanden geweſen ſind; jedoch war ihr Fraß noch nicht bemerklich, daher denn auch keine Berichte dieſerhalb einliefen. Das Forſtdepartement machte indeſſen die Ober - und Unterforſtbedienten auf dieſes Inſekt aufmerkſam. Das folgende 1792te Jahr gab man alſo genauer darauf Acht, zumal da der Schaden ſchon hin und wieder in die Augen fallend wurde, jedoch glaubte man wohl nicht, daß er ſo beträchtlich werden könnte. In den Königl. und Privatforſten an der Spree, Köpenick, Rüdersdorf, Friedersdorf, Kölpin, Neubrück, Hangelsberg, bis an die Oder wurden die Forſten mit einer zahlloſen Menge von dieſen Inſekten befallen. Charlottenburg, Heiligenſee, Mühlenbeck, Wandlitz, Oranienburg, Krämer, Rüthnick, groß Schönebeck, Reyersdorf, und von dort abendwärts Rödlin und Ruppin hatten daſſelbe Schickſal, und in Potsdam, Kunersdorf, Arendsdorf kontinuirte der Raupenfraß; überdem wurden noch die Forſten Bornim und Fahrland befallen. Eine Beſchreibung, wie der Raupenfraß in den Kurmärkiſchen ſowohl, als auch in andern Forſten, welche vorzüglich gelitten haben, um ſich griff, verdienet in manchen Betracht hier aufgenommen zu werden.

Obgleich die Königl. Reviere, welche von dieſen Inſekten befallen wurden, nicht unmittelbar zuſammen hängen, ſo liegen doch viele Privatheiden dazwiſchen, welche dieſes Unglück ebenfalls traf, und die mit den Königl. Forſten gränzten, oder es wurde doch dieſes Inſekt den Königl. Forſten durch ſelbige näher gebracht. Wie denn auch Beweiſe genug vorhanden ſind, woraus zu entnehmen, daß es zur Verbreitung der Raupen nicht nöthig iſt, daß ein Forſt unmittelbar an den andern gränze. Denn man ſah viel Kiehnendiſtrikte, die mitten in den Feldern liegen, und an welche auf halbe Meilen weit kein Holz gränzt, doch durch die Raupen zerſtöhren. Daher denn die Schmetterlinge von andern Orten hergekommen und daſelbſt ihre Eyer abgelegt haben müſſen.

M

Rechts und links von der Havel verwüsteten die Raupen die Potsdammer und Kunersdorfer Forsten, welche mit einander gränzen. Ueber die Havel, welche hier ziemlich breit ist, fielen sie das Bornimsche und Fahrlandsche Revier an. Das Spandauer Revier blieb ziemlich verschont, ob es gleich mit Privatheiden gränzte, welche von den Raupen litten. Hiernächst wurden die Forsten in der Gegend bei Berlin von den Raupen sehr mitgenommen, und, wie oben schon erwähnet, dehnete sich der Raupenfraß von der Spree bis gegen die Oder aus.

In dem südlichen Theil der Kurmark litte das Schadower Revier nur wenig, und alle Reviere auf der Mittagseite nach der Sächsischen Gränze, als Zossen, Lehnin und Zinna, verlohren wenig oder gar nichts. Auf dem rechten Ufer der Spree zog sich der Raupenfraß durch die Hangelsberger, Rüdersdorfer und Köpenicker Forsten, und fiel auch hier die Berlinsche Magistratsheide an. Abendwärts von Berlin wurde ebenfalls die Magistratsheide und der Königl. Charlottenburger Forst von den Raupen befallen, und auf dem linken Ufer der Havel fanden sie sich in den Heiligenseeschen Forst und das Hermsdorfer Revier ein; von da zog sich der Raupenfraß rechts morgenwärts durch die Müllenbecker und Wandlitzer Forst, auch wurde Biesenthal etwas befallen. Gegen Westen litten die Reviere weniger. Ferner erstreckte sich der Raupenfraß von dem Müllenbecker in den Oranienburger Forst bis an die Havel. Das angränzende Liebenwalder Revier hat viel Laubholz; hier thaten die Raupen keinen Schaden. Der Großschönebecker Forst an der Ukermärkschen Gränze wurde etwas mitgenommen; sie fanden sich nachher in zahlloser Menge in dem Reiersdorfer Revier ein, welches schon in der Ukermark liegt, verschonten aber ziemlich die gegen Abend und Morgen an selbige gränzende Forsten Zehtenick und Grimnitz. Von hier verlohren sie sich nach und nach nordwärts gegen die Mecklenburgsche Gränze.

Auf der rechten Seite der Havel, in den Revieren welche mit Laubholz meliret sind, als Falkenhagen und Beßow, Neuholland, Hohenbruch, thaten sie wenig Schaden. In dem Glin- und Löwenbergschen Kreise, zwischen dem Cremmenschen Damm und Havelbruch, befielen sie ein Kiehnrevier, welches man den Krämer nennet, und welches fast ganz von andern abgesondert lieget; dieses wurde so wie die andern, welche jenseit dem Cremmenschen Damm lagen, verwüstet. In dem Rüthnicker Forst thaten sie viel Schaden. Von hier mehr gegen Norden, in einer Entfernung von 1½ Meilen, fielen sie die nächsten Reviere des Altruppinschen Forstes, die Sitze und die Klusheide genannt, an; sodann verlohren sie sich wieder allmälig gegen die Mecklenburgsche Gränze. Die Forsten Zechlin, Mienz und Lüdersdorf litten wenig oder gar nichts.

Die ganze Fläche, worauf die Forsten liegen, welche ich hier beschrieben habe, und worauf sich die Kiehnraupen verbreiteten, kann man 14 Deutsche Meilen lang und von Mittag gegen Mitternacht eben so breit rechnen, so daß dieses eine Fläche von 196 Quadratmeilen betrug.

Die Königl. Kiehnenreviere auf dieser Fläche sind · · 450000 Morgen,
Adeliche, Magistrats - und andere Privatheiden aber · · 200000 —

groß, so daß die Kiehnenreviere überhaupt · · · · 650000 Morgen.
zu rechnen sind, welche fast 30 Quadratmeil. ausmachen, und wovon die Königl. Reviere 20 Quadratmeil. betragen. Von selbigen sind durch die Raupen ⅓ Theil abgefressen und zerstört worden. — Nach dieser allgemeinen Uebersicht der Fläche, worauf sich die Raupen verbreitet haben, hebe ich diejenigen Reviere aus, welche am meisten gelitten haben, um zu zeigen, wie sich in selbigen der Raupenfraß verbreitet hat; welches zu manchen nützlichen Bemerkungen Anlaß geben kann.

Obgleich die Reviere des Potsdammschen Forstes durch Wasser und Wiesen von einander getrennt sind, so wurden doch sowohl die sogenannten Stolpische Berge, als auch die Kaputtsche Heide befallen; am wenigsten litte die sogenannte Parforceheide, welches Revier auf der Morgenseite des Forstes liegt, und von dem Hauptrevier der Kaputtschen Heide durch Wiesen und durch das Nutheflies abgesondert, von den Stolpischen Bergen aber durch Seen getrennet ist. Auch hat die Parforceheide hin und wieder Brücher, auch kleine Ellerndistrikte, und an die Morgenseite stößt die Gütergotsche Nachthütung an. Von den Stolpischen Wiesen bis an diese Hütung, längs der Stahnsdorfer Gränze, hatten die Raupen einen Strich angefressen, und sich dabei bis an die Neuendorfer Bauernheide-Gränze verbreitet; weiter herunter mittagwärts hatten sie keinen Schaden gethan. Der Kunersdorfer Forst gränzet auf der Abendseite mit dem Potsdammer Forst; sie fingen bei der Potsdammer Gränze an zu fressen und rückten mit ihrem Fraß gegen Westen fort, sprangen aber viele Schonungen, welche im Raupenfraß lagen, über, und fielen nur besonders das Holz der ersten und zweiten Klasse an; nur ein Theil Holz von der ersten Klasse auf der Mittagseite des Reviers gegen Kunersdorf; blieb verschonet. In dem Bornimschen Forst auf der rechten Seite der Havel, fielen sie nicht weit von der Havel in dieses Revier, und fraßen von Morgen gegen Abend einen Strich 2ter Klasse von dem besten Holze ab, hörten aber bei einer Schonung auf. Obgleich der Köpenicker Forst an der Spree lieget, und aus mehrern, durch Wasser, beträchtliche Seen und Wiesengrund, von einander abgesonderten Revieren besteht, so fanden sich doch die Raupen sowohl in den Revieren disseit als jenseit der großen Miggelsee ein, und befielen einen Theil der Erkner Heide. Das Frieders= dorfer Revier gränzt zwar nicht mit dem Köpnicker und ist durch einen See von sel= bigem getrennt, die Reviere selbst sind auch durch ein Bruch von 500 Schritt breit durchschnitten; demungeachtet fielen die Raupen 1792 beide Reviere an, anfänglich auf einer nicht beträchtlichen Fläche; in den folgenden Jahren griff aber der Raupenfraß ausserordentlich um sich. Das Friedersdorfer Revier gränzt auch nicht ganz nahe mit dem Kölpinschen, es wurde demungeachtet aber dieses durch die Raupen ausserordentlich verwüstet, sie fraßen hier rund um sich nach allen Gegenden; nur die Schonung bei Kauen, auch einige andere Distrikte der 4ten Klasse, blieben verschont. Westwärts fin= den sich in diesem Reviere nasse Wiesen, welche von dem Dorfe Marggrafpiske kom= men und einen Theil junges Holz von dem Reviere absondern; dieses blieb verschont, so wie auch das, was an der Lebinschen Gränze stehet.

Die Reviere Neubrück und Altgolm, welche sich bis gegen die Oder erstrecken, gränzen zwar nicht ganz nahe mit dem Kölpinschen Forst, es thaten aber doch die Rau= pen in diesen Revieren an dem Holze der 1ten, 2ten und 3ten Klasse viel Schaden.

Von den Forsten, welche am rechten Ufer der Spree liegen, gränzet mit der Für= stenwalder Stadtheide ein Revier des Hangelsberger Forstes; in diesem Revier war aber der Raupenfraß nicht so beträchtlich, als in dem Hauptrevier, welches noch eine gute Meile von Fürstenwalde liegt. Besonders wurde die nördliche Seite dieses Reviers mehr als die Mittagsseite befallen und ausserordentlich verwüstet, indem das schönste Holz von der 1ten Klasse, weniger von der 2ten, von der 3ten aber am we= nigsten, und von der 4ten Klasse fast gar kein Holz verdorben wurde. An einigen Oer= tern in diesen Forsten fraßen sie im hohen Holz bis nahe an die Schonungen, jedoch ohne selbigen Schaden zu thun.

Obgleich der Rüdersdorfer Forst mit dem Hangelsberger gränzet, so war doch auf dieser Seite der Rüdersdorfer Raupenfraß nicht so stark als auf der Seite nach Köpenick zu. Die beiden Hauptreviere, als die Vorderheide, wird von der Mittel= und Hinterheide, welche auf der Mittagseite liegen, von ersterer durch unbeträchtliche Seen und einige Niederungen abgesondert. In der Vorderheide fanden sich die Raupen häufig ein; doch da diese Heide mit Birken meliret ist, so schien es, als wenn dieses einigermaßen das Revier geschützt hätte, oder wenigstens war der Anblick nicht so trau= rig; der stärkste Fraß traf die 3te Klasse, und es wurden dadurch über 500 Morgen verwüstet.

Jenseit Berlin auf der Abendseite traf der Raupenfraß den Charlottenburger Forst, welcher mit jungem Holze bestanden ist. Die Raupen fielen die Morgenseite dieses Revieres an, und fraßen abendwärts bis an die große Allee von Charlottenburg nach Tegel; von diesem Theil wurde von der 2ten und 3ten Klasse fast die Hälfte abgefressen. In dem Heiligenseeschen Revier wurde ein nicht sehr beträchtlicher Strich von der 1ten Klasse an der Heiligenseeischen Gränze mit Raupen befallen, er erstreckte sich beinahe eine halbe Viertelmeile gegen Abend, sodann blieb ein Zwischenraum von einer Viertelmeile verschont, und der Raupenfraß endigte sich nordwärts an der Gränze bei einer großen Schonung, ohne daß die Raupen derselben merklichen Schaden zugefügt hatten.

An das Heiligenseesche Revier gränze gegen Norden das Hermsdorfer, welches zu dem Mühlenbecker Forste gehört; hier hatten die Raupen ebenfalls einen beträchtlichen Theil der ersten Klasse ganz kahl abgefressen. Das Hermsdorfer Revier ist so wie die daran gränzende adeliche Stolpsche Heide, von dem Hauptrevier des Mühlenbecker Forstes durch Felder und durch ein kleines Fließ, welches in den Tegelschen See fällt, abgesondert, und liegt in der geringsten Entfernung ¼ Meile von der Stolpischen Heide. Der nächste Theil des Mühlenbecker Reviers von der Stolpischen Heide blieb überdies von den Raupen verschont. Von der Oranienburger Forstgränze aber fing sich die Verwüstung in der 1ten und 2ten Klasse dieses Reviers von Morgen gegen Abend an, und breitete sich auf ⅔ Meilen aus, so daß nur etwas von der 3ten und 4ten Klasse noch übrig blieb. Der Fraß endigte sich gegen die Mühlenbecksche See; jenseit dieser See, in dem Schmöllischen Tanger, fand man keinen Raupenfraß. Obgleich das Wandlitzer Revier mit dem Mühlenbecker gränzt, so blieb es doch von dieser Seite verschont; der Hauptfraß traf aber selbiges auf der Nordseite, im sogenannten Quast, der mit der Bernauschen Stadtheide gränzt, welche auch von den Raupen viel gelitten hatte. Sie verbreiteten sich mittagwärts bis gegen den Garnsee, kamen aber nicht bis an die Mühlenbecksche Gränze.

Wo aber der Mühlenbecker Forst mit dem Oranienburger gränzt, befielen die Raupen letzteren Forst außerordentlich, zerstörten fast das ganze Revier, die Briese genannt, welches auf dem linken Ufer der Havel liegt. Die 1te und 2te Holzklasse wurde hier außerordentlich mitgenommen, ja die Raupen verbreiteten sich auf der Nordwestseite bis jenseit des Seabosees in der Friedrichsthalschen Heide; hier wurden sie weniger, und auf dem sogenannten Malz, welcher zu dem Forst Neuholland gehöret, war der Fraß ganz unbedeutend; die Reviere sind hier schon mehr mit Laubholz melirt. Das Rüthnicker Revier gränzt nicht mit solchen Königl. Forsten, welche von den Raupen befallen waren, sondern mit einer adelichen Heide; nordwärts fraßen sie einen nicht unbeträchtlichen Theil der 1ten und 2ten Klasse von diesem Reviere ab.

Nachher verbreiteten sie sich in dem Ruppiner Forst, wo sie auf den Revieren, die Lietze und Klusheide genannt, an der Malchowschen Gränze, einen beträchtlichen Distrikt abfraßen, obgleich kein Revier in der Nähe mit Raupen war befallen worden. Zu den angränzenden Forsten, nordwärts von dem Ruppiner Forst gegen die Mecklenburgische Gränze, hörte der Raupenfraß ganz auf. Zu dem an der Ukermärkschen Gränze liegenden Groß = Schönebecker Forst war der Raupenfraß nur mäßig. Ein nicht großer Strich von Nord = Ost bis Süd = West wurde von den Raupen befallen, und in einer Weite von 2500 Schritt fraßen sie einen andern Ort ab, ohne das dazwischen stehende Holz zu berühren. Dieser Forst gränzt mit dem Zehdenicker, welcher aber verschont blieb. Der Reiersdorfschen Forst ist durch das Döllenfließ von dem Groß-Schönebecker abgesondert; deonngeachtet wurde der Reiersdorfer Forst ganz entsetzlich mitgenommen. Dieser Forst erstreckt sich von Morgen gegen Abend fast auf 2 deutsche Meilen, ist aber nur höchstens eine halbe Meile breit. Hiervon befielen die Raupen einen Strich von 1½ Meilen lang, der größtentheils mit Holz der 1ten und 2ten Klasse von dem schönsten Wuchse bestanden war, so daß der Morgen 2ter Klasse gegenwärtig schon 11 Klaftern von 108 Kubikfuß gab. Die Raupen fraßen von Morgen gegen Abend bis an einen See und eine Feldmark, Großväter genannt, welche den Forst von Mittag gegen Mitternacht durchschneidet. Von dort gegen die Zehdenicker Gränze verlohren sie sich wieder. Aus dieser kurzen Darstellung und Beschreibung der Verbreitung des Raupenfraßes in den vorzüglichsten befallenen Revieren wird man entnehmen können, daß die Raupen mehrentheils das hohe Holz oder Holz der 1sten und 2ten Klasse mit ihrem Fraß befielen, junges Holz aber mehrentheils verschonet haben. Ferner wird man finden, daß Flüsse, Seen, Moräste, Wiesen, Felder, breite Alleen dem Fraß zuweilen Gränzen setzen, aber nicht allenthalben, wie aus obigen Beschreibungen hervorgehet. Nicht durchgängig, aber doch mehrentheils fielen sie von der Morgen = und Mitternachtseite die Reviere an, fraßen mehrentheils gegen Abend fort und verbreiteten sich nicht oft nach der südlichen Seite der Reviere. In manchem Revier, als in Groß = Schönebeck und Heiligensee, sprangen sie Distrikte über, und in einer Entfernung von Viertelmeilen weit bemerkte man erst wieder ihren Fraß. Auch befielen sie nicht jederzeit zusammenhangende Reviere, öfters ganz abgesonderte und isolirt liegende; woraus zu entnehmen, daß sie dort durch Schmetterlinge hingebracht und

INSERT FOLDOUT HERE

vielleicht durch gewiſſe günſtige Umſtände ſich in ſo außerordentlich großer Menge vermehrt haben. Es ſcheint ferner aus einigen obigen Beſchreibungen hervorzugehen, daß
ſie diejenigen Reviere, welche mit Laubholz melirt ſind, mehr verſchont haben als
die bloß mit Nadelholz beſtandenen; auch ſind die Reviere von ſchlechtem Boden
vorzüglich von dem Raupenfraß mitgenommen worden. Der jetzige Herr Forſtmeiſter
r. Bülow, welchem der Raupenfraß in dem Neubrückſchen Forſt zu tariren aufgegeben
wurde, bemerkte, als er die Jahrringe in vielen Stämmen des raupenfräßigen Holzes
gezählt, daß dieſes Holz in 20 Jahren ſehr wenig gewachſen, und daß die Jahrringe ſo
klein waren, daß man ſie kaum mit bloßen Augen ſehen konnte, weil ſie kaum zuſammen ¼ Zoll betrugen. Es war alſo wahrſcheinlich, daß dieſes Holz vor 20 Jahren gelitten, und im Wachsthum zurückgehalten ſeyn mußte, auch wurde es von den Raupen
außerordentlich mitgenommen. Es iſt aber auch aus dieſer Beſchreibung des Raupenfraßes zu entnehmen, daß nur nach und nach ſowohl das Holz abſtehen, als die Blößen ſich vergrößern mußten. Nach Maaßgabe dieſes zunehmenden Schadens wurden
auch Verhaltungsbefehle ertheilt, auch iſt einleuchtend, daß anfänglich nur ungefähr der
Schaden angegeben werden konnte, daher denn auch die Verfügungen zur Verwendung
des zerſtöhrten Holzes nur nach Maaßgabe, wie das Quantum angegeben wurde,
ertheilt werden konnten.

Um von der Verbreitung des Raupenfraßes eine deutliche Ueberſicht zu geben, ſo
füge ich hier eine Tabelle bei, woraus zu entnehmen, wie viel er ſich in Anſehung des
Flächeninhalts von 1792 bis 96 vergrößert hat. In des erſten Oberforſtmeiſters Di-
ſtrikt hat er ſich um 7496 Morgen, und in des zweiten auf 5300 Morgen erweitert.
Zu dieſer Vergrößerung hat nun auch viel beigetragen, daß in den letztern Jahren der
Raupenfraß ſpeziel vermeſſen wurde, wie denn nur in dem einzigen Charlottenburger
Forſt man den Raupenfraß nach der Vermeſſung über 1700 Morgen fand, dahin-
gegen nach der ſpeziellen Vermeſſung die Fläche, welche in dem Mühlenbecker und
Oranienburger Forſt von den Raupen zerſtöhrt war, anfänglich zu groß angegeben
wurde.

Noch größere Veränderungen mußten von Jahr zu Jahr an der Qualität und
Quantität des abgefreſſenen Holzes vorgehen. Die Verordnungen, welche zum Hau des
Holzes ergingen, mußten alſo darauf anweiſen, den Hau nach und nach zu betreiben,
alles Holz aber, was noch grüne Nadeln hatte, auf dem Stamm ſtehen zu laſſen. Da
das Abſterben des Holzes nur nach und nach erfolgte, ſo mußte das Quantum, welches
gehauen werden mußte, faſt mit jedem Monath ſteigen, wie aus der beigefügten Gene-

ralüberſicht zu entnehmen. Ich bemerke hier nur noch zu mehrerer Deutlichkeit, warum ſich das Brennholzquantum in den neuern Angaben ſo ſehr vermehrt, das Quantum aber bei dem Stangenholze ſich ſo außerordentlich gegen die Taxation von 1792 verringert hat; die Urſach iſt, daß eine beträchtliche Menge Bohlſtämme verabreichet und verkauft worden ſind; ebenfalls findet auch dieſes bei andern Bauhölzern ſtatt. Zweitens iſt bei der erſten Taxation vieles von der zu Bauholz angeſprochenen Anzahl Stämme in der Folge ſchlechter geworden, ſo daß es nur zu Brennholz tauglich war, und vieles war ſchwammig und rindſchälig, welches man bei dem erſten Ueberſchlag als geſund angegeben hatte, wodurch denn das Brennholzquantum vermehrt, und das Quantum von Bauholz = Bohl = und Lattſtämmen verringert wurde.

In dem folgenden Kapitel werde ich umſtändlich von den Verfügungen, die zum Hau und zur beſtmöglichſten Verwendung des Holzes ergangen ſind, reden.

Wie ſich die Merkmale des Abſtehens bei dem von den Raupen abgefreſſenen Holze von 1792 bis 94 nach und nach zeigten, ſo daß man noch immer Hoffnung behielt, daß ſich das Holz zum Theil erholen würde, will ich kürzlich aus den Raporten der Forſtbedienten zuſammenfaſſen. Dieſer Zuſtand des Holzes wird auch beweiſen, daß es unmöglich war, das zu hauende Quantum ſogleich beſtimmt anzugeben, und daß ſolches nur ſucceſſive, je nachdem ſich gewiſſe Kennzeichen von dem gänzlichen Abſterben des Holzes in der Folge zeigten, geſchehen konnte.

Beſchaffenheit des von den Raupen abgefreſſenen Holzes im Jahr 1792.

Im Auguſt fand man ſchon hin und wieder, daß das Holz, welches 1791 und 92 abgefreſſen war, die Borke verlohr, beſonders das junge Holz von der 2ten und 3ten Klaſſe; doch fand ſich auch abgefreſſenes Holz, welches wieder Nadeln trieb, und im Ganzen gab noch vieles Holz Hoffnung, daß es ſich erhalten würde.

Im September hatte ſich das Holz im Ganzen nicht verſchlimmert. Hin und wieder ſtand zwar ein Stamm vom jährigen Raupenfraß ab, doch das angefreſſene gab noch immer gute Hoffnung.

Im Oktober blieb es ziemlich mit dem Holze wie im September; nur vieles ſchwache Holz, welches abgefreſſen war, verlohr ſchon die Borke, an dem ſtarken aber konſervirte ſie ſich noch.

Im November äußerte ſich das Abſterben des Holzes mehr und mehr, das Holz bekam ſchon blaue Streifen, es war aber doch noch Hoffnung von demjenigen Holze, ſo im abgewichenen Sommer erſt war angefreſſen worden.

Im

Im December mußten schon Bohl- und Lattstämme gehauen werden; in einigen Forsten zeigte sich noch Hoffnung zur Konservation des Holzes, in den mehresten aber eilte es schon dem Verderben entgegen.

Im Jahr 1793.

Im Monath Januar wurde das starke Holz in einigen Forsten schon blau, schwaches verlohr die Rinde; jedoch war noch viel Hoffnung, daß sich manches konserviren würde.

Im Februar zeigten sich schon mehr Merkmale des Absterbens; der harzige Saft verlohr sich und wurde wässericht, auch wurde die Safthaut gelb, und das junge Holz fing an abzustehen.

Im März war noch nicht alle Hoffnung verlohren, daß sich vieles Holz auf dem Stamm erhalten würde. Die Forstbedienten hielten dafür, daß man den Maytrieb abwarten müsse.

Im April hatte man seine Hoffnung noch auf den Maytrieb gesetzt, besonders da sich das noch nicht ganz entnadelte Holz so ziemlich gut erhielt.

Der May entsprach nicht ganz der Hoffnung; das was noch grüne Nadeln hatte und nur angefressen war, schien sich etwas zu erhohlen.

Im Junius hatte man größtentheils Hoffnung, daß das angefressene Holz sich wenigstens noch zum Theil erhohlen würde.

Im Julius fing schon mehr, besonders junges Holz an abzusterben.

Im August wurden die Nachrichten, welche von dem Zustande des befressenen Holzes einliefen, besser, und gaben wieder gute Hoffnung zur Konservation desselben.

Im September stand schon viel von dem alten Raupenfraß ab, und mußte in verschiedenen Forsten mit dem Hau vorgeschritten werden.

Im Oktober nahm das Absterben des Holzes zu, vieles verlohr die Borke, besonders das Stangenholz.

Im November war nur in wenig Revieren Hoffnung, daß sich das Holz auf dem Stamm erhalten würde, es stand immer mehr ab, und verlohr die Borke.

Im December besagte der größte Theil der Raporte, daß das bloß angefreffene Holz Hoffnung gäbe, sich auf dem Stamme zu erhalten.

Im Jahr 1794.

Im Monath Januar setzten noch viele Forstbediente auf den May ihre Hoffnung, und glaubten, das angefreffene Holz würde sich konferviren.

Im Februar waren die Berichte mit denen im vorigen Monath gleichlautend.

Im März zeigten sich schon gewissere Merkmale, daß mehr Holz abstehen würde, und es verlohr auch mehr die Borke als man glaubte.

Im April liefen eben so schlimme Nachrichten ein; das Holz verlohr die Borke, und der Käfer (Bostrichus Testaceus) fand sich unter der Borke ein.

Im May fanden sich noch mehr Merkmale des Absterbens.

Im Junius grünte hin und wieder etwas aus, aber man sah es den Trieben an, daß sie sich nicht konferviren würden.

Im Juli wurde daß, was im vorigen Monat berichtet war, bestätiget.

Nach dieser Zeit, obgleich einiges Holz wirklich wieder ausschlug, währte es doch nicht lange, und es verlohr in großer Menge Nadeln und Borke. Manches Holz stand von oben her ab, anderes hatte noch grüne Nadeln am Zopfe, verlohr aber die Borke am Stamm. Das entborkte Holz, welches auf dem Stamme stand, fand man härter als das gefunde Holz, und die Holzschläger wollten es nicht zu den gewöhnlichen Preisen aufschlagen. Vieles war inwendig blau; man bemerkte aber, daß wenn dergleichen angelaufenes Holz zu Klafterholz aufgeschlagen wurde, und einige Zeit in der Luft stand, sich das Blaue verlohr. Die großen Verwüstungen und der Anblick, welchen der Raupenfraß in den Forsten verursachte, war traurig; immergrünendes Holz entnadelt und von der Borke entblößt zu sehen, machte einen äußerst widrigen Anblick. Wie war es aber anders möglich, als daß dergleichen entnadelte Stämme borkenlos werden mußten. Man erinnere sich nur, wie nöthig alles Laub zur Erhaltung und Bewegung der Säfte und zur Nahrung der Pflanzen aus der Luft ist, und daß ohne selbige die zum Leben der Pflanzen so nothwendige Ausdünstung aufhört. Die Säfte müssen also in eine Stockung gerathen, die Safthaut muß vertrocknen, die Borke abfallen, und so muß der Tod des Baumes erfolgen. Um sich davon zu überzeugen, dürfte man nur einer Kiehne mit den Händen sorgfältig die Nadeln abreißen, so würde durch Menschenhände das bewirket werden, was man oft aus Unwissenheit dem Gift der Raupen zugeschrieben hat.

Aus allem dem, was ich hier von dem Abstehen des Holzes bemerkt habe, ist unbezweifelt zu entnehmen, daß das von den Raupen abgefressene Holz nur nach und nach absteht, und daß noch von Jahr zu Jahr sich dieses Quantum erhöhen müsse, daß auch noch jetzt manches Stück den Tod im Verborgenen trägt, welchen ihm der Raupenfraß verursacht hat, ob gleich die Raupen Vergang genommen haben; daher wird sich der Schaden noch von Jahr zu Jahr vermehren, und jetzt, 1797, da ich dieses schreibe, hat in den Kurmärkischen Forsten noch bei weitem nicht alles abgestandene Holz gehauen werden können.

Sechstes Kapitel.

Maaßregel, welche zu Verwendung des von den Raupen zerstöhrten Holzes getroffen worden.

Im 4ten Kapitel habe ich umständlich alle Veranstaltungen und Vorkehrungen, welche von der Oberforstdirektion zu Verminderung der Raupen verfügt, angeführt. Im vorigen Kapitel habe ich nur die allgemeinen Verordnungen bemerkt, welche wegen des Haues im Raupenfraß getroffen worden. Nach damaliger Lage und Umständen, solange die Raupen noch im Fraß begriffen waren, konnte ein mehreres nicht geschehen, wie aus dem vorigen Kapitel, wo ich das stufenweise Absterben und die noch immer auflebende Hoffnung, einen Theil davon zu erhalten, angezeigt habe, zu entnehmen ist. Die Forstbedienten konnten auch selbst nicht anfänglich beurtheilen, was und wie viel Holz absterben würde, und es war äußerst nothwendig und der Verordnung gemäß, nicht eher Holz zu hauen, bis sich ganz unbezweifelte Merkmale des Absterbens zeigten, und keine Hoffnung zu Erhaltung mehr übrig blieb. Uebersicht des Schadens nach der Qualität und Quantität des abstehenden Holzes war aber zu ferneren Verfügungen und zu treffenden Maaßregeln das Erste und Nothwendigste. So ungewiß auch anfänglich dergleichen Nachweisungen ausfallen konnten, so dienten sie doch zu einer Uebersicht, um darnach das Verhältniß des Schadens, welchen die Forsten erlitten, und bei welchem es hauptsächlich nöthig war, zur Konsumtion wirksame Mittel anzuwenden, und am thätigsten vorzuschreiten, zu bestimmen. Solange nun die Menge des abgestandenen Holzes nicht mit einiger Gewißheit bekannt war, wurde es nothwendig, dem übereilten Hau Einhalt zu thun.

Denn schon im Januar 1792 wurde in Vorschlag gebracht, das abständige Holz je eher je lieber herunter zu hauen; es mußten aber diese Vorschläge dahin eingeschränkt werden, daß nichts weiter als Bohl- und Lattstämme, welche gänzlich verdorben, gehauen werden sollten, weil sich dergleichen schwaches Holz nicht lange auf dem Stamm konserviren kann; jedoch sollte von der Qualität und Quantität desjenigen Holzes, welches nothwendig gehauen werden mußte, berichtet, und es sollten dabei Vorschläge zur besten Verwendung desselben gethan werden. Den Forstbedienten wurde aufgegeben, sich mit den Baubedienten zusammen thun, und dasjenige Bauholz, welches zu den Bauten und zur Reparatur gebraucht werden konnte, aus dem Raupenfraß nach den Sorten, welche darinn vorhanden waren, zu nehmen. Daß das Holz nicht allein in den Königl. Forsten, sondern auch in allen Privatforsten, welche mit den Raupen waren befallen worden, abstand, und daß hierdurch allenthalben ein Ueberfluß von Holz entstanden, ist leicht abzunehmen. Jeder Privatbesitzer suchte so gut als er konnte, sein Holz los zu werden. Hierdurch wurde aber der Absatz aus den Königl. Forsten sehr erschwert, so daß dieser Ueberfluß eine Heruntersetzung der gewöhnlichen Landesholztaxe nothwendig machte. Anfänglich, wo noch keine Data vorhanden waren, woraus die Menge des abgestandenen Holzes einigermaßen und mit Wahrscheinlichkeit entnommen werden konnte, also nicht zu übersehen war, was zu den Landesbedürfnissen verwandt oder verkauft werden konnte, würde diese Heruntersetzung der Taxe zu früh gewesen seyn. Dahingegen Privatbesitzer ihr abgestandenes Holz nach Willkühr verkaufen, mehr Käufer an sich ziehen, und dadurch den Debit aus den Königl. Forsten verringern konnten. Die Verwaltung der Forsten, welche dem Staate gehören, ist von der Verwaltung der Privatforsten durch ihre Besitzer himmelweit unterschieden, und wer beide nach einerlei Maaßstabe messen will, wird außerordentlich irren. Man mußte also hauptsächlich nur dabei stehen bleiben, anfänglich den Hau möglichst einzuschränken. Jedoch wurde befohlen, daß nicht einzeln hin und her ein Stück Holz durch den ganzen Raupenfraß gehauen werden sollte, sondern es sollten im Raupenfraß 6, 7 und mehr Schläge zusammen genommen, durchgeplentert, und dasjenige Holz, welches sich dem Absterben näherte, und zu Bauholz entweder verkauft oder für die Unterthanen herausgenommen werden konnte, daraus gehauen werden.

Die ungefähren Ueberschläge von dem abstehenden Holze in jedem Forst nach Qualität und Quantität liefen unterdessen ein, und hieraus entstand nun die erste Angabe, so wie die oben beigefügte Tabelle unterm Jahr 1791 von den beiden Oberforstmeisterlichen Distrikten mit mehrerem zeiget.

Was nun aber den Chef des Forstdepartements in der jetzigen Lage der Sache noch mehr auf den Grundsatz, mit aller möglichen Vorsicht den Hau zu betreiben, beharrlich machte, war der Wille des Königs Majestät, welcher durch eine Kabinetsordre ausdrücklich befahl, sich nicht mit dem Hau zu übereilen. Dieser aus einem so richtigen als erleuchteten Gesichtspunkt gegebene Befehl war ganz der damaligen Lage und

Beſchaffenheit des Holzes angemeſſen, wie man aus dem, was ich oben davon angeführt habe, genugſam abnehmen kann. Hierauf erging unter dem 15ten Auguſt 1792
ein Befehl an ſämtliche Forſtbedienten, daß ſie monatliche Raporte einreichen, und
darinn nachweiſen ſollten:

1) Was ſich in den abgefreſſenen ſpecialiter zu benennenden Blocken und Schlägen
an den Bäumen für Merkmale zeigen, und in wie ferne ſich die Hoffnung zur Konſervation derſelben unterhält oder vermindert.

2) Wie viel Bäume und was für Gattung im raupenfräßigen Holze in dem abgewichenen Monath gehauen.

3) Was davon in Summa
a) auf Aſſignation weggegeben,
b) in der Forſt zur ganzen Bezahlung verkauft,
c) zur Ablage als Vorrath beſtimmt, in ſpecie was davon bereits abgefahren ſey und
wie ſolche Fuhren verrichtet.

4) Ob und wie die jungen Raupen ſich zeigen, und welche Mittel zu ihrer möglich-
ſten Zerſtörung angewandt ſind.

Durch dieſe vorläufigen Anzeigen ſuchte man ſich einen Anhalt zu verſchaffen
um hiernach vorläufige Entſchließungen zu der möglichſt beſten und geſchwindeſten
Verwendung des Holzes zu treffen. Auf einer andern Seite wurde unumgänglich
nothwendig, noch beſtimmtere Verfügungen zum Hau in den Forſten, in welchen der
Raupenfraß die beträchtlichſten Verwüſtungen angerichtet hatte, ergehen zu laſſen.

Wie nöthig dieſes iſt, darüber habe ich bereits in meinem 2ten Theile der An-
weiſung zur Taxation der Forſten (Seite 570.) etwas im Allgemeinen angeführt; wo-
bey ich noch manches, in ſofern es Bezug auf die ertheilten Verfügungen hat, um-
ſtändlicher hier nachholen werde.

Da der Raupenfraß ſo ſehr um ſich griff und theils Diſtrikte ganz abgefreſſen,
andere aber nur angefreſſen, und mit Raupen befallen waren, auch noch Nachrichten einlieſen, daß ſich der Raupenfraß immer mehr und mehr ausbreitete, ſo verdop-
pelte ſich auch die Sorgfalt des Staatsminiſters Hrn. Grafen v. Arnim, von der
Größe, Lage und Beſchaffenheit dieſer mit Raupen befallenen Diſtrikte in den Forſten
eine genauere Beſtimmung und richtige Ueberſicht zu erhalten; welche denn auch bei
den jetzigen Umſtänden immer nöthiger wurde. Hierbei mußte aber geſchwind und
mit Thätigkeit vorgeſchritten werden. Dieſer Chef des Forſtdepartemens befahl daher,

so viel Ingenieure und Kondukteure als man habhaft werden konnte, in die mit Raupen befallenen Forsten zu schicken. Dieser Befehl wurde bereits im August des 1792sten Jahres befolgt, und die Kondukteure wurden sämmtlich dahin angewiesen, die von den Raupen angefressenen Distrikte vorläufig in die Forstkarten einzutragen. Es wurde den Forstbedienten aufgegeben, bei dieser Vermessung das Holz auf denjenigen Oertern, wo man mit einiger Gewißheit voraussah, daß es abstehen würde, nach Qualität und Quantität zu überschlagen, und der Kondukteur mußte dieses Quantum in ein Register eintragen. Diese ganze Operation aber sollte nur als ein Ueberschlag angesehen werden, da man nicht vorhersehen konnte, wie sehr sich das Uebel in dem folgenden Jahre vergrößern würden; so konnte die Angabe desjenigen Holzes, welches gehauen werden oder stehen bleiben mußte, auch nur als ein ungefähres Quantum angenommen werden.

Die Forstbedienten mußten hiernächst den Kondukteuren diejenigen Oerter anweisen, welche in ihren Forsten von diesem Ungeziefer befallen und befressen waren. Der Vermesser aber sodann einige Schlaglinien in diesen Distrikten durchstechen, oder sich auf andere Art feste Punkte zu verschaffen suchen, wodurch er die Figur der von den Raupen befallenen Distrikte einigermaaßen bestimmen und in die Charte eintragen konnte. Zu Genügung der erwähnten Absicht war es also nicht nöthig, durch skrupulöse Vermessungen vieler Winkel und Linien dieses zu bewirken, sondern es war genug, wenn die Zeichnung und Aufnahme die Zuverlässigkeit eines Situationsplans erhielten. Der Forstbediente mußte ferner dem Vermesser die Oerter im Raupenfraß, wo Holz von verschiedenen Klassen stand, anweisen, damit er sie herausmessen und ihrer Lage und Figur nach in der Charte auftragen konnte. Alle diese Distrikte wurden zuerst von dem Vermesser auf Koupons zum Berechnen getragen, und sodann von diesen Koupons in die reduzirte Forstcharte gezeichnet, so daß daraus entnommen werden konnte, ob die von den Raupen befallenen Distrikte an verschiedenen Orten des Forstes zerstreuet oder zusammenhängend lagen. Der Forstbediente mußte bei diesem Ueberschlag des Holzbestandes auch noch ungefähr die Anzahl und Arten des Bauholzes angeben, und dieses mußte der Kondukteur in ein Register eintragen. Alles dieses war aber in solchen Forsten, welche taxirt, und wovon Holzbestandscharten vorhanden sind, nicht nöthig. Die Bestände konnten auf den von den Raupen befallenen Distrikten aus dem Holzbestandsregister genommen und nach Befinden der Umstände, nachdem sie mehr oder weniger von den Raupen zerstört waren, ein größerer oder kleinerer Theil davon abgezogen und im Register bemerkt werden; wie dieses aus dem beigefügten Register deutlich zu entnehmen ist. Alles Laubholz oder nicht angefressene Distrikte von Nadelholz, welche in den abgefressenen liegen, mußten herausgemessen und von dem Inhalt des Raupenfraßes abgezogen werden, damit der Inhalt, der an = oder abgefressenen Distrikte genau bestimmt werden konnte. Von dem abgerissenen Holze der ersten Klasse wurde dasjenige, was einzeln stand herausgezählt und nach Qualität und Quantität angegeben, wenn aber der Distrikt groß ist und ziemlich geschlossen steht, so ward selbiger nach einem oder mehreren Probemorgen tarirt; und dieses mußte ebenfalls im Stangenholz geschehen, jedoch dürfen hierzu nur kleine Probemorgen ausgehoben worden. In den Anmerkungen wurde bestimmt, ob das Stangenholz aus Baumpfählen, Hopfenstangen u. f. w. zum Theil oder ganz angesprochen worden. Endlich sollten auch bei den Vermessungen die Raupengraben vermessen, und wie das beiliegende Schema auf der Tab. VIII. zeiget, in der Charte bemerkt werden. Da aber auch in den Forsten sich um die Schonungen Graben befinden, so mußten diese Graben durch eine braune Linie von jenen unterschieden werden, damit man hieraus abnehmen konnte, ob durch diese Graben die Raupen von den noch nicht befallenen Revieren abgeschnitten wurden. Sämmtliche angefressene Distrikte mußten mit der einmal festgesetzten Farbe ihrer Klasse angelegt und die Cränzen des befallenen Theils mit grüner Farbe umzogen werden; derjenige Theil aber, welcher ganz kahl abgefressen war, wurde mit einer gelben Gränzlinie eingeschlossen. Aus der beiliegenden Holzbestandstabelle sind die Rubriken zu entnehmen, worauf es bei der Vermessung des Raupenfraßes und der Bestimmung des Holzes eigentlich ankam. Hiermit vergleiche man das was ich oben gesagt habe, wie die Vermesser die vermessenen Distrikte nach ihrem Flächeninhalt eintragen mußten, so glaube ich, wird der Gang der bei diesem Geschäft genommen worden, deutlich hervorgehn. Durch die Rubriken der verschiedenen Holzsorten erhielt man eine einigermaßen richtige Uebersicht, wornach man Maaßregeln zu der schleunigen Verwendung des Holzes ergreifen und Verfügung hierzu ertheilen konnte. Da auch die Rubriken dieser Register mit dem Taxations = und Holzbestandsregister übereinstimmen, so konnte hiernach auch die Holzbestandsregister berichtigt werden. Sobald diese Data vorlagen, so wurde in der Folge bei den ertheilten Verfügungen jederzeit der Grundsatz mit dem Hau des Raupenfraßes, so behutsam als möglich zu verfahren, nicht aus den Augen gesetzt. In dem Benehmen der Forstbedienten fand man aber noch zu viel Ungewißheit; sie waren zweifelhaft, ob sie wohl, ohne verantwortlich zu werden, hauen, oder wo sie das Holz stehen lassen konnten. Hierauf ernannte

Der

INSERT FOLDOUT HERE

der Staatsminister Hr. Graf v. Arnim = Räthe des Forstdepartements, [*] welche sämt=
liche Reviere, die von den Raupen befallen waren, bereisen mußten, um an Ort und
Stelle sich von allem zu informiren, den Zustand des Holzes zu untersuchen, und an
Ort und Stelle sich zu überzeugen, ob und wo gehauen werden mußte; zumal, da
die Berichte, welche hierüber einliefen, sich so oft widersprachen. Die Kommission hatte
den Auftrag, diejenigen Oerter, wo der Raupenfraß am stärksten gewesen, und welche
in den Charten gezeichnet waren, zu besichtigen, und bloß nach Quadraten oder Schlä=
gen zu bestimmen, wo gleich gehauen werden müßte oder ob das Holz noch überste=
hen könnte. In denen Jagen oder Schlägen, von welchen man wahrscheinlich einsah,
daß das Holz fast Fuß vor Fuß abgehauen oder wo nur durchgehauen werden mußte,
ließ sich sodann abnehmen, ob dergleichen Oerter aus der Hand zu besäen, oder ob
man hoffen konnte, daß sich noch so viel Holz konserviren würde, so daß einiger Schutz
und Beihülfe von der Natur zu erwarten war. Wenn nun diese Oerter durch die
Kommission waren bestimmt worden, so sollte der Oberforstmeister und die Forstbe=
dienten das Quantum, welches gehauen werden muß, näher auszumitteln; auch mußte
die Kommission die Vorschläge des Forstbedienten, und wo er zu hauen gedachte,
und Stelle prüfen.

Nach den Resultaten dieser Bereisung wurde mit Rücksicht auf die verschiedene
Lage und Umstände jedes Forstes und des Schadens, welchen der Raupenfraß ver=
ursacht hatte, die nöthigen Verfügungen getroffen.

In jedem Reviere wurden diejenigen Oerter also, wo gehauen werden konnte,
und die Art wie dabei zu verfahren, bestimmt, und hiernach verordnet, daß alles
junge Holz auf den Gestellen, worinn sich Raupen eingesponnen hatten, abgehauen
und verbrannt werden sollte. Alle Holzassignationen sollten von dem Raupenfraß und
nicht von dem Windbruch erfüllt werden, weil das vom Winde geworfene Holz ge=
sund, von dem Raupenfraß aber zu befürchten war, daß das Holz eher unbrauchbar
werden könnte; jedoch sollte das einigermaßen noch gesunde Bauholz welches in dem
Raupenfraß stand und noch nicht die Borke verlohren hatte, woran aber doch gewisse
Zeichen des Absterbens vorhanden waren, gehauen, abgeborkt und auf Unterlagen,
nicht aber ins Wasser gebracht werden. Es sollten die einlaufenden Bauassignationen
von dem noch auf dem Stamme stehenden abgefressenen Raupenfraß zuvörderst er=

---

[*] Den Herrn Geheimen Finanzrath Morgenländer und Geheimen Forstrath Hennert.

füllet werden; alles Bauholz aber, was gehauen wurde, sollte der Forstbediente nach der Anzahl und den Sorten in den monathl. Rapporten aufführen. Die abständigen Stangen in denen Revieren, wo Holz geflößt wird, sollten zum Verband verbraucht werden. Besonders aber wurde den Forstbedienten empfohlen, auf die Verwendung des kleinen Bauholzes zu sehen, übrigens aber kein Stück Holz, was noch grüne Nadeln hatte, zu hauen. Es wurde ferner verordnet, daß alles Holz, welches auf denen Distrikten, die von den Raupen zerstört waren, stand, schlechterdings nicht Fuß vor Fuß weggehauen werden sollte. Dieses war es, was vorläufig in Ansehung des Haues regulirt wurde; ich werde unten diejenigen Verfügungen, welche nach den ausführlichen Berichten der Kommission ferner erlassen wurden, noch umständlicher anführen, wenn ich von den Maaßregeln, welche man zum Anbau der von den Raupen zerstöhrten Distrikte ergriff, handeln werde.

Hiernächst gieng also die Hauptsorge dahin, wie das Holz, welches gehauen werden mußte, auch am vortheilhaftesten und geschwindesten verwandt werden konnte. Bei der gegenwärtigen Lage und den Umständen erforderte dieses nicht geringe Sorgfalt und Thätigkeit; denn es war sowohl eine große Menge Holz vom Windbruch als auch raupenfräßiges Holz in den benachbarten adelichen, Magistrats und Privat-Forsten befindlich. Die Besitzer thaten alles Mögliche, um ihr Holz los zu werden. Da aber in den königlichen Forsten nicht so viel Holz verkauft werden konnte, sondern der Ober-Forstdirektion vorzüglich daran gelegen seyn mußte, so viel Holz zu konserviren als nur immer möglich war, um die Landesbedürfnisse auf eine möglichst lange Zeit dadurch zu erfüllen; so war es bey dieser Operation nothwendig, bei dem Ueberschlag zu Verwendung des abstehenden Holzes die Landesbedürfnisse zum Grunde zu legen. In Forsten, welche nicht taxirt waren, konnte es nach einem Durchschnitt der Abgaben in gewissen Jahren geschehen; worüber das was ich im 2ten Theile meiner Anweisung zur Taxation der Forsten (Seite 449) angeführt habe, nachzusehen ist. Bei taxirten Forsten aber wurde der jährliche nachhaltige Ertrag und der sich darauf gründende Materialetat, wovon ich ebenfalls im obbenannten Buche (Seite 483) umständlich geredet habe, zum Grunde gelegt. Sobald also die jährlichen Landesbedürfnisse bekannt waren, und die Quanta, welche nach der Taxation der Forstbedienten und Vermessungen der Kondukteure gehauen werden mußten, vorlagen, so konnte man daraus abnehmen, in welchen Forsten zu Verwendung des Holzes vorzüglich Veranstaltungen getroffen werden mußten; und hierzu wurden im Allgemeinen folgende Maaßregeln ergriffen.

1) Wurden alle Bauten und Reparaturen, welche auf 2 Jahr an den Amts- und Unterthanengebäuden nöthig waren, veranschlaget und das Holz dazu im Raupenfraß angewiesen.

2) Allen Brennholzdeputanten wurde ihr Brennholzbedarf, wo es irgend möglich war, auf einige Jahre vorausgegeben.

3) Mittel- und stark Bauholz so viel in Konservationsstand gebracht als aus den vorliegenden Datis abzunehmen, daß in 2 bis 3 Jahren gewiß verbraucht werden konnte.

4) Da sich das kleine Bauholz nicht lange konserviren kann, so wurde nachgegeben, daß es nach der Taxe an die, welche Anweisung auf Mittel- und stark Bauholz erhalten hatten, vertauscht werden konnte.

5) Aus einigem Mittel-Bauholz, welches stark auf dem Stamme war, wurden in den Forsten, wo diese Holzsorte in zu großer Anzahl vorhanden war, Sageblöcke geschnitten, weil diese in den Nutzholzmagazinen an den Schneidemüllern und andern Orten mehr Absatz fanden.

6) Aus denen guten rissigen Enden, welche von diesem Bauholz übrig blieben, und von den guten rissigen Enden der Brennholzstämme wurde Tonnenstabholz geschlagen.

7) Der königlichen Brennholzadministration, welche die Residenzen Berlin und Potsdam mit Holz versorgen muß, wurden von dem raupenfräßigen Holze zu ihrer Konsumtion ansehnliche Quanta angewiesen.

8) Wurden Versuche mit Verkohlung des von den Raupen angefressenen Holzes angestellt.

9) Wurden in denen Forsten, wo zu berechnen war, daß das Bauholz nicht konsumirt und zuletzt zu Brennholz würde aufgeschlagen werden müssen, die Taxe heruntergesetzt.

Ehe ich zeige, mit wie viel Nachdruck und Thätigkeit diese Verordnungen zu Verwendung des von den Raupen zerstörten Holzes in Ausübung gebracht wurden, muß ich noch einige Bemerkungen über diese Maaßregeln, und besonders was die Konservation des raupenfräßigen Holzes betrift, voran schicken.

Dasjenige Bauholz, welches nach dem Gutachten der Kommission, wovon ich oben erwähnet habe, noch brauchbar war und auch noch nicht die Borke verlohren hatte, mußte gestämmt, die Borke abgeschält und auf Unterlagen gebracht werden; nur wenig von diesem abständigen Holze wurde ins Wasser gebracht. Man wollte diese Art der Konservation bei dem trocknen Raupenfraß nicht gut finden und blieb mehrentheils bei der erstern. Wenn Holz so tief unter Wasser gebracht wird, daß selbiges übertritt, wie bei allem Holze, welches im Wasser konserviret werden soll, geschehen muß, so würde sich das vertrocknete Holz ebenfalls im Wasser konserviren laffen, wenn es nur nicht schon angefault ist. Wird aber obige Vorsicht verabsäumt, so wird dasjenige Ende, welches außer dem Wasser liegt, bald naß bald trocken; durch dieses abwechselnde Ausdünsten und Anziehen der Feuchtigkeit wird das Holzgewebe zerstöhrt. Liegt aber das Holz unter dem Wasser, so verhindert das Wasser den Zugang der Luft, und die Ausdünstung des Harzes und der öhlichten Theile, welche zu einem guten Kiehn-holze einer der vorzüglichsten Bestandtheile sind, werden dadurch verschlossen. Das Forstdepartement wandte zur Konservation des Holzes auf Unterlagen nicht unbe-trächtliche Kosten, jedoch wurde aber auch hierbei das Taxationsquantum und das was die Forsten jährlich zu Erfüllung der Landesbedürfnisse geben mußten, auch wie viel hierzu bereits verabreicht worden, in Betracht gezogen. Bei Bestimmung der Quantität des zu konservirenden Holzes wurde als Grundsatz angenommen, wenig klein Bauholz in Konservationsstand zu setzen, weil sowohl dieses eher verdirbt, als daß nur ein geringer Debit davon zu erwarten steht. Durch diese Verfügung wurde es nö-thig, die monathlichen Nachweisungen, welche der Oberforstdirektion von dem Bestand und der Verwendung des abgestandenen Holzes vorgelegt werden mußten, noch mit eini-gen Rubriken zu vermehren; woraus zu entnehmen war, wie viel Holz in Konser-vationsstand gesetzt worden. Dieses mußte sowohl nach der Anzahl Stücken als den Sorten angegeben, und dabey nachgewiesen werden, wie viel an Konservationskosten ausgegeben und was davon wieder eingekommen war.

Die Wiedererstattung dieser Kosten fand an manchen Orten mehr Schwierigkeit als man glaubte; daher man befürchten mußte, daß die Forstkasse dabei Schaden leiden würde; obgleich in der Sache selbst keine Ungerechtigkeit obwaltete, die Ko-sten von dem Käufer oder von den Holzberechtigten wieder einzuziehen, und zum Theil kamen sie auch wieder ein. Dieses machte es nöthig, daß die eingekommenen Gelder in die monathlichen Nachweisungen eingetragen und von den zur Konserva-tion verwandten Kosten abgezogen wurden. Die Schwierigkeiten wegen Erstattung der Konservationskosten würden sich, wenn man Holzmagazine hätte anlegen und in selbigen das abgestandene Holz aufbewahren wollen, außerordentlich vermehrt ha-ben. In einigen Forsten wurden dergleichen Magazine zwar veranschlaget, die Ko-sten beliefen sich aber so hoch, daß sie dem Werth des Holzes beinahe gleich ka-men. Das Zusammenfahren des Bauholzes in großen Partien wurde von Manchen als ein gutes Mittel zu Erhaltung des abgestandenen Holzes vorgeschlagen. Da es aber übereinander ohne Bedeckung gelegt werden sollte, also doch im Freien lag, so konnte dadurch nicht viel gewonnen werden, und die Kosten für das Zusammenrücken und Aufstapeln beliefen sich sehr hoch. Man fand sogar, daß das übereinander gelegte Holz, da wo es sich berührte, am ersten anfaulte und sich fast noch schlechter konservirte als das abgeborkte wenn es auf hohe Unterlagen gebracht wurde, besonders wenn es nicht in den Dickten sondern auf den Räumden lag, so daß die Luft einen freien Zugang hatte. Magazine von leichter Bauart, wo die Wände von Klafterholz mit Zwischenräumen aufgesetzt werden sollten, so daß die Luft durchstreichen konnte mit einer leichten Bedeckung von Strauch oder Strohwiepen, wurden zwar in Vorschlag gebracht, aber nicht exekutiret. Zu 2 Schock Bauholz wurde ein Magazin von 200 Fuß lang erfordert. Andere Magazine wurden blos mit einem Dach oder Hütte projektiret; weil aber das Holz nicht hoch übereinander gelegt werden konnte und also viele dergleichen Magazine erforderlich waren, so beliefen sich die Kosten zu Erbauung derselben sehr hoch.

Um ein Beispiel zu geben, wie kostenspielig dergleichen Vorschläge an einigen Orten ausfielen, bemerke ich, daß in einem gewissen Forste zur Aufbewahrung von 2622 Stück Bauholz 36 Hütten veranschlaget wurden. Diese sollten 2600 Rthlr. 19 Gr. kosten; und noch überdem wurden 106 Stück Sageblöcke unentgeldlich dazu erfordert. Sechs andere dergleichen Hütten hatte man mit 545 Rthlr. 12 Gr. Kosten veranschlaget; ungerechnet die Kosten zum Bewaldrechte und Transport, würde der Werth des Holzes gewiß um ⅓ dadurch erhöhet werden seyn. Von Baumeistern wurden Vorschläge gethan, die Schoppen oder Magazine zu Aufbewahrung des Holzes in der Art einzurichten, daß das Holz pyramidalisch oder vielmehr prismatisch in Form eines Daches aufgestapelt würde, so daß die Reihen in der Höhe jederzeit abnähmen. Das Holz sollte mit Zwischenräumen auf Unterlagen gebracht werden, so daß das stärkste und schwere unten, oben aber das geringere gelegt würde. Das aufgestapelte Holz sollte sodann mit einem leichten Dach bedeckt werden; dieses Dach wollte der Erfinder von Kiehnenzweigen flechten, weil er behauptete, daß er dergleichen Dächer selbst auf Landgebäuden gesehen, und daß solche den Regen abgehalten haben, wenn sie nur jährlich etwas nachgebessert werden. Das Holz wollte der Erfinder zu 12 bis 15 Reihen hoch aufstapeln; welches die Kosten sehr vermehrt haben würde; auch hielt das Oberbaudepartement dergleichen Dächer nicht wasserfest, und man mußte befürchten, daß die Nässe durchdringt, welche dann in einem so verschlossenen Orte nicht wieder aus dem Holze trocknen konnte; wodurch es denn noch eher der

Fäulniß ausgesetzt wird, als wenn es aus der Borke gebracht, und auf gute Unterlagen ins Freie gelegt würde. Weil auch letzteres ohne große Kosten und Aufwand
geschehen, und dabei doch das Holz einige Jahre sich konserviren konnte, so wurde dieses für das Beste gehalten, und von dem Raupenfraß 569 Stück extra stark

2254 ordinair stark

5427 mittel

5349 klein

1141 Sageblöcke aus der

Borke auf Unterlagen gebracht; wegen der obenangeführten Ursachen wurden aber
nur 254 extra stark

886 ordinair stark

932 mittel, und

1037 Sageblöcke ins Wasser gebracht, welche mäßige Summe in Ansehung des
ganzen vorräthigen abgestandenen und vom Winde geworfenen Holzes hinlänglich war;
weil das mehreste Holz, welches im Conservationsstande gesetzt, und ins Wasser gebracht wurde, man von dem vom Winde geworfenen Holze nahm, denn dieses wurde
für gesunder als das aus dem Raupenfraß abgestandene Holz gehalten.

Nach der Aufbewahrung des Holzes in Magazinen war auch noch das Verkohlen
ein Mittel, wodurch man die Holzkonsumtion befördern wollte, zumal, da solches durch
eine höchste Kabinetsordre empfohlen wurde. Durch die Versorgung der Residenzen
mit Brennholz konnte man aber das Holz auf eine bessere Art, besonders in den bei
Berlin und Potsdam, und in der Nähe am Wasser liegenden Forsten anbringen. Da
aber doch noch große Quantitäten abgestandenes Holz in einigen Forsten übrig bleiben,
und wahrscheinlich für die Residenzen nicht verbraucht werden konnten, so wurden verschiedene Proben mit dem Kohlenschwelen angestellt, um eine Balanz zu ziehen, ob
Schaden oder Vortheil davon zu hoffen sey. Alle Proben liefen darauf hinaus, daß
gegen den Verkauf des Holzes, als Brennholz, Verlust war. Aus 3 Klaftern Holz
von 4 Fuß Klobenlänge,
oder aus 144 Kubikfuß Holz mit Zwischenräumen wurden 7 Tonnen Kohlen geschwelet.

8 Klaftern Kloben und Knüppel gaben • • • 96 Scheffel

8 — von Bohlstämmen • • • • 96 —

8 — von Knüppeln und Stangen • • 80 Berliner Scheffel.

Bei diesem Kohlenschwelen war also ein ansehnlicher Verlust; indessen sah man
wohl, daß die Köhler nicht ihr Handwerk verstanden, weil nach dem publicirten Hüt-

tenreglement vom 26ten März 1788. 28 Berliner Scheffel Kohlen aus einer Klafter geschwelet werden müssen. Dieses giebt einen Fingerzeig, wie wenig gerathen es ist, den Schmieden und den Kohlenbauern, da sich öfters ganze Dörfer vom Kohlenschwelen ernähren, das Schwelen der Kohlen zu erlauben, weil diese Proben offenbar zeigen, daß die Hälfte des Holzes durch Ungeschicklichkeit verlohren geht. Man suchte also andere Köhler zu bekommen, welche das Kohlenschwelen nach dem Hüttenreglement betrieben. Dadurch gewann man nun viel, denn die Köhler wurden verbindlich gemacht, aus 3, 4füßigen Kläftern oder 4 Heideklaftern 112 Berliner Scheffel Kohlen zu schwelen. Für jedes Fuder erhielt der Köhler einen Thaler, auch wohl nach Beschaffenheit der Umstände nur 20 Gr., und das Schlägerlohn für eine Hüttenklafter wurde mit 6 Gr. bezahlt; hiernach mußte also der Köhler von 432 Kubikfuß Holz mit Zwischenräumen 216 bis 220 Kubikfuß Kohlen schwelen. Die Kohlen sollten sodann unter verdeckte Schoppen gebracht werden. Hierzu wurden Anschläge gemacht, und zwar auf doppelte Art, nehmlich zu Schoppen von 500 Fuder Kohlen 12 Fuß in der Erde und 6 Fuß über der Erde, unten im Boden 287 Fuß, oben 305 Fuß lang, im Boden 12 Fuß breit, oben 30 Fuß, so daß sie 9 Fuß Dossirung erhielten. Sodann sollte das ganze Behältniß mit Stangen belegt und mit Sprockholz bedeckt werden. Die Kosten für ein solches Magazin sollten 232 Rthlr. betragen. Eine andere Art wurde 162 Fuß lang, 40 Fuß breit und 15 Fuß über der Erde hoch erbaut, man wollte es mit einem ähnlichen Dache, wie das vorige, von Latten mit Sprock bedecken. Da dieses aber auch 252 Rthlr. Kosten verursachte, so wurde es nicht beliebt, und ein wohlfeilerer Kohlenschuppen, 48 Fuß lang, 24 Fuß breit, der mit Ausschußbrettern und mit leichtem Sparrwerk, worauf die Bretter mit hölzernen Nägeln zu befestigen bedeckt werden sollte, kam in Vorschlag. Die Kosten dieser Remise beliefen sich nur auf 7 Rthlr. 18 Gr. jedoch außer den 100 Stück schlechten Brettern, welche zur Bedeckung derselben gebraucht wurden. Unter gedachter Remise konnten 180 bis 190 Fuder Kohlen aufbewahret werden. Eine andere Art Bedeckung oder Kohlenmagazin wurde noch protektirt, und zwar, zu 500 Fuder Kohlen. Das Magazin sollte über der Erde 203 Fuß lang, hinten 18 Fuß, vorne 14 Fuß hoch und 54 Fuß tief mit schräge anlaufenden leichten Sparren erbaut, und mit einem Dache von Lattstämmen bedeckt werden; aber auch dieses sollte 172 Rthlr. kosten. Wenn man nun außer den Ausgaben, welche diese Magazine verursachen, eine Berechnung von den Kosten zum Kohlenschwelen anlegen will, so wird folgende Berechnung in der Gegend um Berlin, wo die Kohlen zu Wasser transportirt werden können, einen ungefähren Maaßstab geben.

Schlägerlohn für 3 Hütten Klafter   18 Gr.

dem Köhlermeister   "   "   1 Rthlr. —

Werth des Holzes   "   "   3 —   18 —

Fracht und andere Kosten pr. pr.   4 —   16 —

                       Summa 10 Rthlr.   4 Gr. für das Schwelen und Transport eines Fuder Kohlen a 112 Berliner Scheffel.

Wenn nun die Tonne, welche 3 Berliner Scheffel hält, mit 5 Gr., und wenn die Kohlen gut sind, mit 6 Gr. in Berlin bezahlet wird, so kann nach dem höchsten Preise das Fuder Kohlen nicht höher als 9 Rthlr. 8 Gr., also noch mit 20 Gr. Verlust verkauft werden; welches jedoch aber nach Ort und Umständen sehr abwechselnd seyn kann. Ich bemerke hierbei, daß ein sogenannter Oder- oder Breslauer Kahn 5 bis 800 Tonnen Kohlen laden kann, nachdem er Wasser hat. Eine Tonne ist ein rundes Maaß, 1 F. 8 Z. hoch, oben 2 Rheinl. Fuß, und unten 1 F. 10 Z. im Lichten im Durchmesser hat, und wiegt 1 Berliner Scheffel Kohlen ohngefähr 24 Pfd., also kann ein solcher Kahn mit Kohlen eine Ladung von 36000 bis 57600 Pfd. haben, welches, wenn der Kubikfuß Kiehnenholz 53 Pfd. wiegt, mit einer Ladung von 12 bis 15 Klaftern Holz zu vergleichen ist. Hiernach kann man also nach veränderter Lage und Umständen die Transportkosten überschlagen, wobei denn noch Messerlohn, Schleusengebühren und andere Kosten, welche sich in jeder Gegend ändern, mehr oder weniger in Ansatz gebracht werden müssen. Von der Güte dieser Kohlen werde ich unten zu reden Gelegenheit haben.

Eine Heruntersetzung der Holztaxe konnte nächst diesem ein Mittel seyn, um die überflüßige Menge des von den Raupen zerstöhrten Holzes noch zu bessern Preisen los zu werden, als wenn solches zu Brennholz aufgeschlagen wird; jedoch ist leicht zu ermessen, daß dergleichen Heruntersetzung der Taxe nicht im Allgemeinen Statt finden, sondern daß sie nur relativ nach den Umständen und der Lage, wie auch der Quantität des zerstöhrten Holzes in jedem einzelnen Forst seyn müsse. Als ein feststehendes Prinzipium, dabei wurde aber angenommen, daß die heruntergesetzte Taxe des Bauholzes noch allezeit höher angenommen werden muß, als der Werth desselben beträgt, wenn es zu Klafterholz sollte aufgeschlagen werden.

Diese verschiedene neue Verfügungen und Verordnungen erforderten auch mehr Detail in den monatlichen Immediatrapporten der Forstbedienten. Bereits oben habe ich die Ursache angeführt, warum von Zeit zu Zeit die Rubriken in den Rapporten sich vermehren mußten, und ich füge ein Schema zu einem solchen monatlichen Rapport bei-

INSERT FOLDOUT HERE

bei.

beispielweis bei, welches zeigt, wie die Rubriken in selbigem ausgefüllt, und was darinn nachgewiesen werden mußte.

Sämmtliche Rapporte wurden der Forst-Chartenkammer zugeschickt, und diese formirte nach eben einem solchen Schema monatlich eine Generalnachweisung; in selbiger wurde abgeschlossen, wie viel Holz monatlich in jedem Forst konsumiret war, und wie viel noch Bestand blieb. Diese Generalnachweisung und dieser Abschluß wurde sodann dem Forstdepartement vorgelegt, und diente zur Norm, wenn die Königl. Kammern und Oberforstmeister auf Assignationen zu Bauten und Reparaturen für die Aemter und Unterthanen, auch für die Holzprivilegirte, desgleichen auch auf Holzverkäufe antrugen. Das Forstdepartement konnte hiernach beurtheilen, ob das zu verkaufende Quantum unbeschadet der Landesbedürfnisse aus der in Vorschlag gebrachtem Forste zu bewilligen war; im Fall es nun in dem vorgeschlagenen Forste nicht vorräthig seyn sollte, so konnte die Assignation auf andere Forsten, wo mehr dergleichen Holz vorhanden, hingewiesen werden. Das Ganze war also hiernach richtig zu übersehen, und in Forsten, wo die Konsumtion in Verhältniß des Bestandes noch zu schwach war, konnten die nöthigen Anstalten zu Beförderung desselben getroffen werden.

Siebentes Kapitel.

Maaßregeln, um die durch den Raupenfraß zerstöhrten Distrikte wieder in Holzanbau zu bringen.

Aus der oben (S. 95.) beigefügten Tabelle ist zu ersehen, daß das in den beiden Oberforstmeisterlichen Distriften der Kurmark an = und abgefressene Holz eine Fläche von 81550 Magdeburger Morgen und 154 Quadratruthen betragen hat. Diese Morgen= zahl war aber noch nicht so ganz; abgestanden, daß alles Holz Fuß vor Fuß wegge= hauen, und die Distrifte aus der Hand wieder besäet werden mußten. Es war auch aus bereits öfters angeführtem Grunde nicht füglich und auf einmal zu bestimmen möglich, wie viel aus der Hand besäet werden mußte, weil das Holz nur nach und nach abstand, und vielleicht noch in mehreren Jahren nicht gänzlich aufhören wird; je= doch konnte man jetzt schon ziemlich mit Gewißheit diejenigen Oerter bestimmen, welche aus der Hand besäet werden müssen, oder diejenigen, wo noch einige Beihülfe von natürlichem Anfluge zu erwarten steht. Es wurde daher nothwendig, nunmehro = derglei= chen Oerter speziel herauszumessen, und ihren Flächeninhalt genau berechnen zu lassen, da= mit von solchen Oertern genaue Anschläge zum Holzanbau gemacht werden konnten. Es wurde daher verfügt, diejenigen Oerter, welche von den Raupen befallen waren, und die nur zu einer ungefähren Uebersicht situationsmäßig aufgenommen waren, speziel her= auszumessen, und die Charten, besonders von den Revieren welche vorzüglich von den Raupen gelitten hatten, dergestalt zu zeichnen, daß sowohl der ehemalige Zustand des Forstes, als auch die Beschaffenheit desselben, wenn das Holz herunter gehauen seyn würde, daraus zu entnehmen war, um zu ersehen, welche Oerter in Schonung gelegt, oder aus der Hand im Holzanbau gebracht werden müßten. Bei diesen Vermessungen sollten

1) die Bestände von den an = und abgefressenen Distriften nach ihren Klassen heraus= gemessen, und instruktionsmäßig angelegt werden.

2) In diesen Klassen mußten, wie schon befohlen, durch eine gelbe Einfassung diejenigen Distrikte, welche dergestalt zerstöret waren, daß das prädominirende Holzquantum todt und abgestanden war, gezeichnet werden; wo aber das grüne Holz prädomi-
niret, muß der Distrikt mit einem grünen Kontur eingefaßt werden.

3) In die Charte sollten, wie gewöhnlich, die Klassen eingeschrieben, und wie viel im
Durchschnitt pro Morgen noch gehauen werden muß, im Register aufgeführt werden.
Wobei es nöthig zu seyn schien, den Theil, welcher von einem Distrikte grün oder
abgestanden ist, durch ½ oder ¼ auf der Charte zu bemerken. Im Register muß aber
jeder dieser Theile nach seinem Holzbestand in Klaftern nachgewiesen, und Kloben-
und Knüppelklafter unterschieden werden.

4) Damit auch in Ansehung der Regulirung der künftigen Kultur gehörige Maaßregeln getroffen werden können, so mußte der Vermesser auf dem Plan vom Raupenfraß deutlich und anschaulich vor Augen legen, welcher Theil des Reviers so ausgeholzt worden, oder noch so ausgeholzt werden muß, daß daraus Blößen entstehen,
welche aus der Hand zu besäen nöthig sind. Auch müssen diejenigen Oerter im Raupenfraß besonders vermessen und aufgeführt werden, wo noch von dem stehenden Holze
einige Beihülfe durch Anflug zu erwarten ist. Erstere Distrikte, welche aus der Hand
besäet werden sollen, werden wie Blößen ganz weiß in der Charte gelassen, letztere
aber, wo noch Besamung von der Natur zu erwarten ist, müssen mit Punkten wie
Räumde bemerkt werden. In den Registern aber sollte die Qualität und Quantität
des auf diesen Räumden stehenden Holzes nebst dem Flächeninhalt derselben aufgeführt und berechnet werden.

5) muß sich der Vermesser mit den Forstbedienten zusammenthun, und bei der Taxation des noch stehenden Raupenfraßes vorzüglich auf das Bauholz Rücksicht nehmen,
besonders wenn es noch grün, aber doch von solcher Beschaffenheit ist, daß es sich
nicht mehr lange auf dem Stamm erhalten kann; alsdann muß solches gehauen, geschält, und auf Unterlagen gebracht, das Quantum aber bei dem Schluß des Registers besonders nachgewiesen werden.

Um alles dieses deutlich zu zeigen, wie es in Ausübung gebracht worden ist, so
habe ich auf der Tab. VIII. eine Charte von einem Theil eines durch die Raupen zerstörten Reviers, und ein damit übereinstimmendes Register zu einem Beispiel, wie selbiges ausgearbeitet werden mußte, in der anliegenden Tabelle beigefügt. Die Buchsta-

116

ben im Register haben Bezug auf die in dem Plan mit eben diesen Buchstaben bezeichneten Figuren. Auf der Tektur ist das Revier vorgestellt, in was für einem Zustande es bei der speziellen Vermessung des Raupenfraßes gewesen, und wie die Holzbestände darin: nach den Rubriken des Registers sind gefunden worden; der untere Plan aber zeigt nach Maaßgabe obiger Instruktion, welche Theile des Reviers so ausgehauen werden müssen, daß sie in Holzanbau zu bringen nöthig ist; so wie man solches in den Anmerkungen gedachten Registers aufgeführt findet. Es sind darinn alle die Theile durch die auf dem Plan selbst erklärten Farben und Signaturen so unterschieden, daß diejenigen, welche aus der Hand besäet werden müssen, und die, wo noch Beihülfe von der Natur zu erwarten, deutlich zu entnehmen sind.

Ich bemerke nur noch, daß die Anzahl der Klaftern, welche bei der ersten Taxation in dem Register S. 104. aufgeführt ist, in Vergleichung mit dem Resultat der neuen und speziellen Taxation dieses Registers, aus der Ursache nicht stimmen, weil in dem Zeitraume zwischen beiden Taxationen von 1792 bis 1795 mehr als 4000 Klaftern gehauen worden, und bei näherer Untersuchung sich ergab, daß viel Holz, welches bei der ersten Taxation zur zweiten Klasse gerechnet war, nur zur 3ten Klasse gezählt werden konnte, wodurch sich der Bestand verringert hat. Wenn man dieses von der Nachweisung S. 104. abrechnet, so ist der Unterschied zwischen beiden Taxationen eben nicht groß. Bei dem Unterschied, den man zwischen beiden Registern in der ersten Klasse bemerkt, muß man erwägen, daß einige hundert Morgen seit der Taxation und der speziellen Vermessung des Raupenfraßes 1795, in Blößen und Räumde verwandelt sind.

Man übersieht schon mit einem Blicke, daß dieses Revier, wenn der Raupenfraß abgeholzt seyn wird, sehr wenig Holz 1ter und 2ter Klasse behält, aber noch viel von der 3ten und 4ten Klasse oder Holz von 15 bis 40, und von 1 bis 15 Jahren. Die letzte Klasse hat nichts verlohren, hingegen die erste und zweite Klasse ist von den Raupen so zerstöhrt, daß keine Beihülfe von der Natur zu hoffen ist, so daß sie aus der Hand besäet werden müssen. Diese Charten und Vermessungen geben nun einen sichern Grund an die Hand, wie der Anbau der Blößen nach richtigen Forstgrundsätzen geführt und eingeleitet werden müße, worüber ich mich näher herauslassen, und den Plan Tab. VIII. des zerstöhrten Reviers zum Grunde legen will.

Ich gründe diese Berechnung auf die folgende allgemeine Nachweisung, welche aus den oben beigefügten Spezial-Holzbestandsregistern des Raupenfraßes gezogen ist.

Nachweisung von dem Zustande des Reviers Tab. VIII. vor und nach dem Raupenfraß.	Klassen								Räumden und Blößen.		Größe des Blocks.	
	1te		2te		3te		4te					
	Mg.	QR.	Mg.	QR.	Mg.	QR.	Mg.	QR.	Mg.	QR.	Mg.	QR.
Der Block I enthält nach dem Holzbestandsregister vor dem Raupenfraß	1312	170	1022	81	1389	97	441	146	28	107	4205	61
Davon werden durch den Raupenfraß in Räumden und Blößen verwandelt - - - -	765	54	402	179	43	135	—	—	1212	8	—	—
Hierzu die vor der speziellen Vermessung bereits von 1792 bis 95 durch d. Raupenfraß entstandene Räumden und Blößen - -	202	4	112	75	55	37	—	—	369	116	—	—
Summa	967	58	515	71	98	172	—	—	1581	124	—	—
Sind also gegenwärtig	345	112	517	7	1290	105	441	146	1610	51	4205	51
Überhaupt befinden sich an Räumden und Blößen - - -	—	—	—	—	—	—	—	—	1610	51		
Bleibt also Bestand	—	—	—	—	—	—	—	—	—	—	2595	10

Hiernach sind in diesem Reviere 1610 Morgen 51 Quadratruthen so zerstöhret, daß sie in Holzanbau gebracht werden müssen.

Will man untersuchen, wie diese Räumden und Blößen angebauet werden müssen, damit im 2ten Turno die Klassen in ein gehöriges Verhältniß zu einer regulairen Abholzung gebracht werden können, und hier der Fall eintritt, daß die Güte des Bodens in diesem Reviere durchgängig gleich ist, also künftig einmal wahrscheinlich sich die Holzbestände wie die Morgenzahlen der Klassen verhalten werden; so muß sich bei einem künftigen regulären Bestande der Flächeninhalt der Klassen, wie die Jahre der Holzungsperioden verhalten.

Die 1te Klasse muß also 2102½ Morgen
— 2te — — — 901 —
— 3te — — — 751 —
— 4te — — 450½ — enthalten.

Summa 4205 Morgen.

Hieraus ergiebt sich mit Bezug auf obige Nachweisung, daß nach dem gegenwärtigen Zustande des Reviers die 1te Klasse 1756 Morgen 158 Quadratruthen, und
— 2te — 383 — 170 —
mehr Terrain haben muß, die 3te — aber nach ihrem gegenwärtigen Bestande 539 Morgen 105 Quadratruthen zu viel Holzboden hat, womit sie also bei dem gegenwärtigen Turnus die 2te Klasse verstärken kann, so daß selbige dadurch 901 Morgen groß wird, und diese 3te Klasse den noch um 155 Morgen zu viel Terrain behält. Der Schaden, welchen die Raupen in diesem Reviere verursacht haben, ist also in Rücksicht auf dasjenige, was der Forst bei einem regulairen Abtriebe geben kann, wenn die 2te Klasse zum Hau kömmt, nicht zu merken.

Die von dem Raupenfraß entstandenen Blößen und Räumden müssen aber zur Verstärkung der 1ten Klasse im 2ten Turno angebaut werden, dergestalt, daß wenn die 1te Klasse im erwähnten Turno zum Hau kömmt, auf diesen Blößen haubares Holz zu finden seyn muß.

Wenn es nun auch möglich wäre, ohne alle andere Jnkonvenienzien, die bei einem großen und schleunigen Holzanbau eintreten, diese 1610 Morgen 51 Quadratruthen in einem Jahre mit Holz anzubauen; so würde, da der Turnus zu 140 Jahren in diesem Revier angenommen ist, das angebaute Holz schon im 70sten Jahr in die 1te Klasse treten. Zu dieser Zeit würde man aber noch in der 2ten Klasse holzen, das Holz aber, welches auf den 1610 Morgen, die zur Verstärkung der 1ten Klasse nothwendig sind, stehen wird, ehe diese Klasse zum zweitenmal der Hau trift, wird über 200 Jahr alt werden, worunter denn gewiß vieles abstehen muß.

Wenn man den Turnum 140 Jahr angenommen hat, so könnte es hinlänglich seyn, wenn zur Verstärkung der 1ten Klasse der 70ste Theil von diesen Blößen eingeschont und besäet würde, vorausgesetzt, daß die Nachkommen, so wie wir, mit dem Anbau

jährlich fortfahren. Da aber in einer Zeit, welche sich über ein halbes Jahrhundert erstreckt, so manche Vorfälle in der Staatswirtschaft sich ereignen können, welche nicht wohl vorher zu bestimmen sind, die manche Prinzipien der Forstwirthschaft ändern, wie auch manche gute Veranstaltung hindern, auch Unglücksfälle selbst in den Forsten eintreten können; so würde es für den Staat sehr ersprießlich seyn, wenn die Nachkommen auch vor der Zeit haubares Holz finden. Es ist daher den jetzt Lebenden wohl zu verzeihen, wenn ihnen die Beförderung des Holzanbaues am Herzen lieget, sollte auch gleich bei guter Forstwirthschaft dadurch einmal zu altes Holz entstehen.

Indessen ist in den Forsten, welche so wie die Königl. Preußischen oft mit Hütung belastet sind, noch ein anderer Grundsatz zu beobachten, wornach der Holzanbau reguliret werden muß. Die einmal auf den Forsten radizirten Hütungen, womit das Wohl der Unterthanen verbunden ist, machen es nothwendig, den Hau und Anbau so einzuleiten, daß dabei sowohl Forst- als Hütungsinteressenten bestehen können. Es muß daher beim Anbau dieser Blößen Folgendes in Betracht gezogen werden:

Ohne mich in eine Untersuchung einzulassen, in wieferne der 6te Theil eines Hütungsreviers in Schonung zu legen und in Holzanbau zu bringen, forstwirthschaftlichen Grundsätzen angemessen ist, will ich diesen Theil eines Reviers, da er einmal angenommen ist, hier zum Grunde legen, um durch ein Beispiel zu erklären, wie man mit Rücksicht auf die Hütung die durch die Raupen zerstöhrten Reviere wieder in Holzanbau bringen kann, ohne der Waldweide zu nahe zu treten und doch den Holzanbau zu befördern.

Zum Beispiel nehme ich das von den Raupen zerstörte Revier auf der Tab. VIII. an. Es enthält

4205 Morg. 61 Quadratruthen reinen Holzboden

6 = 700⅚ Morgen können von diesen Revieren in Schonung gelegt werden, wobei ich eine 15jährige Schonungszeit voraussetze.

Gegenwärtig liegen in Schonung

Schlag 41 — 44 — 118 Morgen 61 Quadratruthen werden aufgegeben in 3 Jahren
• 82 — 85 — 213 • 3 • können aufgegeben werden in 12 Jahren

liegen in Schonung 331 Morg. 64 Quadratruthen — 700 = 368 Morg. 86 Quadratruthen, welche noch eingeschonet werden können, ehe der 6te Theil des Reviers überschritten wird.

Da man aber ebenfalls auch denjenigen Theil der ersten Klasse von 490 Morg.

welcher nach dem Raupenfraß übrig geblieben ist, und in 70 Jahren gehauen werden muß, in Abzug zu bringen hat, so wird zu dem Schonungstheil das was in der ersten Klasse jährlich gehauen wird, nämlich 490 Morgen

$$\frac{490}{70} = 7 \text{ Morgen}$$

jährlich mit in Rechnung gebracht werden müssen, welches bei 15jähriger Schonung 105 Morgen beträgt. Diese werden von dem Schonungstheil oder 700 Morgen abgezogen, bleiben 595 Morgen, welche in diesem Revier ohne Nachtheil der Hütung eingeschonet werden können; nun aber liegen 331 Morgen — 595 Morg. in Schonung; es können also noch 264 Morgen sobald als möglich in Holzanbau gebracht werden.

Wenn man nun bei dieser Berechnung zum Grunde leget, daß nicht mehr als 595 Morgen jederzeit in Schonung liegen und in Holzanbau gebracht werden dürfen, welche mit den 264 Morgen, die gleich in Schonung gelegt werden können, nach einer Schonung von 3, 12 und 15 Jahren aufgegeben werden, so ist die Zeit des Anbaues und die Größe des in Holz anzubauenden Distriktes, ohne daß mehr als ⅓ des Reviers eingeschonet wird, folgender Gestalt zu bestimmen:

Größe des in Holzanbau zu bringenden Distriktes:	Davon kann eingeschonet werden:	Bleibt noch anzubauen:
sogleich von 1610 Morgen.	264 Morgen.	1346 Morgen.
Nach 3 Jahr von 1346 —	118 —	1228 —
— 9 — — 1228 —	213 —	1015 —
— 3 — — 1015 —	264 —	751 —
— 3 — — 751 —	118 —	633 —
— 9 — — 633 —	213 —	420 —
— 3 — — 420 —	264 —	156 —
— 3 — — 156 —	118 —	38 —
	1572	
	38	

Summa, in 33 Jahren werden angebauet 1610 Morgen ohne Nachtheil der Hütungsinteressenten.

Wenn man nun $\frac{1610}{33} = 48$ Morgen 141 Quadratruthen jährlich in 33 Jahren anbaut, so werden zwar nach 12 Jahren 185 Morgen, aber ⅓ in Schonung liegen,

gen, worüber aber sich der Hütungsintereſſent nicht zu beschweren hat, weil 8 Jahre lang weniger, als der gesetzmäßige Theil beträgt, iſt eingeschonet worden.

Ich führe dies nur zu einem Beiſpiel an, um den Gang der Berechnung zu zeigen, welche bei dieſer auſſerordentlichen Menge Blößen, ſo durch den Raupenfraß entſtanden, genommen werden müſte, damit die Hütung nicht leidet; man wird aber von ſelbſt einſehen, daß hierinn bei jeder Forſt nothwendige Abänderungen vorfallen. Ich bemerke nur noch, daß, wenn dieſer Plan (Tab. VIII.), den ich bei der Berechnung zum Grunde genommen habe, als ein Block von dem von Berlin 4 Meilen liegenden Oranienburger Revier erkannt werden ſollte, daß die hier angelegte Berechnung ſich ſehr bei dem Anbau der zerſtörten Diſtrikte des ganzen Reviers abändern müſſe.

Eben ſo wie der Schonungstheil und die Berechnung, wieviel von den Blößen in Holzanbau gebracht werden kann, ſich in jedem Forſt ändert, ſo hat es auch mit dem Hau des von den Raupen zerſtörten Holzes, der ſo genau mit dem Anbau verbunden iſt, dieſelbe Bewandniß. Das Detail muß jedem Forſtbedienten und ſeinen lokalen Kenntniſſen überlaſſen bleiben; zu Beiden konnten alſo auch nur Generalvorſchriften ertheilt werden, welche ſich hauptſächlich auf den Reſultaten der Berichte von obenerwähnter Kommiſſion gründeten. Hiernach wurde feſtgeſetzt:

1) Daß der Hau an keinem Ort auch in dem jüngſten Holze nicht Fuß vor Fuß, wenn das Holz auch wirklich abſteht, betrieben werden ſollte. Es ſollte ſchlechterdings Holz ſtehn bleiben, weil auch der Schutz von entnadeltem Holze bei einer Beſamung mehr Nutzen bringt, als der Verluſt von einigen Klaftern Nachtheil verurſachen kann. Wenn ſich ſodann junge Pflanzen zeigen, ſo kann das Holz, welches noch brauchbar iſt, nach 2 oder 3 Jahren gehauen, und bei Schlittenbahn herausgeſchafft werden.

2) In denen Forſten, wo der Hau des raupenfräßigen Holzes Blößen und Räumden verurſacht, ſo daß ſelbige aus der Hand beſäet werden müſſen, muß die Größe der Blößen beſtimmt, und dabei bemerkt werden, wieviel Samen der Forſtbediente zur Beſamung aufbringen kann.

3) Wurde in Erinnerung gebracht, was bereits durch eine gedruckte Verordnung vom 24. Februar 1791 befohlen, daß die Forſtbedienten bei Zeiten die Quantität Samen

Ω

anzeigen follten, welche fie über das Quantum zur Ausführung der bewilligten Verbesserungen in ihren unterhabenden Forsten gesammelt hatten.

4) Einsammeln des Birkensamens wurde den Forstbedienten besonders empfohlen, und fie wurden angewiesen, wo es nur irgend der Boden gestattete, Birkensamen zwischen den Kiehnen auszusäen, weil die Nachkommen, bei der ausserordentlichen Schwäche der 1ten Klasse, wenigstens in 30 Jahren Brennholz davon erwarten können, welches fie von den Kiehnen unmöglich zu hoffen haben, und, wie bekannt, die Kiehne durch die Birke in ihrem Wachsthum nicht gehindert wird, auch, wie vielfältige Erfahrungen zeigen, wird die Birke nicht von der Kiehne unterdrückt, sondern fie geht mit selbiger gut in die Höhe.

5) Müssen Versuche in den von den Raupen zerstörten Distrikten zur Besamung angestellt, und hiernach sowohl zur Kultur als auch zur Besamung Vorschläge gethan und untersucht werden, ob der Boden mit Harken oder Eggen nur etwas wund gemacht werden darf, oder ob es nöthig ist, zu pflügen oder zu hacken, und ob die Besamung mit Kiehnäpfeln oder mit reinem Kiehnsamen, nach Befinden der Umstände, am zweckmäßigsten auszuführen ist.

6) Wenn auch noch Besamungen in dem bevorstehenden Frühjahr geschehen könnten, so sollten davon zuförderst Nachanschläge eingereicht werden, und es wurden sogleich zur Anschaffung von 4000 Pfund reinen Kiehnsamen und 800 Wispel Kiehnäpfel Verfügungen getroffen. Um auch die Hütungsinteressenten so wenig als möglich durch diese neue extraordinäre Besamung in ihren Hütungsrevieren zu beschränken, wurde eine lokale Besichtigung von allen Schonungen verfüget, und befohlen: daß diejenigen, welche in der Schonungstabelle auch noch nicht zum Aufgeben angesetzt sind, nochmals genau untersucht werden sollten, ob selbige nicht eher ohne Nachtheil aufgegeben werden könnten.

7) Auch sollte, nach Befinden der Umstände, den Hütungsinteressenten die ganz von den Raupen angefressene Schonung, wovon das junge Holz absteht, zur Hütung bis zur Besamung aufgegeben werden.

Nach diesen Verfügungen wurde also der Anbau der von den Raupen zerstörten Distrikte im Allgemeinen verordnet. Durch die anzustellenden Proben, welche mit der Kulturart gemacht werden sollten, konnte an manchen Orten vieles erspart werden.

So hatte der Herr Forstmeister Brauers, in dem Reiersdorffschen Forst, auf einen betrachtlichen Theil in Gerste, auf ... Boden rund zu ma-chen, aussäen laßen, wovon sehr viele Pflanzen aufschlugen, Boden rund zu ma-Orten, wo der Boden gepflügt und reiner Samen ausgesäet wurde, wenig oder nichts aufgegangen war. Unterdeßen ist alljährlich mit der Besamung der Blößen und Räumden fortgeschritten, und es sind bereits von 46602 Morgen durch den Rau-penfraß in Blößen verwandelten Forstgrund 4364 Morgen oder $\frac{1}{10}$ in Holzanbau gebracht. Wenn man also auf diese Art, ohne der Hütung zu nahe zu treten, mit dem Holzanbau fortfahren könnte, so würden alle diese Blößen in 10 — 11 Jahren wieder in Holzanbau gebracht seyn.

Achtes Kapitel.

Von dem Verhalten eines Forstbedienten, wenn sich in einem Nadelholzrevier Raupen zeigen.

Wenn man dasjenige, was ich vorher in verschiedenen Kapiteln gesagt habe, mit Aufmerksamkeit erwägen will, so ist kein Zweifel, daß jeder Forstbediente sowohl als jeder Forstbesitzer, welcher bei diesem Unglück interessirt, sich Regeln zu seinem Verhalten in ähnlichen Fällen daraus wird abstrahiren können.

Um dieses aber besonders Forstbedienten zu erleichtern, so will ich alles hier kurz zusammen fassen, was zu diesem Zwecke führen kann.

Aus der oben angeführten Naturgeschichte der Nadelholzraupen und den dabei-gefügten Zeichnungen, lernt ein Forstbedienter die Raupen und Schmetterlinge kennen, welche dem Nadelholze schädlich seyn können. Sieht er also dergleichen in seinem Distrikte, so kann er die Oeconomie der Raupe aus ihrer Naturgeschichte abnehmen, und daraus ersehen, wann und wo die Raupe sich verpuppt, wann der Schmetterling entschlüpft, und andere Umstände mehr, welche ihn sowohl zur Ergreifung zweckmäßiger Maasregeln die Hand bieten, als ihn auch in Stand setzen, diesen Insekten in ihrem Raupen- und Puppenzustande Abbruch zu thun.

Es ist bereits oben bemerkt, daß diese Insekten sich in den Forsten jederzeit, wiewohl einzeln und in so geringer Anzahl aufhalten können, daß man selbige nicht gewahr wird; und wie sollten sie auch sichtbar werden, da sich diejenigen, welche sich außerhalb der Erde verpuppen, einzeln und in geringer Quantität auf dem hohen Holze nicht zu sehen sind, wenn nicht zufälligerweise ein solches Stück Holz im Sommer gefället wird. Diejenigen, welche sich in der Erde verpuppen, können, wenn sie sich auf dem hohen Holze in geringer Anzahl befinden, noch weniger bemerkt werden, da ihr Fraß nicht in die Augen fallend ist.

Wenn also ein Forstbedienter Raupen oder Schmetterlinge von einigen obenbeschriebenen Arten in seinem Reviere bemerkt, so ist es seine Pflicht, im Sommer, wenn die Raupen ausgekrochen sind, alle mögliche Aufmerksamkeit auf den Distrikt, wo er viel Schmetterlinge hat fliegen sehn, zu wenden. Merkt er an Kiehnen, daß hin und wieder die Nadeln dünner werden, oder sieht er auf der Erde neben den Stämmen viel kleine grüne Körner, welche öfters wie die Losung des Wildpretts zusammenhängen, und Exkremente der Raupen sind, so muß der Forstbediente, mit Beobachtung der jeden Orts und Landes eingeführten Verordnungen, ein solches einzelnes Stück Holz herunter hauen lassen, und untersuchen, ob viele, und was für Art Raupen darauf vorhanden sind. Es versteht sich, daß sodann jeder Forstbediente dieses der höhern Behörde anzeigen, er selbst aber, nach jeder Beschaffenheit der Raupenart, zu ihrer Vertilgung die vorbeschriebenen Mittel in Ausübung bringen muß. Es würde gut seyn, dasjenige starke und alte Holz, auf welchem die Raupen bereits bemerklich gefressen, in den bevorstehenden Wadel auf Assignation anzuweisen, und dafür anderes gesundes in den Hauquadraten überzuhalten; denn obgleich dergleichen Stämme nicht völlig entnadelt sind, so ist desungeachtet der Verlust der von den Raupen abgefressenen Nadeln eine Stöhrung in der gesunden Vegetation, und kann in dem Holze bereits Stoff zu einer Krankheit vorhanden seyn. Wenn also die Forstbedienten Assignation auf dergleichen Holzsorten bekommen, so ist es rathsam, das angefressene Holz eher als anderes gesundes aus solchen Distrikten, wo keine Raupen gewesen sind, zu verabreichen. Sollten in einem oder dem andern Forste die kleinen Fichtenspinner, welche ich im 2ten Kapitel unter No. 5. beschrieben habe, sich einfinden, und daß ihre Nester zu sehen sind, so ist es der Sache angemessen, dergleichen Bäume im Winter zu fällen, und die Nester zu zerstöhren.

In allen Fällen aber ist es gut, in den Distrikten, wo der Forstbediente Raupen oder doch eine beträchtliche Anzahl Schmetterlinge von den beschriebenen beobachtet hat, dieselben, solange kein Schnee oder harter Frost eintritt, mit Schweinen zu betreiben, und die Unterthanen in diesen Distrikten Moos und Kiehnnadeln harken zu lassen. Denn die mehrsten von den obenbeschriebenen Raupen liegen entweder als Raupe oder als Puppe im Moos oder in der Erde; es kann also durch Schweine in beiderlei Zustande denselben Abbruch gethan werden.

Finden sich in einem Forste die großen Kiehnraupen, welche gegenwärtig so viel Schaden in den Kurmärkischen Forsten verursacht haben, und die ich im 2ten Kapitel No. 1. beschrieben habe, so muß man auf die Zeit, wenn sie sich einspinnen, wohl Acht geben; wenn sie nicht sehr häufig sind, so daß das hohe Holz noch nicht kahl gefressen ist, so pflegen sich sich auch wohl auf selbigem einzuspinnen; dann ist es rathsam, wo man sie in beträchtlicher Anzahl gewahr wird, das Holz abhauen, und die Kokons und Raupen zerstöhren zu laſſen.

Fliegen von dieſer Art viele Schmetterlinge in dem Revier umher, ſo muß die Zeit, ſie von den Stämmen abzuſuchen, nicht verſäumt werden. Durch dieſe Vorſicht kann man öfters im Anfange viel ausrichten.

Dergleichen Auf= und Vorſicht muß ſich nicht allein auf den unterhabenden Forſt eines Forſtbedienten, ſondern auch auf den, womit er gränzt, erſtrecken. Er muß von Zeit zu Zeit beobachten, ob Raupen oder Schmetterlinge von den oben beſchriebenen Arten darin vorhanden ſind, und in dieſer Abſicht beim Durchreiten durch dergleichen Hölzer darauf Acht haben; welches auch bei Feldhölzern und ſogenannten Ackerkiehnen nöthig iſt, weil die Erfahrung gelehrt hat, daß dieſe oft mit einer Menge Raupen befallen worden ſind, welche, wenn ſie zum Einſpinnen gekommen, und die Schmetterlinge ausgeflogen ſind, ſich in die nächſten Kiehnreviere gezogen und ihre Eyer hier abgelegt haben.

Nimmt der Raupenfraß ſo überhand, daß ſolcher auf beträchtlichen Flächen ſichtbar wird, ſo muß ſolches der vorgeſetzten Behörde gemeldet werden, damit ſelbige zur Einſchränkung des Uebels die nöthige Vorkehrung treffen könne. Die Berichte über die in den Revieren vorhandenen Raupen können nach dem, was ich in dieſer Abhandlung davon geſagt habe, deutlich und beſtimmt abgefaßt werden.

Da auch die Forſtbedienten hierdurch näher mit den beſten Mitteln zu Verminderung der Raupen bekannt geworden ſind, ſo hat es keine Schwierigkeit, ſolche nach Umſtänden und Gelegenheit jedes Orts ſogleich anzuwenden; wie dann beſonders auf Ziehung der Graben Bedacht zu nehmen iſt. Die Befehle können öfters vom Hofe nicht ſo geſchwinde erfolgen als ſelbige nöthig ſind, um einen günſtigen Zeitpunkt nicht aus den Händen zu laſſen; denn wenn die Mittel auch mit mäßigen Koſten verbunden ſeyn ſollten, und nur zweckmäßig ſind, ſo werden ſie gewiß jederzeit Beifall finden. Haben die Raupen das hohe Holz kahl gefreſſen, und wollen nach einem andern Diſtrikte wandern, ſo iſt es dann Zeit, ihnen mit Graben den Weg abzuſchneiden. Es wird unter ſolchen Umſtänden oft nothwendig, am Rande der Schonungen einen Strich junges Holz wegzuhauen, jedoch muß dieſes mit aller der Vorſicht geſchehen, welche ich im 4ten Kapitel beſchrieben habe.

Alle Arten Raupen, welche ſich auf den Kiehnbäumen befinden, können bei einem großen Sturm oder ſtarken Platzregen zu Boden geworfen werden. Einen ſolchen Zeitpunkt muß der Forſtbediente ohne Anfrage benutzen, und entweder, wie in gedachtem Kapitel erwähnt iſt, mit den Schaafhuden die Reviere übertreiben, oder durch ſo viel

Leute, als man aufbringen kann, die Raupen tödten laffen. Dergleichen fchleunige Vor-
fehrungen können viel Nuhen ftiften, und werden gewiß von der höhern Behörde
mit Beifall aufgenommen werden.

Ift der Raupenfraß aber fo groß, daß das abgefreffene und abftehende Holz nicht
in einem Jahr konfumiret werden kann, fo ift es gut, dasjenige Holz, welches noch
zum Bauen gebraucht werden kann, wenn man überdem unbezweifelte Zeichen des Ab-
ftehens daran wahrnimmt, zu ftämmen, aus der Borke zu bringen, und auf Unterlagen legen zu laffen. Um hierunter gewiß zu feyn, fo muß der Forftbediente auf die
Merkmale, wodurch er fich verfichern kann, daß das Holz fich nicht wieder erhohlen wird, aufmerkfam feyn.

Ich habe im 5ten Kapitel von der Befchaffenheit diefes Holzes und von den ver-
fchiedenen Merkmalen fchon manches beigebracht. Die Hauptkennzeichen find, wenn der
Baum im Frühjahr kümmerlich treibt, pufchelförmige Triebe macht, auch wohl noch
einige kümmerliche Nadeln an den äußerften jungen Trieben hervorbringt. Schalmet
man einen folchen Baum an, fo ift der Saft nicht fo wie bei gefunden Kiehnbäumen
fleberich und harzig, fondern faft ganz wäfferig. Oefters findet man den Spint eher angelaufen als die Borke abfällt, und die Fafern des Spintes laffen fich leicht trennen.
Wenn diefe Merkmale vorhanden find, fo giebt der Baum wenig Hoffnung zu feiner
Erhaltung, wenn er auch noch grüne Nadeln haben follte. Ift es Bauholz, und das
Holz kann nicht auf dem Stamm angewiefen werden, fo muß man es, wie oben erwähnt, auf Unterlagen konferviren. Das Holz, welches auf diefe Art konfervirt werden foll, muß man auf raume Oerter bringen, fo daß die Luft dazu einen freien Zugang hat. Der Forftbediente muß auch öfters diefes Holz revidiren, weil es mittelft
feiner Schwere mit der Zeit die Unterlagen eindrückt, manche Unterlagen auch geftoh-
len werden, fo daß das Holz auf die Erde zu liegen kömmt, da fodann dafür ge-
forgt werden muß, daß neue Unterlagen untergebracht werden.

Der Hau des raupenfräßigen Holzes muß fucceffive gefchehen, denn es ift allemal
gut, das Holz fo lange als möglich auf dem Stamme ftehen zu laffen, zumal das
Brennholz, denn wenn es auch die Borke verliehrt, fo ift es doch auf dem Stamme
vor Defraudationen ficherer, als wenn es lange in Klaftern in dem Forft fteht.

Die durch den Raupenfraß zerftöhrten Diftrikte müffen alfo verfchiedenemale durch-
geholzet werden. Alles Holz, fo gehauen werden foll, muß von dem Forftbedienten mit
dem Hammer bis zum Lattftamm angefchlagen werden; ift er mit dem Hau durch, fo
fängt er wieder von vorne an.

Steht das Holz in dem Raupenfraß häufig ab und in beträchtlicher Anzahl, so muß die Zeit in Acht genommen werden, wann Holzhauer genug zu haben sind, wozu der Winter am vorzüglichsten ist, denn wenn das Wasser offen ist, so gehen viele Holzhauer fort, und beschäftigen sich mit der Schiffarth, eben so geschieht dieses in der Erndte-zeit, und so geht zuweilen ½ Jahr hin, ehe man den Hau wieder von neuem anfangen kann. Ohne besondere Anweisung muß kein gesundes Holz, solange noch die erforderlichen Sortimenter im raupenfräßigen Holze befindlich sind, gehauen werden.

Das junge abgestandene schwache Stangenholz muß zuerst gehauen, und so bald und so gut als möglich angebracht werden, denn wenn es umfällt, so ist es ganz un-brauchbar, und wird kaum von dem Heideeinmiether zu Raff- und Leseholz angenommen, das stärkere aber konfervirt sich länger auf dem Stamme. Bei dem Durchhauen muß der Forstbediente einen Ueberschlag machen, wieviel er bei jedem Durchhauen fällen lassen kann, hiernach bestimmt er die Anzahl Holzhauer, und stellet sie nach Beschaffenheit der Figur des zerstöhrten Diftrikts an; wenn der Diftrikt sehr lang ist, so geschieht dieses öfters in 2 Abtheilungen. Wird das Holz bald abgefahren, so ist es bei Klaf-terholz einerlei, ob es in Viertel- oder halben Klaftern aufgesetzt wird.

Muß es aber eine Zeitlang in dem Forst stehen, so ist dieses nicht rathsam, und es muß wenigstens in ganzen Klaftern aufgesetzt werden, welches bei schwachem Holz seine Beschwerlichkeit hat, weil es öfters zusammengekarrt werden muß, besonders, wenn die Diftrikte nicht Fuß vor Fuß abgehölzet werden, wie denn auch das Holz, welches in größeren Partien aufgesetzt wird, nicht so leicht verschleppt, bestohlen, und auch nicht so viel faul davon werden kann.

Wenn das geschlagene Quantum Brennholz so groß ist, daß es in einem Jahre nicht konfumiret werden kann, so ist es desto nothwendiger, das Brennholz in möglichst großen Stößen in ganze oder halbe Haufen nach jeden Orts Lage und Beschaffenheit, auch auf gute Unterlagen setzen zu lassen, wie denn auch bei dem Aufsetzen in solchen Fallen mehr auf das Schwindemaaß gerechnet werden muß. In solchen Fällen müssen die Klaftern, 6½ auch wohl 7 Fuß hoch gesetzt werden. Zu Führung des Haues können keine allgemeine Regeln festgesetzt werden, weil sich der Hau sowohl nach der Menge des abstehenden Holzes als nach jeden Orts Beschaffenheit abändert. Schnelles Absterben des Holzes, schleunige Erfüllung der Holzaffignationen, auch die Jahrszeit und andere Um-ftände mehr, bestimmen die Menge der anzusetzenden Holzschläger, oder wie man zu sagen pflegt, der Sägen. Zu jeder Säge werden 2 Mann gerechnet, diese müssen wenigstens 2 Klaftern Kiehnholz von 108 Kubikfuß in einem Tage schneiden und aufschlagen kön-nen.

nen. Das Schlägerlohn läßt sich durch das Quantum, welches sie täglich hauen können, bestimmen, wobei aber auch auf Zeit und Umstände Rücksicht genommen werden muß. Hiernach kann also ein Forstbediente seinen Ueberschlag machen, wie viel er Holzschläger annehmen m. ß. Liegt demselben der Transport des Brennholzes ob, so kömmt es auf die Entfernung des Orts und auf die Jahrszeit, Kornpreise und Beschaffenheit der Wege bei den Kosten an. Wenn das Holz in Forsten, welche nahe am Wasser liegen, in beträchtlichen Quantitäten auf die Ablagen am Wasser gerückt wird, so ist es sehr nothwendig, dabei einen Wächter zu halten, denn dergleichen Holz ist der Defraudation der Vorbeifahrenden mehr als das, was in der Heide steht, ausgesetzt. Dergleichen kann auch Feuer bei dem zusammenstehenden Holze eine große Verwüstung anrichten, und würde es rathsam seyn, das Holz, wenn es lange stehen muß, in großen Partien mit 20 bis 30 Schritt Zwischenräume aufzusetzen, wodurch selbiges bei entstehendem Feuer eher gerettet werden kann. Nach den oben angeführten Versuchen kann man den Transport des Holzes noch genauer berechnen, da der Kubikfuß raupenkräftiges Kiehnholz, welches die Borke verlohren hat, 52 Berliner Pfd. wieget. Wenn nun die Klafter Holz 72 Kubikfuß an vollem Holze ohne Zwischenräume enthält, so muß eine solche Klafter 78 Kubikfuß in Anschlag gebracht werden, weil ⅛ vom Inhalt durch die Borke verlohren geht, es wird also eine Klafter Brennholz 36 bis 37 Centn. wiegen. Sind die Klaftern aber in der Heyde 7 Fuß hoch gesetzt, so müssen noch 6 Centn. dazu gerechnet werden, wodurch denn die Schwere sich auf 42 bis 43 Centn. erhöhet. Wenn nun angenommen wird, daß 7 Centn. auf ein Frachtfuhrmannspferd zum Ziehen gerechnet werden, so sind 5 Pferde zum Transport einer Klafter nöthig, wie denn auch mit 4 Bauerpferden nicht mehr als ½ Klafter Holz angerückt werden kann.

Damit nun jeder Forstbediente von Monath zu Monath von dem Zustande der auf dem Nadelholz angewiesenen Raupen eine kurze Uebersicht erhalte, so füge ich einen Kalender bei, worin der Zustand der Nadelholzraupen, Puppen und Schmetterlinge nach der oben beschriebenen Naturgeschichte in jedem Monath aufgezeichnet sind; dieses wird jeden Forstmann in Stand setzen, daß, wenn er diese Insekten nach den Beschreibungen und Abbildungen hat kennen lernen, um mit desto mehrerer Gewißheit, und zur rechten Zeit die vorgeschriebenen Mittel zur Verminderung der Kiehnraupen anzuwenden.

R

Raupen-Kalender.

Von den vorzüglich schädlichen und bekannten Nadelholzraupen, und wodurch denselben Abbruch zu thun ist.

Namen der Raupe.	Januar.			Februar.		
	Raupe.	Puppe.	Schmetterling	Raupe.	Puppe.	Schmetterling
Nro. 1. Der Fichtenfresser, Phalena Bombyx pini.	Liegt zusammengekrümt im Moos unter den Bäumen, bei offenem Wetter muß man Schweine eintreiben und Moos harken.			Noch wie im Januar; am Ende d. Monats ist bei offenem Wetter mit dem Moosharken zu eilen.		
Nro. 2. Forstphalene Jöhreneule, Phalena Noctua Piniperda.		Liegt im Moos unter den Bäumen ihr kann auch bei offenem Wetter mit Moos-Harken und Schweine-Eintreiben Abbruch gethan werden.			Wie im vorigen Monath	
Nro. 3. Die Nonne. Phalena Bombyx Monacha.	Ist klein, in den Baumritzen auch im Moos, und zuweilen auch noch im Ey. Auf obige Art ist ihr im 1sten Falle Abbruch zu thun.			Wie im vorigen Monath u. bei Nro. 1.		

Namen der Raupe	Januar			Februar		
	Raupe.	Puppe.	Schmetterling	Raupe.	Puppe.	Schmetterling
Nro. 4. Der Vier= purkt, Phalena No- ctua Quadra.	Befindet sich in Baumrit= zen unter dem Moos. Ihr ist nur Schweine= eintreiben u. Moosschar= fen Abbruch zu thun.			Wie im vori= gen Monat u. bei No. 1.		
Nro. 5. Der kleine Fichtenspinner, Pha- lena Bombyx Pitio- campa.	In den Ne= stern oben auf den Fich= ten; die stark besponnenen Bäume muß man ab= hauen und die Nester verderben.			Sind noch in den Nestern.		
Nro. 6. Der Fich= tenschwärmer, Sphinx Pinastri.		Verpuppt in der Erde, also obiger Ver= minderungs= mittel an= wendbar.			Wie im vori= gen Monath	
Nro. 7. Der Föhren spanner, Phalena Geometra Piniaria.		Verpuppt in der Erde, al= so obige Mit= tel anzuwen= den.			Wie im vori gen Monath	
Nro. 8. Der Band= ling, Fichtenmesser, Phalena Geometra Fasciaria.	Im Winter klein, in Baumritzen und Moos. Tilgungs= mittel wie oben.			Wie im vori= gen Monath		
Nro. 9. Spannrau= pe, die weibliche Pha- lene mit Stumpfflü= geln.		Im Moos.			Im Moos.	

Namen der Raupe.	Januar.			Februar.		
	Raupe.	Puppe.	Schmetterling	Raupe.	Puppe.	Schmetterling
Nro. 10. Fichten-blattwespe, Tendredo Pini.	Liegt in einem harten Gespinnst oder Kokon den Winter in der Erde.			Wie im vorigen Monath		
Nro. 11. Dunkelgrüne Larve der Fichten-blattwespe.	Im Ey an den Bäumen.			Wie im vorigen Monath		
Nro. 12. Kiehnspros-wickler, Phalena Tinia Resinella.	Hat jetzt ihren Aufenthalt in den Harzbeulen der Kiehne, Mittel, sie zu tilgen, sind nicht anwendbar.			Wie im vorigen Monath		
Nro. 13. Die 16füßige braune Raupe, Phalena Tinea Dode-cella.	In Kiehnäpfeln.			Wie im vorigen Monath		
Nro. 14. Der Tann-zapfenspanner.	In Kiehnäpfeln, bei dem Brechen der Kiehnäpfel ist dahin zu sehen, ob sie mit Harz belaufen oder Löcher haben			Wie im vorigen Monath		

Namen der Raupe.	März.			April.		
	Raupe.	Puppe.	Schmetterling	Raupe.	Puppe.	Schmetterling
Nro. 1. Der Fichtenfresser, große Kiehnraupe.	Fängt sich bei warmen Tagen an zu bewegen und kruchet auf die Bäume, daher man mit Anfang des Monats, wenn kein Frost ist, mit Schweineeintreiben und Moosschippen fleißig fortfahren muß.	-		Sind an den Bäumen u. fressen in dem jungen Holze muß man sie abschütteln, und wenn sie vom Wind und Platzregen auf die Erde fallen, muß man sie tödten.		Entschlüpfen bereits viel Phalenen, welchen aber schwer beizukommen ist. Der Forstbediente muß Acht geben auf die Distrikte, wo sie am meisten fliegen. Der Schmetterling entschlüpft, weil er im Herbst nicht ausgekommen ist.
Nro. 2. Die Fortphalene, oder Ferleule.		Wie im vorigen Monat.				
Nro. 3. Die Nonne.	Wenn sie im Herbst ausgekommen, fängt sie bei warmem Wetter an zu friechen.			Die noch ziemlich kleine Raupe begiebt sich aus ihrem Winterlager oder entschlüpft dem Ey.		
Nro. 4. Der Vierpunkt.	Bei warmen Wetter begiebt sie sich aus ihrem Winterlager a. d. Bäume.			Die vor dem Winter ausgekommen, finden sich auf den Bäumen.		
Nro. 5. Der kleine Fichtenspinner.	Geht bereits nach dem Fraß aus, kehret aber wieder ins Nest zurück, die Tilgungsmittel also wie vorher.				Ende des Monats friecht die Raupe in die Erde, um sich zu verpuppen, aber gemeiniglich tief, daß die Schweine sie selten ausbrechen können.	

Namen der Raupe.	März			April		
	Raupe	Puppe.	Schmetterling	Raupe.	Puppe.	Schmetterling
Nro. 6. Der Fichten-schwärmer.		Die Puppe ist noch in der Erde, und al- so kann durch Schweine- Eintreiben Abbruch ge- than werden.			Noch in der Erde als Puppe.	
Nro. 7. Der Föhren-spanner.		Die Puppe liegt noch in der Erde, al- so obige Mit- tel anwend- bar.				Ende des Monats kommt der Schmetter- ling zum Vorschein.
Nro. 8. Der Fichten-messer.	In warmen Tagen ma- chen sich die Raupen auf die Bäume.			Die Raupe zieht sich die- sen Monat aus dem Moos auf die Bäume.		
Nro. 9. Die Spann- raupe, der weibliche Schmetterling mit Stumpfflügeln.		Im Moos.				Entschlüpft.
Nro. 10. Fichtenblatt- wespe.	Im gewöhn- lichen Zu- stande.				Gemeinig- lich noch Puppe.	
Nro. 11. Die Fichten- blattwespe, dunkel- grüne Larve einer Fich- tenblattwespe.	Wie im vori- gen Monat.			Bei ungün- stiger Herbst- witterung entschläpft sie erst aus dem Ey.		
Nro. 12. Der Kiehn- sproswickler.		Wird nun- mehr zur Puppe.			Noch Puppe.	
Nro. 13. Die 16fü- ßige braune Kiehnäp- felraupe.	Wie im vori- gen Monat.				Noch Puppe in den Harz- beulen.	
Nro. 14. Der Tanu- zapfenspanner.	Wie im vori- gen Monat.				Als Puppe in den Kiehn- äpfeln.	

Namen der Puppe.	May.			Juny.		
	Raupe.	Puppe.	Schmetterling	Raupe.	Puppe.	Schmetterling
Nro. 1. Der Fichtenfresser.	Wie im vorigen Monath, am Ende dieses Monaths haben sie mehrentheils ihre völlige Größe erreicht, man muß Acht geben, wenn sie einen Distrikt abgefressen und nach dem andern wandern wollen, und alsdann Graben vorziehen.			Frißt noch stark auf den Bäumen, am Ende dieses Monaths geht die Spinnzeit en, daher denn mit Grabenziehen, wenn sie von dem hohen Holze herunter kommt, auch Sträucherfahren, vorgeschritten werden muß.	Am Ende dieses Monaths fängt die Raupe an sich einzuspinnen, daher mit Absuchen und Verderben der Kokons der Anfang gemacht wird.	
Nro. 2. Föhreneule.			Entschlüpfen sie völlig, u. haben mehrentheils in diesem Monath ihre Eyer an die Nadeln geklebt, wobei keine Tilgungsmittel anzuwenden.	Die jungen Raupen fressen und ihr Fraß wird bemerklich.		
Nro 3. Die Nonne.	Werden größer, und ist ihnen nur Abbruch zu thun, wenn sie durch Regen, Sturm oder Abschüttelung auf die Erde fallen.			Noch viele fressen, andere spinnen sich schon ein.	Ende des Monaths sieht man die Puppen an den Zweigen hängen, man muß sie zu verderben suchen.	

Namen der Raupe.	May.			Juny.		
	Raupe.	Puppe.	Schmetterling	Raupe.	Puppe.	Schmetterling
Nro. 4. Der Vierpunkt.	Frißt fort u. häutet sich.			Wie im vorigen Monath, starker Regen wirft sie auf die Erde.		
Nro. 5. Der kleine Fichtenspinner.		Fährt fort sich zu verpuppen in diesem Monath.			Liegen gemeiniglich noch bis Ende dieses Monaths als Puppe in der Erde.	
Nro. 6. Der Fichtenschwärmer.			Am Ende dieses Monaths entschlüpft der Sphynx. Fliegen noch Schmetterlinge aus.			Noch im Anfange dieses Monaths entschlüpfen viele.
Nro. 7. der Föhrenspanner.	Ende des Monaths junge Raupen.			Die Raupe wächst fort und frißt.		
Nro. 8. Der Fichtenmesser.	Raupen fressen u. wachsen.			Die Raupen sind auf den Bäumen u. fressen.		
Nro. 9. Eine Spannraupe.	Junge Raupen.			Fressen auf den Bäumen.		
Nro. 10. Fichtenblattwespe.			Pflegt die Blattwespe zum Vorschein zu kommen.	Raupen sind noch klein.		Entschlüpfen noch öfters Blattwespen.
Nro. 11. Die dunkelgrüne schwarzköpfigte Blattwespe.	Auf den Bäumen.			Raupen sind auf den Bäumen.		
Nro. 12. Kiehnsprossenwickler.			Verwandelt sich Ende dieses Monaths zur Motte.			Die Motten legen die Eyer an die zarten Maytriebe.

Na-

Namen der Raupe.	M a y.			J u n y.		
	Raupe.	Puppe.	Schmetterling	Raupe.	Puppe.	Schmetterling
Nro. 13. Die 16füßige braune Raupe in den Kiehnäpfeln.			Verwandelt sich diesen Monath zur Motte.			Die Motten entschlüpfen aus der Puppe.
Nro. 14. Der Tannzapfenspanner,			Entschlüpft die Motte.	Raupen in den jungen Kiehnäpfeln.		

Namen der Raupe.	Julius.			August.		
	Raupe.	Puppe.	Schmetterling	Raupe.	Puppe.	Schmetterling
Nro. 1. Der Fichtenfresser.		Spinnt sich die Raupe bis Mitte des Monaths ein, man muß aber sehr mit dem Ablesen der Kokons eilen.	Ende des Monaths todten schon Schmetterlinge zum Vorschein, also ist das Ablesen derselben von den Stämmen nicht zu versäumen.	Zu Ende dieses Monaths bereits junge Raupen, welche aber schwer zu bemerken sind.		Fliegen noch bis die Hälfte des Monats viel Schmetterlinge gegen Abend und sitzen bei Tage stille.
Nro. 2. Die Forleule.	Raupe frißt und häutet sich zum letztenmal.			Erlanget in diesem Monath ihre völlige Größe.	Verpuppt sich am Ende des Monaths in der Erde, also kann man mit Schweine eintreiben den Anfang machen.	
Nro. 3. Die Nonne.		Fängt nunmehr an, sich auf den Bäumen zu verpuppen.				
Nro. 4. Der Vierpunkt.	Frißt noch und ist auf den Bäumen.					Spinnt sich in ein Kokon auf den Bäumen ein.
Nro. 5. Der kleine Fichtenspinner.			Entschlüpft der Schmetterling aus der Puppe.	Die jungen Raupen kommen zum Vorschein.		

Namen der Raupe.	Julius.			August.		
	Raupe.	Puppe.	Schmetterling	Raupe.	Puppe.	Schmetterling
Nro. 6. Der Fichten= schwärmer.	Erlangt in diesem und folgendem Monath ih= re völlige Größe.			Hat nun= mehr ihre völlige Grö= ße.		
Nro. 7. Der Fören= spanner.	Frißt noch und ist auf den Bäu= men.			Hat in die= sem Monath ihre völlige Größe er= reicht.		
Nro. 8. Der Fichten= messer.		Spinnt sich auf der Ober= fläche der Er= de in Moos und Blätter ein.				Entschlüpft der Schmet= terling aus der Puppe.
Nro. 9. Die Kiehn= spannraupe.	Lebt als Raupe auf den Nadel= hölzern.			Wie im vori= gen Mo= nath.		
Nro. 10. Die Fich= tenblattwespe.	Die Raupe erreicht ihre völlige Grö= ße.				Am Ende des Monaths kriecht die Raupe in die Erde und spinnt sich in ein Kokon ein, worinn sie den Win= ter bleibt.	
Nro. 11. Die dunkel= grüne schwarzfleckigte Blattwespenraupe.		Verpuppt sich in der Oberfläche des Bodens.			Ist noch Puppe.	
Nro. 12. Der Kieh= nensproßwickler.	In den Harz= beulen der Kiehnen.			Zu den Harzbeulen der Kiehnen.		

S 2

Namen der Raupe.	Julius.			August.		
	Raupe.	Puppe.	Schmetterling	Raupe.	Puppe.	Schmetterling
Nro. 13. Die 16fü ßige braune Kiehnäp= felraupe.	Lebt in den jung. Kiehn= äpfeln.			Wie im vo= rigen Mo= nath.		
Nro. 14. Der Tann= zapfenſpanner.	In Tann= zapfen.			Im Tannza= pfen.		

Namen der Raupe.	September.			Oktober.		
	Raupe.	Puppe.	Schmetterling	Raupe.	Puppe.	Schmetterling
Nro. 1. Der Fichtenfresser.	Der Fraß der jungen Raupen ist noch nicht zu spüren.			Ende dieses Monaths kriecht die Raupe ins Moos in ihr Winterlager; Mittel zur Tilgung derselben wie im Januar.		
Nro. 2. Die Forlphalene.		Haben sich nunmehr sämmtlich in der Erde verpuppt.			Als Puppe in der Erde.	
Nro. 3. Die Nonne.	Bei guten Herbsttagen entschlüpft die Raupe dem Ey.			Wenn die jungen Raupen bei gutem Herbst entschlüpfen in Moos und Baumritzen, sonst noch als Eyer an den Nadeln.		
Nro. 4. Der Vierpunkt.	In diesem Monath, wenn der Herbst gut ist, entschlüpft die Raupe.		Anfang dieses Monaths, wenn der Herbst schön ist, entschlüpft der Schmetterling, sonst aber erst im Frühjahr.	Im Moos in ihrem Winterlager		
Nro. 5. Kleiner Fichtenspinner.	Fängt nachgrade an, Nester auf den Bäumen zu spinnen.			Auf den Bäumen in ihrem Gespinst.		

Namen der Raupe.	September			Oktober		
	Raupe.	Puppe.	Schmetterling	Raupe.	Puppe.	Schmetterling
Nro.6. Der Fichtenschwärmer.		Geht nunmehr in die Erde und verpuppt sich daselbst.			Als Puppe in der Erde.	
Nro. 7. Der Förenspanner.		Am Ende des Monaths pfleget sie sich in der Erde zu verpuppen.			Puppe im Moos.	
Nro. 8. Der Fichtenmesser.	Die Raupen, welche aus dem Ey gekommen, sind noch sehr klein.			Kleine Raupen verkriechen sich in Baumritzen und Moos.		
Nro. 9. Die Kiehnspannraupe.		Verpuppt sich am Ende dieses Monaths.			Puppe im Moos.	
Nro. 10. Die Fichtenblattwespe.	Im Kokon unter der Erde noch Raupe.				Raupen im Gespinnst in der Erde.	
Nro. 11. Die dunkelgrüne schwarzköpfigte Blattwespenraupe.			Blattwespe entschlüpft.	Bei ungünstiger Witterung im Ey.		
Nro. 12. Der Kiehnensproßwickler.	Wie im vorigen Monath.			In den Harzbeulen der Kiehne.		
Nro. 13. Die röthlichgebraune Kiehnäpfelraupe.	Wie im vorigen Monath.			In Kiehnäpfeln.		
Nro. 14. Tannzapfenspanner.	In den Tannzapfen.			In Tannzapfen.		

Namen der Raupe.	November.			December.		
	Raupe.	Puppe,	Schmetterling	Raupe.	Puppe.	Schmetterling
Nro. 1. Der Fichten-freſſer.	Im Moos in Winterla-ger, bei offe-nem Wetter ſind Schwei-ne einzutrei-ben und Moos zu ſchippen.			Wie im vori-gen Monath.		
Nro. 2. Föreneule.	In der Erde.			In der Erde.		
Nro. 3. Die Nonne.	Wie im vo-rigen Mo-nath.			Im Moos.		
Nro. 4. Der Vier-punkt.	Im Moos.			Im Moos.		
Nro. 5. Der kleine Fichtenſpinner.	InGeſpinnſt auf den Bäu-men.			Auf den Bäumen in ihrem Ge-ſpinnſt.		
Nro. 6. Der Fichten-ſchwärmer.		Die Puppe im Moos.				In der Erde.
Nro. 7. Der Föh-renſpanner.		Desgleichen.				Im Moos.
Nro. 8. Der Fich-tenmeſſer.	Verkriechen ſich im Moos.			Im Winter-lager im Moos.		
Nro. 9. Die Kieh-nenſpannraupe.		Im Moos.				Im Moos und in der Erde.
Nro. 10. Die Fichten-blattweſpe.		Im Kokon in der Erde.				Im Kokon in der Erde.
Nro. 11. Dunkel-grüne ſchwarzköpfige Kiehnenblattweſpen-raupe.	Wie im vori-gen Monath					Wie im vori-gen Monath.

Namen der Raupe.	November.			December.		
	Raupe.	Puppe.	Schmetterling	Raupe.	Puppe.	Schmetterling
Nro. 12. Der Kiehnenfproßwickler.	In den Harzbeulen.					Sollen sich, wie man glaubt, jetzt in den Harzbeulen verpuppen.
Nro. 13. Die 16füßige braune Kiehnäpfelraupe.	In Kiehnäpfeln.			In den Kiehnäpfeln.		
Nro. 14. Tannzapfenfpanner.	In Tannzapfen.			In Tannzapfen.		

Neuntes Kapitel.

Berechnung des Schadens, welcher durch den Raupenfraß in den Kiehnenrevieren der Mark Brandenburg entstanden ist.

Wenn man das, was besonders im 6ten Kapitel ist angeführt worden, erwägt, so wird
man daraus entnehmen können, daß durch die daselbst angeführten zweckmäßigen Maasregeln zu Verwendung des von den Raupen zerstörten Holzes, der Schaden sich sehr muß
vermindert haben. In diesem Kapitel werde ich den dabei entstandenen Verlust näher
beleuchten, und prüfen, worinn er eigentlich bestanden, auch welche Holzklassen dabei am
mehrsten gelitten haben. Hierbei entsteht zuerst die Frage, in wiefern das durch den
Raupenfraß abgestandene Holz an seinem Werth verlohren hat, und in wiefern hierdurch
und durch die überflüßige Menge des abgestandenen Holzes, die Heruntersetzung der Taxe
nothwendig wurde. Ich habe nicht allein über die Schwere dieses Holzes einige Versuche
angestellt, sondern ich werde auch andere anführen, welche unbezweifelt, darthun können, ob und in wiefern sich der Werth dieses Holzes in Ansehung seiner innern Güte
verringert hat.

Ich habe Proben mit 4 Stämmen gemacht, welche auf einerlei Boden standen, und
wovon 2 noch grün und gesund, 2 aber von den Raupen so abgefressen waren, daß sie
die Borke verlohren hatten. Beide Stämme wurden von gleicher Stärke ausgesucht und
daraus 2 cylindrische Stücke von gleicher Höhe und Dicke geschnitten. Der 1te Cylinder war von einem ganz gesunden Stücke klein Bauholz, und wurde vom Stammende
ein Stück genommen, welches oben und unten, ohne merklichen Unterschied, 12 Zoll im
Durchmesser, 18 Zoll Höhe und 74 Jahrringe hatte; nach Berlin. Gewichte wog
es 78 Pfund.

Von dem von den Raupen ganz abgefressenen, trockenen und borkenlosem Holze, wog
ein Cylinder von demselben Durchmesser und Höhe, welcher 73 Jahrringe hatte, 58 Pfd.

T

Der Kubikfuß von ersterm gefunden alfo   = = =   66 Pfund 9 Loth.

Von dem trockenen raupenfräßigen der Kubikfuß   = =   49 — 9 —

                          Ein Unterſchied von 17 Pfund.

Aus dieſen beiden Cylindern wurden 2 Kubi von 6 Zoll geſchnitten; der von dem gefunden Holze weg   = = = = 8 Pfund 10 Loth. =   = = = =

Von dem trockenen raupenfräßigen aber 6 — 1 — =   = = = =

Dies giebt von dem Kubikfuß geſundes Holz =   = = 66 — 10 —

Von dem trockenen raupenfräßigen der Kubikfuß   = = 48 — 8 —

                          Alfo ein Unterſchied von 18 Pfund 2 Loth.

Ebenfalls wurden aus 2 Laſtſtämmen = Cylinder von gleicher Höhe und Stärke geſchnitten, einer von gefundem, der andere von trockenem Holze, welches durch den Raupenfraß die Borke verlohren hatte; von dem gefunden Stücke wurde die Borke ebenfalls losgemacht. Beide hatten 6 Zoll im Durchmeſſer und waren 13 Zoll hoch, der gefunde Stamm hatte 49 Jahrringe, und der Cylinder davon wog 12⅓ Pfund, der durch den Raupenfraß abſtändige Bohlſtamm hatte 46 Jahrringe und wog 11⅓ Pfund, alfo hiernach 1 Kubikfuß gefundes Kiehnholz   = = = 59 Pfund 30 Loth.

Der Kubikfuß abgeſtandenes   = = = = 55 — 9 —

                          Ein Unterſchied von 4 Pfund 22 Loth.

Aus dieſen beiden letztern Cylindern ließ ich einen Kubus von 3 Zoll ſchneiden; von dem gefunden Holze wog er 30 Loth, von dem durch den Raupenfraß abgeſtande-nen aber 28 Loth, hiernach alfo der Kubikfuß gefundes Holz = 60 Pfund 3 Loth.

Abgeſtandenes   = = = = = = 59 — 4 —

                          Ein Unterſchied von 28 Loth.

Wenn man nun von dieſem Verſuche einen Durchſchnitt macht, ſo kann man einen Kubikfuß friſch Kiehnholz 63⅓ Pfund, und das von dem Raupenfraß abgeſtan-dene 53 Pfund ſchwer rechnen, daß alfo der Kubikfuß trockenes, durch den Raupenfraß abgeſtandenes Holz, 10⅓ Pfund weniger wieget.

Das von dem Raupenfraß trocken gewordene Holz hatte alfo bei weitem noch nicht die flüſſigen Theile verlohren, welche ſich bei dem Austrocknen des gefunden Hol-zes auflöſen. Der Herr Forſtmeiſter Hartig *) rechnet die Schwere eines Kubikfußes

---

*) Siehe deſſen phyſikaliſche Verſuche.

frischen Kiehnholzes 60 Pfund 24 Loth, und wenn es trocken ist, 36 Pfund 10 Loth, so daß das Verhältniß der Schwere des nassen Kiehnholzes gegen das trockene fast sich verhält wie 5 zu 3. Es ist also der Kubikfuß trockenes Holz vom Raupenfraß wirklich noch 16 Pfund schwerer, als gesundes Kiehnholz, wenn es ausgetrocknet ist, und muß daher noch mehr bei dem längern Trocknen von seiner Schwere verliehren; es wird dadurch also der Schwere des trockenen gesunden Kiehnholzes näher kommen. Angenommen, daß an dem Gewichte von dem raupenfräßigen Holze etwas verlohren geht, so wird es reichlich durch die mehrere Holzmasse ersetzt, weil man eine Klafter gesundes Kiehnholz mit der Borke auf 72 Kubikfuß volles Holz rechnen kann, das raupenfräßige Holz verliehrt aber durch die Borke am Kubikinhalt ½ und befinden sich also in einer Klafter solches Holz 84 Kubikfuß volles Holz. Man hat auch bemerkt, daß das raupenfräßige Holz ungleich schwerer und härter zu hauen ist, als frisches, gesundes Holz; wie jedem Forstbedienten, welcher dergleichen Holz hat aufschlagen lassen, bekannt seyn wird.

Das Anlaufen des Holzes kann ebenfalls seinen Werth nicht verringern, weil es kein Zeichen des Verderbens ist, denn jedes Kiehnholz, wenn es auch noch so gesund ist, sobald es aus der Borke gebracht wird und der Witterung ausgesetzt bleibt, läuft an, das ist, der Splint wird blau. Die Fäulniß, wie bekannt, verändert die Farben, und diese Veränderung ist ein Merkmal der Fäulniß bei organisirten Körpern; doch aber kann ich verschiedene Beispiele anführen und Forstbedienten zu Zeugen aufrufen, daß, wenn dergleichen angelaufenes Holz in Klaftern aufgeschlagen wurde und eine Zeitlang in freier Luft stand, die Luft das Blaue auszog und das Holz als gesundes aussah. Es ist also kein Grund vorhanden, warum das von dem Raupenfraß abgestandene Kiehnbrennholz von seinem Werthe verliehren sollte. Das was ich hier anführe, muß aber nicht von solchem raupenfräßigen Holze verstanden werden, welches, ehe es die Borke verlohren hat, schon krank und schadhaft gewesen ist, und wodurch der schlechte Zustand desselben zwar vermehrt worden, aber doch unter allen Umständen schlecht geblieben seyn würde. Ueberdem verliehrt auch das trockene raupenfräßige Holz, wenn von selbigem Kohlen geschwelet werden, nichts gegen die Kohlen, welche aus gesundem und frischem Holze sind geschwelet worden.

Nach den angestellten Proben des jetzigen Herrn Oberforstmeisters Luft in dem Kunersdorfer Forst bei Potsdam, haben 8 Klaftern trocknes gesundes Holz vom Windbruch eben so viel Kohlen gegeben, als 8 Klaftern von dem von den Raupen zerstörten Holze. Was die Güte der Kohlen anbetrifft, so wurde mit Attesten, sowohl von den Schmieden der Kö-

nigl. Gewehrfabrike, als von den in der Stadt Potsdam wohnenden Schmiedemei-
stern, bezeugt, daß sie die Kohlen eben so gut gefunden hätten, als die von gesundem
Holze. Die Schmiede der Stadt Ruppin haben, nach den Berichten des Herrn Forstmeisters Brauns, bescheinigt, daß sie die von dem durch den Raupenfraß vertrockne-
tem Holze geschwelten Kohlen eben so gut gefunden haben, als die von gesundem Holze;
also war so wenig ein Grund vorhanden, die Preise in Ansehung des innern Werths
des Brennholzes, als auch der Kohlen, herunter zu setzen. Jedoch aber ist dieses nicht
der Fall bei dem Bauholz gewesen, welches bei der großen Menge freilich von seinem
Werthe verliehren mußte.

Will man eine möglichst richtige Berechnung des Verlustes in den verschiedenen
Klassen des durch die Raupen zerstörten Holze anlegen, so muß dieses nach folgenden
Grundsätzen geschehen. Der Verlust ist zweifach:

I. Verlust in der 1ten Klasse.

II. Verlust in der jüngern Klasse.

I. Der Schaden und Nachtheil, welcher in der 1sten Klasse nach der Qualität und
Quantität des zerstörten Holzes entstanden, geht aus der beigefügten Tabelle, so
wie er ursprünglich angegeben wurde, hervor; hiernach muß ein dreifacher Verlust in Rechnung gebracht werden.

1) Durch Heruntersetzung der Taxe oder des Holzwerths, wobei in Ansehung des Brennholzes die mehrere Holzmasse in den Klaftern, welche durch Verlust der Borke entstanden ist, in Rechnung gebracht werden muß.

2) Durch die Ausgabe, welche durch den Holzanbau der durch den Raupenfraß entstandenen Blößen verursacht wird.

3) Durch die Deterioration der Reviere und den Ausfall, welchen die Forsten an dem
jährlichen Ertrag dadurch leiden.

1) Um den Verlust, der durch die heruntergesetzte Taxe, nach dem verminderten Werthe des Holzes entstanden, zu berechnen, ist

a) nöthig, den ganzen rollen Werth des abgestandenen Holzes nach der landesüblichen
Taxe in Ansatz zu bringen. Das ganze Holz, so wie es in beiliegender Nachweisung
aufgenommen ist, beträgt, außer Bohlen und Lattstämmen, 654112 Thlr. 6 Gr. 4½ Pf.

b) Ferner muß in Betracht gezogen werden, daß alles das Holz, welches zu dem jährigen Bedarf und zur Erfüllung des baaren Etats, von stehendem gesundem Holze
gegeben werden muß, bei diesen Unglücksfällen auf mehrere Jahre vorweg, oder doch
jährig bis jetzt zu erwähntem Behuf ist verwandt worden. Diese Bedürfnisse las-

fen fich bei tarirten Forften aus dem durch die Schätzung ausgemittelten jährigen Ertrag, oder wo dieser mangelt, nach einer Fraktion der Abgaben von mehreren Jahren bestimmen. Dieses Quantum muß nach Befinden der Menge des abgestandenen Holzes auf gewisse Jahre in Salvo gerechnet werden: z. B.

Der durch die Taxation ausgemittelte jährige Ertrag des Potsdammer Forstes beträgt 1420 Rthlr. 22 Gr. 7½ Pf. Dieser Ertrag ist bereits nunmehr 5 Jahr aus dem von den Raupen zerstöhrten Holze erfüllet, also von dem Raupenfraß wirklich 7104 Rthlr. 23 Gr. 4½ Pf. Holz verwandt worden. Da nun gewiß noch 2 Jahr, das ist, bis 1798, die jährigen Landesbedürfnisse durch das abständige Holz im Raupenfraß erfüllet werden können, daß vorweggegebene Holz aber so viel als der einjährige Betrag des Forstes beträge, so ist nach dieser Rechnung der 8 jährige Ertrag des Forstes von dem Raupenfraßquanto abgezogen, und zu voller Bezahlung zu gute gerechnet worden.

Da nur wenig Holz von dem Raupenfraß im Wasser konserviret ist, so ist nach dieser Berechnung in den mehresten Revieren verfahren. In solchen Forsten, wo das abständige Holz in weniger als 8 Jahren konsumiret werden konnte, ist auch nach dem jährigen Ertrag oder der Abgabe des Forstes eine geringere Anzahl Jahre in Ansatz gebracht worden.

Hieraus ist also die in der Tabelle sehr mühsam in jedem Forst besonders berechnete, mit 266608 Rthlr. 3 Gr. 11 Pf. ausgeworfene Summa entstanden. Sie ist, da sie auf den jährigen Abgaben der Forsten, wenn auch kein Raupenfraß entstand, in den bei jedem Forst nach obiger Berechnung ausgemittelten Jahren hätten gegeben werden müssen, von dem Werthe des Raupenfraßes zur vollen Taxe in Abzug gebracht worden. Wornach denn der Werth des noch übrigen raupenfräßigen Holzes sich auf 387504 Rthlr. 2 Gr. 5½ Pf. beläuft.

Da nun bereits die äußerste Periode zu Verwendung des Holzes nach der vollen Taxe angenommen worden, so ist es der Natur der Sache angemessen, daß das nach dieser Zeit noch liegen bleibende Holz an seinem Werthe verliehren müsse, und zum Theil auch schon verlohren hat. Daher ist bei Berechnung dieses verminderten Werthes zum Grunde angenommen.

a) Alles Brennholz mit Verlust von ⅓ der vollen Taxe in Ansatz zu bringen.

Aus dem Grunde, weil zwischen dem Holze, welches mit und ohne Borke aufgesetzt wird, nach den Versuchen des Herrn Oberforstmeisters von Burgsdorff eine Differenz von ⅓ am Kubikinhalt entsteht, hier aber in Betracht zu ziehen ist, daß noch viel trockenes Holz, zumal die erste Zeit, mit der Borke ist in Klaftern gesetzt worden, auch noch vieles jetzt mit der Borke in den Klaftern befindlich ist.

Der Verlust an Bauholz des noch übrigen Holzes ist in der Art berechnet, daß

b) die Sageblöcke zu ⅔ ihres Werthes, das Bauholz aber zu ¼ in Ansatz gebracht worden ist.

Denn die Sageblöcke, da ihre Zahl nicht so groß war, sind auch mit wenigerm Verlust angebracht, und können auch in dieser Art die wenigen noch vorhandenen verwandt werden.

Das Bauholz aber, weil dafür bald mehr bald weniger eingekommen, vieles aber auch bei seiner schlechten Beschaffenheit zu Brennholz hat aufgeschlagen werden müssen, ist nur ¼ von dem vollen Werth nach der Taxe berechnet, weil, wenn das höher als ¼ des Werthes verkaufte Bauholz, und das unter ¼ des Werthes oder das zu Brennholz aufgeschlagene Holz balanziret wird, so wird man der Wahrheit so nahe kommen, als es bei diesen ungewissen Datis möglich seyn kann.

Die Bohl- und Lattstämme aber, und anderes in der 2ten und 3ten Klasse von den Raupen zerstöhrtes Holz ist, sind in der Art berechnet worden, daß ein Theil höher als Brennholz — welches aber, wie leicht zu erachten, nur ein geringer Theil gewesen seyn kann — angenommen ist. ⁷⁄₁₂ sind also von den vertrockneten Bohl- und Lattstämmen nach der vollen Taxe, ⁵⁄₁₂ aber halb zu Kloben und halb zu Knüppelbrennholz gerechnet worden.

Da nun aber letzteres ebenfalls und größtentheils die Borke verlohren hat, also ist auch hierbei ¼ als Abgang gerechnet worden.

Hierdurch entsteht nun ein Verlust an dem noch übrigen im Raupenfraß abständigen Holze von 15083 Rthlr. 10 Gr. 7 Pf., welcher durch Verderben des Holzes und dessen heruntergesetzten Werth entstanden ist.

2) Was nun den 2ten Punkt betrift nehmlich den Holzanbau der durch den Raupenfraß entstandenen Blößen, so ist dieser Anbau nach gewöhnlichen Anschlagsätzen in Rechnung gebracht worden, da auf der Unterthanen Saamenlieferungen, und die Forstdienste, welche die auf dem Forst benefizirten Unterthanen zu leisten schuldig sind, nicht füglich Rücksicht genommen werden kann, weil sie zu den ordinairen Verbesserungen in den mehresten Forsten kaum hinreichend sind; und sollten sie auch in einigen Fällen zur Besamung des Raupenfraßes angewandt werden, so

würden doch dafür andere Oerter in dem Forst für Geld in Holzanbau gebracht werden müssen.

Die Kosten zur Kultur und Besaamung eines Magdeburgischen Morgens von 180 Quadratruthen sind nach folgenden mittelmäßigen Sätzen berechnet worden:

Zur Beackerung pro Morgen * * — Rthlr. 16 Gr.

½ Wispel Kiehnäpfel * * * 2 — — —

Anfuhre * * * * * * — — 12 —

Aussäen * * * * * * — — 4 —

Wenden * * * * * * — — 4 —

Summa 3 Rthlr. 12 Gr.

Um nicht zu viel zu rechnen, habe ich diesen Satz angenommen, wenn ja einige Unterthanendienste zu der Kultur angewandt werden können; deshalb habe ich nicht in Betracht gezogen, daß an den mehresten Orten der Boden auf den durch den Raupenfraß entstandenen Blößen wegen der vielen Wurzeln und Stubben nicht gepflügt, sondern gehakt werden müsse, und der Morgen zu haken kostet 1 Rthlr. 15 Gr. bis 3 Rthl. Hiernach werden sich also die Kosten zum Holzanbau der Blößen im Raupenfraß, welche nicht zu hoch angegeben sind, auf 188384 Rthlr. belaufen. Wobei nur die Besaamung auf 53824 Morgen angenommen worden, weil viele von den in der Tabelle S. 95. aufgeführten abgefressenen Distrikten nicht so sehr entblößt worden sind, daß sie eine Besaamung aus der Hand nöthig haben; diese Morgenzahl beträgt also 27726 Morgen weniger.

3) Zur Ausmittelung des Schadens, welchen die Forsten durch den Raupenfraß erlitten, gehört dann hauptsächlich, daß durch diese Verwüstung der Holzbestand in den Forsten sich sehr vermindert hat.

Der jährige Ertrag derselben kann also nicht so bleiben, wie er vor dem Raupenfraß gewesen ist.

Diesen verminderten Ertrag muß man als Zinsen von einem verlohrnen Kapital ansehen. Denn angenommen, daß durch diesen Ausfall der baare Etat litte, so ist einleuchtend, daß wenn man den Forst nicht zur Ungebühr angreifen wollte, man ein Kapital placiren müßte, um diesen Ausfall durch die ganze erste Abholzungsperiode und noch weiter hinaus bei der sehr mitgenommenen 2ten Klasse zu decken.

Bei Berechnung dieses Verlustes ist nun auf folgende Art verfahren worden:

a) Bei taxirten Forsten ist der durch die Taxation ausgemittelte Ertrag des Forstes pro basi angenommen worden.

152

b) Dieser Ertrag ist mit den Jahren, welche in der 1ten Klasse geholzet werden soll, nach Abzug der Jahre, welche von der Zeit der Taxation bis zum Raupenfraß verflossen, vermehrt.

c) Bei nicht taxirten Forsten ist ein Saß nach dem, was der Forst in einigen Jahren im Durchschnitt zu den Landesbedürfnissen hat geben müssen, statt des jährigen Ertrags angenommen, weil außerdem kein Anhalt sich zu verschaffen möglich war. In den Kiehnrevieren ist dieses Durchschnittsquantum zu einer 50jährigen Abholzungsperiode gerechnet worden.

d) Das hierdurch entstandene Faktum ist als Bestand der 1ten Klasse so angenommen worden, als wenn es nicht durch die Raupen deterioriret worden wäre.

e) Sodann würde dabei in Betracht gezogen, was oben Nr. 1. bereits deutlich auseinandergesetzt worden, und nach Beschaffenheit der Umstände Bedürfnisse und Menge des abgestandenen Holzes ein jährliches Quantum von 1 bis 9 Jahren, wie es den Umständen eines jeden Forstes angemessen war, zu gut gerechnet; woraus dann der jetzige Holzbestand des Forstes hervorgeht.

f) Es ist also von dem Faktum, wodurch der Holzbestand der 1ten Klasse ausgemittelt worden, das ganze Quantum des Raupenfraßes in Abzug gebracht.

g) Um nun hierdurch zu erfahren, um wie viel der jährige Ertrag des Forstes sich verringert hat, und den künftigen Ertrag auszumitteln, so muß man von den Jahren, worin in der 1sten Klasse geholzet werden soll, die oben bestimmten, und bei jedem Forst zu gut gerechneten Jahre von dieser Periode abziehen, und mit dem Residuo in den übrig gebliebenen Holzbestand theilen.

Um diese Rechnungsart mit einem Beispiel zu erläutern, wähle ich ebenfalls hiezu den Potsdammschen Forst, da die Taxation dieses Forstes gerade zu der Zeit, als der Raupenfraß eintrat, beendiget war.

Nach der oben angeführten Zergliederung.

a) Der Werth der jährigen Abholzung   1420 Rthlr. 23 Gr. 10 Pf.

b) 1420 Rthlr. 23 Gr. 10 Pf. × 50 Jahre = 71049 — 17 — 9 —

Dem Raupenfraß des Potsdammschen Forstes ist ein 8jähriger Ertrag zu gute gerechnet, also 1420 Rthlr. 20 Gr. 10½ Pf. × 8 = 10367 Rthlr. 23 Gr. = Pf. Das ganze Quantum des Raupenfraßes — — = 49351 — 16 — 3 — 49351 Rthlr. 16 Gr. 3 Pf. — 10367 Rthlr. 23 Gr. = 37183 Rthlr. 17 Gr. 3 Pf. welches der Forst durch den Raupenfraß verlohren hat.

Um nun zu finden, wie viel sich der jährige Ertrag vermindert hat, so wird

der

Berechnung

des Schadens, so die Königl. Kurmärkischen Kiehnenreviere durch den Raupen=
fraß erlitten haben.

	Thlr.	Gr.	Pf.
Der ursprüngliche Raupenfraß beträgt exclusive Bohl = Lattstämme und Stangenholz nach der Taxe inclusive Stammgeld. = = = = =	654112	6	4½
Davon sind nach Maaßgabe der Taxationsresultate und der 4jährigen Durchschnitte zur Erfüllung des jährlichen Bedarfs resp. von 2 bis 9 Jahren in Salvo gerechnet worden. = = = = = = = = = =	266608	3	11
Der Schaden beträgt also = =	387504	2	5½

Aus diesem Schaden entsteht nun folgender wirklicher Verlust:

    a) an deteriorirtem Ertrage a 4 p. C. gerechnet 198750 Rth.—Gr.—Pf.
    b) an Anbaukosten a 3 Rth. 12 Gr. pro Morg. 188384 — — —
    c) durch den heruntergesetzten Werth = = 102202 — 10 — 5 —
    d) der Verlust am Brennholz = = = = 48629 — — — 2 —

                           537965 — 10 — 7 —

Die Einnahme oder vielmehr der Werth von je=
nem Residuo beträgt nach der heruntergesetzten
Taxe = = = = = = 239031 Rth. 12 Gr. 6 Pf.

Wenn man nun auch annimmt,
daß von den nicht ad com=
putum gebrachten Bohl = und
Lattstämmen, auch Stangen
⁷⁄₁₂ als Nutzholz abgesetzt wer=
den könnte, so würden dafür
12072 Rth. 12 Gr. 3 Pf.

Und für die übrigen ⁵⁄₁₂ als
Kloben und Knüppelholz
gerechnet = 16510 Rth. 21 Gr.   28583 Rt. 9 Gr. 3 Pf.   267614 Rt. 21 G. 9 P.
gewonnen werden.

        Der wahre Verlust würde also 270350 Rt. 12 G. 10 P. wenigstens be=
tragen.

der gegenwärtige Bestand des Forstes 71049 Rthlr. 17 Gr. 9 Pf. — 49351 Rthlr. 16 Gr. 3 Pf. = 21698 Rthlr. 1 Gr. 6 Pf.

Und wenn nun von der Abholzungsperiode der 1ten Klasse oder von 50 Jahren, die oben in Salvo gerechneten 8 Jahre abgezogen werden, also 50 — 8 = 42, so erhält man den gegenwärtigen Ertrag 21698 Rthlr. 1 Gr. 6 Pf. = 516 Rthlr.

$$\frac{}{42}$$

14 Gr. 10 Pf., woraus denn hervorgeht, daß dieser Forst nach dem Raupenfraß 907 Rthlr. 9 Gr. weniger als vorhero tragen kann. Um nun ein Kapital zu plaziren, welches zu 4 pro Cent den jährlichen Verlust in diesem Forst mit 904 Rthlr. ersetzen kann, so sind hierzu $\frac{904 \times 100}{4} = 22609$ Rthlr. 9 Gr. nöthig.

Die Holzanbaukosten in dem Potsdamschen Forst auf den durch den Raupen zerstöhrten Distrikten beträgt • • • • • • 21159 — 9 —

Summa 43768 Rthl. 18 Gr.

Der Werth des raupenfräßigen Holzes nach Abzug zu den Landesbedürfnissen zur heruntergesetzten Taxe ist • • • • • 28238 — 20 Gr. 8 Pf.

Also der Verlust in diesem Forst • • • 15529 Rthlr. 21 Gr. 4 Pf.

Hiernach ist sowohl der Verlust, als das, was die Forsten am jährigen Ertrag, sowohl im Windbruch als im Raupenfraß verlohren haben, berechnet worden, wodurch denn die in beiliegender Nachweisung aufgeführten 198-50 Rthlr. entstanden sind.

Aus diesen Gründen geht dann nun nach einer der Wahrheit nahe kommenden Berechnung ein offenbarer Verlust von 270350 Rthlr. 12 Gr. 10 Pf. für das von den Raupen zerstöhrte Holz mit den Holzanbaukosten bis 1796 hervor.

II. Was nun ferner den Schaden anbetrift, welcher den jüngern Klassen durch den Raupenfraß ist zugefügt worden, so ist dabei zu merken, daß, wenn der Verlust, den die künftigen Generationen durch den Raupenfraß in den jüngern Klassen leiden, berechnet werden soll, hier nicht in Betracht kommt, daß die jüngern Klassen, vorzüglich die 3te und 4te, unverhältnißmäßig stark sind; denn in dieser Rücksicht würde der Schaden gar nicht merklich werden, indem, wenn diese Klassen zum Hau kommen, und für die Zukunft ein möglichst gleicher Ertrag in allen Klassen zu hoffen seyn soll, so wird man zu solcher Zeit in Verlegenheit

U

bei einer wirthschaftlichen Einrichtung des Haues in so starken mit Holz von gleichem Alter bestandenen Klassen finden. Hierauf ist also bei dieser Berechnung des Schadens, welche ich anlege, nicht Rücksicht genommen, sondern ich nehme an, daß jeder Bohl- und Lattstamm, auch andres Stangenholz, welches gegenwärtig in diesen Klassen durch die Raupen zerstöhret ist, so lange hätte stehen bleiben können, bis er zu einem reifen Alter und zur 1ten Klasse übergegangen. Aus dieser Berechnung entsteht also eigentlich der Verlust, den die jüngern Klassen durch den Raupenfraß erlitten haben, und der auf folgende Art ist berechnet worden:

a) Nach den Rapporten der Forstbedienten und den Taxationen des Raupenfraßes ist das Holz der 2ten Klasse als Bohl- und Lattstämme, welche die Raupen zerstöhrt haben, und welche würklich gehauen oder noch zu hauen sind, mit einen 60jährigen Zuwachs für 1000 Klafter 20 Klafter gerechnet worden.

b) Zu dem Stangenholze der 3ten und 4ten Klasse sind ebenfalls 20 Klaftern Zuwachs gerechnet, sodann die Hälfte als Bauholz, die Hälfte als Brennholz angesprochen, wodurch denn der Verlust, den die jüngern Klassen erlitten, wenn dieses Holz so lange gestanden hätte, bis es in die erste Klasse getreten wäre, sich auf 231080 Rthlr. 2 Gr. 9 Pf. belaufen würde; welches denn auch bei allen auf das höchste angenommenen Sätzen und Voraussetzungen, als der höchste Verlust angenommen werden kann, den diese jüngere Klassen erlitten haben.

Wenn ich im letzten Kapitel des 2ten Abschnitts von dem Schaden, der durch den Raupenfraß und Windfällen überhaupt entstanden ist, reden werde, so werde ich auch das Quantum, so durch die unabläßigen und thätigen Bemühungen der höheren Behörden von diesem abgestandenen Holze ist gerettet worden, unbezweifelt darlegen können.

Zweiter Abschnitt.

Von dem Schaden, welchen der Windbruch in den Kurmärkschen Forsten in den Jahren 1791 und 92 verursacht hat.

Einleitung.

Der Schaden, welchen die Windstürme in den Kurmärkischen Forsten verursacht haben, ist mit dem Verlust, den selbige durch den Raupenfraß erlitten, und wovon ich im vorigen Abschnitt umständlich gehandelt habe, zu gleicher Zeit eingetreten, und also so genau damit verbunden, daß man nur in Verbindung dieser beiden Uebel eine richtige Uebersicht von dem Verlust, so die Forsten erlitten, erhalten, und bestimmt urtheilen kann, wie sehr dadurch die Verwendung des geworfenen und zerstöhrten Holzes ist erschweret worden.

Die Ursachen, wodurch unser Luftkreis das Gleichgewicht verliehren kann, sind so mannigfaltig, und treten öfters so plötzlich ein, daß man nicht jederzeit vorher mit Gewißheit bestimmen kann, wenn Stürme eintreten werden. Zu manchen Zeiten bemerkt man zwar vorher an verschiedenen Thieren einige Veränderungen, z. B. an Krähen und Dohlen, auf der See an den Seemewen, welche verschiedene Merkmale von sich geben, und unruhig zu seyn scheinen; auch kündigt ein plötzliches Fallen der Wetterglässer öfters Sturm an.

Sturm ist bloß vom Winde durch den Grad der Geschwindigkeit und der Schwere der Luft unterschieden. Die Gewalt, womit er auf die Bäume wirkt, ist groß. Zu allen Zeiten hat er außerordentliche Wirkungen hervorgebracht, und wenn man die Erzählungen der alten Schriftsteller glauben will, so fällt zuweilen seine Wirkung öfters außerordentlich seltsam und unglaubhaft aus.

So kann man unter die fast unglaublichen Erzählungen rechnen, daß am Tage Egidi 1535 in Glogan ein solcher Sturm gewesen seyn soll, daß er einen Holzwagen in die Luft geführt, auf den Markt gesetzt, und denselben behende um den Ring gefahren, des Stadthauptmanns Knecht aber in die Luft geführet haben soll. *)

---

*) Curei Chronick der Herzogthümer Ober und Niederschlesien 1601.

Im Jahr 1165. soll ein Sturmwind in Danzig so gewüthet haben, daß er viele Thürme von den Kirchen und viele Häuser umgeworfen hat *) und 1680. soll der Sturm ohnweit Warschau einen ganzen Kirchthurm mit den Glocken umgeworfen haben **). Diese Beyspiele von außerordentlicher Gewalt der Sturmwinde sind noch sehr häufig in der Geschichte aufzufinden, gehören aber hier nicht her. Nur ein einziges Beispiel von der Gewalt eines Wirbelwindes, wovon wir in der Nachbarschaft von Berlin Zeugen gewesen sind, kann ich hier nicht unberührt lassen. Im Jahr 1786. den 22sten Jul. zerstörte ein solcher Wind in dem Dorfe Mahlsdorf Scheunen, Ställe und Wohnhäuser, führte das Futter an manchen Oertern auf eine Manns=höhe zusammen, setzte seine Verwüstungen bis Köpenik fort, wüthete in den Holzungen bei den Müggelbergen und warf auch noch eine Anzahl Holz hinter dem Dorfe Müggelsheim um. Dieser Wind war, so wie die meisten heftigen Winde, ein Wirbelwind, welcher gemeiniglich aus einer um ihre Achse gedrehten um dabei mit Geschwindigkeit fortrücken-den Luftseule entsteht. Die Geschwindigkeit dieser Säule wird durch das Herumdrehen um ihre Achse bei dem schnellen Fortrücken außerordentlich vermehrt, so daß dieselbe nicht allein durch den Stoß, sondern auch durch ihre Schwungkraft eine sehr große Gewalt aus-üben kann. Ein solcher Wind kann durch Zusammentreffen zweyer Luftströme, oder wenn der Wind einen Widerstand findet den er nicht überwältigen kann, und also zurückwei-chen muß, sodann aber einen andern Luftstrom antrift, entstehen.

In geschlossenen Holzungen ist diese Art des Windes nicht so sehr zu fürchten als in ausgelichteten Revieren, auch bei einzeln stehendem Holze und Bäumen, welche auf Anhöhen, ohne von andern geschützt zu werden, sich befinden. Bei beiden Stürmen, die den Königl. Kurmärk. und einigen Neumärk. Forsten 1792. und 1793 Schaden zufügten, fand man zwar größtentheils das Holz nach der Direktion von Süd=West geworfen, aber doch fanden sich manche Bäume, welcher von dem Wind gedrehet und deren Holzfasern ge-trennt waren. Von andern hatte der Wind die Stämme abgebrochen, und zersplittert, die meisten aber mit der Wurzel umgeworfen; eine nicht geringe Anzahl aber war von dem Winde gedruckt. Die meisten abgebrochenen und gedreheten Bäume fanden sich in Kiehnrevieren, in Rothbüchen= und Eichenrevieren nur wenig. Aus den Beispielen von

---

*) Calpar Schütz Hiftoria Rerum Boruffcarum.

**) Journal des Sçavans 1680. Pag. 241.

der Gewalt des Windes, wovon ich wenigstens ein glaubhaftes oben angeführt habe, läßt sich schon abnehmen, daß er Gewalt genug haben müsse, um Bäume in Wäldern umzuwerfen. Es läßt sich aber auch die Gewalt des Windes, welche er auf die stehenden Bäume ausübt, ohne skrupulöse Rechnung genauer bestimmen, und der Widerstand berechnen, den er zu überwinden hat, wenn er unter verschiedenen Umständen Bäume zerbrechen oder mit der Wurzel ausreißen will.

Wenn man erwägt, wie fest Bäume, welche Pfahlwurzeln haben, in der Erde stehen, und die Kraft, welche dazu erfordert wird, den Stamm eines Baumes zu zerbrechen, mit dem Widerstand, den die in einiger Tiefe eingehende gesunde Wurzeln eines Baumes leisten, vergleicht, so ist es fast unglaublich, daß Bäume, welche gesunde und tiefe Wurzeln haben, vom Winde geworfen werden können, ohne daß ihre Stämme zerbrechen. Nach den Versuchen, welche der verstorbene Oberkonsistorialrath Silberschlag mit einer Maschine zu Ausrodung der Stubben gemacht hat, hat derselbe berechnet, daß eine Kraft von 732000 Pfund nicht im Stande war, einen Kiehnstubben von 2 Fuß im Diameter aus der Erde zu reißen. Wenn man nun hiermit den Stoß des Windes auf den Zopf eines senkrecht stehenden Kiehnbaumes von 90 Fuß hoch, der Stamm 70 Fuß, der Zopf 20 Fuß lang, von 12 Zoll Zopfstärke, und 2 Fuß auf dem Stamm vergleicht, so gehört ungleich weniger Kraft dazu, diesen Baum zu zerbrechen, als mit seiner Wurzel auszureißen. Nach Versuchen, die man bis jetzt mit der Festigkeit des Kiehnholzes angestellt hat, würde man eine Kraft, wenn sie auf den Zopf des Baumes so wirken sollte, daß dadurch der Stamm an seinem dicksten Ende von 2 Fuß stark, unten an der Erde abgebrochen würde, von wenigstens 260000 Pfund anbringen müssen; und wenn auch dieser Baum in seinem Schwerpunkt, wo er nach dem angenommenen Maaß, seiner Stärke und Höhe noch 19 Zoll im Durchmesser hat, durch eine Kraft die auf den Zopf würket, zerbrochen werden sollte, so gehören hierzu doch noch mehr als 160000 Pfund Kraft.

Ich kann hierbei nicht unbemerkt lassen, wie weislich der Schöpfer die Form des Baumes zu Verstärkung seines Widerstandes eingerichtet hat. Denn der Stamm, welcher auf 70 Fuß 12 Zoll im Zopf, am Stamm aber 2 Fuß im Durchmesser hat, würde ungleich weniger Widerstand leisten können, wenn er unten und oben gleich dick, obwohl von gleichem Kubikinhalt gewachsen wäre, der Widerstand würde sich sodann verhalten wie der Durchmesser des Stammendes zu dem verglichenen Durchmesser des konischen Stammes, also wie 24 : 18, so daß der konische Stamm ¼ mehr Widerstand leisten kann als ein cylindrischer von gleichem Inhalt.

Wie die Gewalt des Widerstandes sich vermehrt, wenn die Wurzeln tief in die Erde laufen, kann man schon daraus abnehmen, daß bei einem in die Erde geschlagenen Pfahl, wenn er an seinem obersten Ende herausgedrückt werden soll, die Kräfte wie die Quadrate der Tiefen sich verhalten müssen, daher es kein Wunder ist, daß Wurzeln von so beträchtlichem Umfange, welche tief in die Erde gehen, in ihrem gesunden Zustande so großen Widerstand leisten können.

Um nun den Stoß des Windes zu bestimmen, wodurch ein stehendes Stück Holz von oben angenommener Stärke und Länge zerbrochen oder umgeworfen werden kann, so muß man erwägen, daß die Kraft des Windes zunimmt, wie das Product von seiner Masse und dem Quadrat seiner Geschwindigkeit. Die Luft kann nun aus so vielen physikalischen Ursachen so verschiedene Grade der Dichtigkeit erhalten, daß darüber wohl nichts positives zu bestimmen ist; jedoch haben die Naturforscher eine gewisse mittlere Dichtigkeit der Luft angenommen und durch Versuche bestimmt, daß die Schwere eines Kubikfußes Luft der 846. oder 880te Theil von der Schwere eines Kubikfußes Wasser betrage. Dieses haben sie für die mittlere Dichtigkeit von einem Kubikfuß Luft, also beinahe 2¹⁵⁄₁₀₀ Loth angenommen. Wenn nun die Geschwindigkeit des Windes, die Schwere eines Kubikfußes Luft, und den Quadratinhalt der Fläche worauf er stößt, bekannt ist, so werden sich die Kräfte, womit der Wind wirkt, wie die Quadrate der Geschwindigkeiten verhalten. Es folgt aus dem Verhältniß der Schwere eines Kubikfußes Wassers gegen einen Kubikfuß Luft, daß wenn das Wasser mit einer Geschwindigkeit von 1 Fuß in einer Sekunde auf eine Fläche von 1 Quadratfuß stößt, die Luft, wenn sie gleiche Kraft hervorbringen will, mit einer Geschwindigkeit von 48 Fuß in einer Sekunde auf diese Fläche wirken müsse, weil sich die Geschwindigkeiten hier wie die Quadratwurzeln aus den specifischen Schweren verhalten. Hieraus folgt nun, daß wenn das Wasser mit erwähnter Geschwindigkeit, mit einer Kraft von 1¹⁄₁₀ Pfund wirkt, so wird der Wind eine Geschwindigkeit von 28 Fuß, oder nach Mariottens Versuche eine Geschwindigkeit von 24 Fuß in einer Sekunde nöthig haben, um auf eine Fläche von einem Quadratfuß gleiche Kraft auszuüben.

Wenn man nun nach diesen Sätzen die Gewalt des Stoßes, womit der Wind auf den benadelten Zopf einer Kiehne wirkt, berechnet, so muß man zuvörderst den Flächeninhalt des Zopfes ausmitteln. Ich habe, da ich verschiedene Zöpfe von gefälltem Holze, so weit sie belaubt waren, maaß, selbige nach ihrem größten Durchmesser und Höhe folgendergestalt gefunden.

Kieh-

Stammende.	Zopfstärke.	Länge des Stammes.	Länge des Zopf.	Größte Durchmesser mit den Zacken.	
{ 18 Zoll.	11 Zoll.	57 Fuß.	19 Fuß.	12 Fuß. }	Kiehnen.
{ 19 —	15 —	63 —	13 —	16 — }	
{ 20 —	15 —	39 —	28 —	20 — }	Eichen.
{ 26 —	12 —	30 —	18 —	20 — }	
{ 22 —	14 —	45 —	20 —	25 — }	Rothbüchen.
{ 24 —	18 —	60 —	30 —	35 — }	
{ 14 —	7 —	36 —	14 —	10 — }	Ellern.
{ 16 —	9 —	36 —	25 —	11 — }	
18 —	12 —	53 —	22 —	16 —	Linde.

Um nun die Gewalt des Windes zu berechnen womit derselbe auf ein Stück Holz von 70 Fuß Stammlänge und 20 Fuß Zopflänge stößet, so wollen wir den Schwerpunkt, worauf die Kraft des Windes wirkt, in der Mitte der Zopflänge als vereinigt annehmen. Die Fläche des Zopfes mit seinen ausgebreiteten Aesten würde nach seiner eigentlichen Figur ganz genau zu bestimmen wohl schwer fallen; gemeiniglich nimmt man bei diesen Berechnungen denselben nach seinem größten Durchmesser und Höhe als ein Rektangel an, welches aber zuviel ist, und glaube ich, daß man der Wahrheit näher kommen würde, wenn man die Figur des Zopfes als eine halbe elliptische Fläche berechnet, wo in unserm angenommenen Beispiele die kleine Axe 16 Fuß und die große 40 Fuß, die Fläche des Zopfes also 251 Quadratfuß halten würde. Auf jeden Quadratfuß dieser Fläche wirkt der Wind mit einer Geschwindigkeit von 28 Fuß in einer Sekunde, oder nach Mariotte 24 Fuß und mit einer Kraft von $1\frac{1}{6}$ Pfund, also $251 \times 1\frac{1}{16} = 263\frac{7}{8}$ Pfund.

Wenn nun der Ruhepunkt unten am Stamm des Baumes angenommen wird, so wird der Stoß des Windes von $263\frac{7}{8}$ Pfund an den Mittelpunkt der Schwere des Zopfes auf dem Ende des Stammes mit einer Kraft von 21088 Pfund würken. Da ich nun oben gezeigt habe, daß wenigstens eine Kraft von 260000 Pfund dazu gehört, um einen solchen Stamm von 2 Fuß stark am Ruhepunkt abzubrechen, so erhellet hieraus, daß wenn der Wind nicht mit größerer Geschwindigkeit als mit 28 Fuß in einer Sekunde wirkt, er zwar nach und nach die Wurzel lösen kann, aber nicht zu befürchten ist, daß er einen gesunden Stamm von dieser Stärke zerbrechen werde. Denn, als Silberschlag einen solchen Stubben aufgraben und die Seitenwurzeln abhauen ließ, so hob er den gelöseten Stubben mit einer Pfahlwurzel von 9 Fuß lang, noch nicht einmal mit einer Kraft von 18000 Pfund aus der Erde.

Nach neuern Beobachtungen will man bemerkt haben, daß sich die Geschwindig-

F.

keit des Windes in einer Sekunde auf 123 Fuß erstrecken kann, mit dieser Geschwindigkeit würde er aber den Quadratfuß mit einer Gewalt von 27 Pfd. stoßen, wodurch er
denn auf den Ruhepunkt des Baums mit einer Kraft von 541160 Pfd. wirken kann,
welches hinlänglich wäre, die stärksten Stämme der Kienen zu zerbrechen, aber noch
nicht, eine gesunde 9 Fuß tiefe Wurzel aus der Erde zu reißen. Hieraus ist abzunehmen, daß zwar ein Wind gleich bei dem ersten Stoß gesunde Stämme zerbrechen,
aber nicht mit gesunder Wurzel ausreißen kann, und daß er diese nur durch wiederholte Stöße, nachdem er die Wurzeln los gemacht hat, umwerfen wird. Um aber
einen Baum, von dem oben angenommenen Maaße, zu zerbrechen, würde der Wind
nur auf jeden Quadratfuß des Zopfes mit einer Kraft von beinahe 13 Pfund und mit
einer Geschwindigkeit von 98 Fuß in einer Sekunde wirken dürfen.

Viele Stämme werden von dem Winde so gedrückt, daß sie ganz außer ihrem
Schwerpunkt gebracht und nur durch die entgegengesetzte Wurzel gehalten werden, wo
dann die Wurzel nach der Schwere des Stammes widerstehen muß.

Andere Stämme, welche der Wind zwar aus ihrer Richtung gebracht, aber doch
nicht so, daß sie mit ihrer ganzen Schwere auf die Wurzel drücken, nennt man geschoben; sie sind indessen doch immer schon als kranke Stämme anzusehn, weil ihre Wurzel zerrissen und bei minder starkem Winde desto leichter umgeworfen werden. In sofern auch die Stämme nicht gesund sind, so daß das Gewebe ihrer Holzfasern bereits
gelitten, oder wenn der Wind den Zopf des Baumes drehen kann, so ist es möglich,
daß, wie öftere Erfahrung zeigt, ein Baum in der Gegend von seinem Schwer-
punkte zerbrochen wird. Die Beschädigungen, welche durch den Fall der Bäume
an den nebenstehenden verursacht wird, ist mit zu den Verwüstungen des Windbruchs
zu rechnen.

Man kann sich einen Begriff von der Gewalt, womit ein solches Stück Kiehnenholz, von den oben angenommenen Dimensionen zu Boden fällt, nach mechanischen
Grundsätzen machen, wodurch zu berechnen ist, daß dies mit einer Gewalt von 70000 Pfd.
geschieht. Wenn die Stämme mit den Wurzeln ganz zur Erde stürzen, so nehmen die
Wurzeln gemeiniglich eine Menge Erde mit in die Höhe. Wenn man nun den Durchmesser der Wurzel 8 Fuß annimmt, und rechnet, daß nur ¼ Fuß Erde daran hangen
bleibt, so hat selbige schon dadurch ein Gewicht von 200 Pfund, und die Schwere der
Wurzel mitgerechnet, kann sie gewiß 263 Pfund betragen. Wird nun der Stamm
einen Fuß von dem Fallbert abgeschnitten, so bleibt auf der andern Seite eine Last von
263 Pfd., welche mit der halben Höhe des Fallborts multiplicirt die Schwere des Stam-

mes überwiegt und zurück schlagen muß; daß dieses nicht mit einer geringen Gewalt geschieht, läßt sich schon aus dem Uebergewichte abnehmen, daher alle Vorsicht nöthig ist, bei dem Ausschneiden des Windbruchs hierauf Acht zu geben, weil dadurch leicht Unglück entstehen kann.

Daß der Sturm an Holz, welches auf dem Abhange eines Berges steht, wenn er es von der Seite des Abhanges treffen kann, noch mehr Schaden verursachen kann, geht aus der Lage der Wurzel schon hervor, und ist sodann die Gewalt, womit dergleichen Stämme niederschlagen, noch ungleich heftiger; denn wenn ein Stamm, von der Beschaffenheit wie ich oben angeführt habe, auf eine horizontale Fläche, mit einer Gewalt von 70000 Pfund niederfällt, so wird derselbe auf dem Abhang eines Berges von 45 Grad, mit einer weit größern Gewalt und wenigstens mit einer Kraft von mehr als 150000 Pfund, zu Boden fallen.

Alles dasjenige, was ich in dieser Einleitung von der Gewalt des Windes und von dem Widerstand der Bäume gesagt habe, ist, so viel es ohne weitläufige Rechnung geschehen konnte, auseinander gesetzt, und wird dazu dienen, sich einen allgemeinen Begriff von der Wirkung der Stürme, von der Art, wie das Holz dadurch geworfen wird, und von dem Widerstand, den der Wind zu überwinden hat, zu machen, und man wird sich überzeugen können, daß der ganze Mechanismus bei dem Bau des Baumes so weise eingerichtet ist, daß er, wenn er gesund ist, nur durch wiederholte Stöße und große Gewalt des Windes, umgeworfen werden kann. Ich werde Gelegenheit haben, an mehrern Orten auf diese vorangeschickte Bemerkungen hinzuweisen.

Erstes Kapitel.

Beschreibung des Strichs, welchen der Sturm im December 1792 und im März 1793 genommen, und welche Königl. Preuß. Forsten er getroffen hat.

Schon aus den Ursachen, welche ich oben von der Entstehung des Windes in der Einleitung angeführt habe, ist abzunehmen, daß ein starker Wind oder Sturm an einem Ort entstehen kann, wenn er an einem andern Ort nicht bemerkt wird; wie denn solches jedermann öfters bei Entstehung der Gewitter in einer geringen Entfernung wird erfahren haben. Daß der Wind schon beträchtlich stark seyn muß, wenn er, ohne lange anzuhalten, Baumstämme abbrechen oder mit der Wurzel aus der Erde reißen will, habe ich in der Einleitung bewiesen; hält er aber lange an, so kann er, auch mit geringerem Grade der Gewalt, doch stehendes Holz umwerfen. Dieses geht ebenfalls aus dem, was ich in der Einleitung angeführt habe, hervor.

Der Sturmwind aus Südwesten vom 10ten auf den 11ten Decbr. 1792, that in verschiedenen Königl. Preuß. Forsten beträchtlichen Schaden und warf viel Holz um, machte aber mehreres wurzellos, daher der den 19ten December zu Mittag erfolgte Sturm, der noch heftiger war, einen weit größern Schaden anrichten konnte. Das folgende Jahr entstanden 2, zwar nicht so starke, aber kurz aufeinander folgende Stürme, den 26ten Februar und 3ten März 1793, sämmtlich aus Südwesten, jedoch streckten sie eine beträchtliche Menge Holz. Diese Windbrüche würden es nicht verdienen, davon eine besondere Nachricht zu geben, weil alles dieses geworfene Holz, durch zweckmäßige Maßregeln eines hohen Forstdepartements, ohne Verlust verwendet seyn würde, wenn durch diesen Windfällen nicht zu der Zeit, und mehrentheils in denselben Forsten, welche von den Raupen so sehr mitgenommen waren, eine beträchtliche Menge Holz geworfen hätten, so daß dieser Schaden, mit dem vom Raupenfraß, wovon ich im 1ten Abschnitt geredet habe, in nahe Verbindung tritt.

Der Strich, welchen der Wind in allen diesen verschiedenen Zeiten nahm, war zwischen der Elbe und Oder eingeschlossen; auf der rechten Seite der Oder richtete er nur einen beträchtlichen Schaden in dem Reppenschen Forste, 2 Meilen von der Oder, an. Auf der rechten Seite dieses Flusses, und in den weiter gegen Morgen liegenden Provinzen, war die Menge des geworfenen Holzes gar nicht beträchtlich. Wie denn auch auf der Abendseite der Kurmark, 3 Meilen jenseit der Elbe, der einzige Lezlinger Forst in der Altmark von dem Windstoß getroffen wurde.

Der Strich also, den der Sturm in diesen verschiedenen Zeiten genommen, und wo er den Königl. Preuß. Forsten Schaden gethan hatte, erstreckte sich von Morgen gegen Abend, vom Reppenschen Revier in der Neumark bis an den Lezlinger Forst in der Altmark, welches in der größten Länge 35 geographische Meilen beträgt, in der größten Breite aber hat die Fläche von der Meklenburgischen Gränze bis an die Sächsische, eine Distanz von 20 Meilen, von Norden nach Süden. Die Fläche also, welche der Wind in der Kur = und Neumark durchstrich, konnte 700 Quadratmeilen betragen; auf dieser Fläche traf er auf 949,702 Morgen Königl. Forsten oder auf 43 Quadratmeilen Königl. Reviere. Die Forsten, welche derselbe berührte, waren mit folgenden Holzarten bestanden:

						Verhältniß des
						geworfenen Holzes 6
Eichen 128652 Morgen, darauf geworfen 76545 Stämme.						
Büchen 49874 — — — 62188 — — 12						
Kiehnen 587799 — — — 829351 — — 14						
Linden und ander Laubholz 32385 — — — 4944 — — 1						
Räumden 53702						
Summa 841782 — — — 973028 — — —						

- Den Schaden, welchen der Sturm, im Verhältniß der Größe der Fläche, die er durchstrich, verursachte, scheint im Ganzen nicht beträchtlich zu seyn, und würde auch dieses, wie schon erwähnt, keine nachtheilige Folgen gehabt haben, wenn zugleich nicht der Raupenfraß fast dieselben Reviere getroffen hätte. Wo und in welchem Forste er auf diesen Strich den meisten Schaden that, will ich nachher anzeigen.

Den heftigsten Anfall hatten die Forsten, welche von Nordwest von der Meklenburg. Gränze sich bis Südost auf einen Strich von 8 Meilen breit und 22 Meilen in der Länge, bis jenseit der Oder an den Reppenschen Forst erstreckten, auszustehen. Von hier aber ließ seine Gewalt nach und die Menge des geworfenen Holzes nahm ab.

Die Forsten Ruppin, Zechlin und Zülen, die nächsten an der Meklenburgischen Gränze, litten am meisten. In dem Lüdersdorfschen Forst, welcher mehr morgenwärts liegt, warf er nicht so viel Holz um, mit mehrerer Gewalt aber fiel er auf die morgenwärts liegende Reviere Reyersdorf, Groß=Schönebeck und Liepe; von dort wandte er sich südwärts in die Oranienburger, Krämer, Biesenthal, Falkenhagen und Heiligensee-Reviere. Die jenseit der Havel liegende Reviere litten etwas, aber bei weitem doch nicht so viel als die disseit liegenden. Sodann griff der Sturm jenseit Berlin die Forsten Köpenik, Rüdersdorf und Friedersdorf ziemlich, ausserordentlich stark aber den Hangelsberger Forst an, sodann ließ er noch Spuren seiner Würkung in den Neubrücker und Biegenbrücker Revieren, und seine lezte Gewalt übte er noch in den Neumärk. Forsten Reppen und Crossen aus. Auf diesem vorbeschriebenen Striche lagen zu äußerst gegen Nordwest an der Meklenburgischen Gränze die Forsten

| Zechlin.
Zülen.
Ruppin.
Zehdenick. | Inhalt excl. Blößen
100085 Morgen hohes Holz.
13459 — Ellernbrücher.
86626 Morgen. | Hierauf geworfen
242817 Stämme. | pro Morgen im
Durchschnitt 2 $\frac{8}{15}$
Stamm. |

5 Meilen weiter gegen Südost liegen die Forsten

| Grimnitz.
Reyersdorf.
Gr. Schönebeck.
Liebenwalde.
Neuholland.
Oranienburg.
Krämer.
Falkenhagen. | excl. Blößen an reinem Holz-
boden hohes Holz
187104 Morgen.
8700 — Ellernbrücher.
178204 Morgen. | Hierauf geworfen
16000 Stämme. | Im Durchschnitt
1 $\frac{1}{15}$ pro Morgen. |

Eine Meile weit gegen Südost und in der größten Ausdehnung von Nordost und Nordwest, auf einem Striche von 8 Meilen, traf er die Forsten

Liepe.	excl. Blößen an reinem Holz-	geworfene Stämme	Im gleichen Durch-
Biesenthal.	boden 1.		schnitt pro Mor-
Mühlenbeck.			gen $\frac{7}{5}$ Stück.
Heiligensee.			
Jenseit der Ha-	118527 Morgen.	121,757	
vel	3756 Ellernreviere.		
Spandau.	114771 Morgen.		
Potsdam.			
Cunnersdorf.			

3 Meilen südostwärts auf beiden Seiten der Spree bis gegen die Oder in einer Strecke von 9 Meilen, hat der Wind die Forsten

Köpenick.	excl. Blößen an Holzboden.	geworfene Stämme	Im gleichen Durch-
Rüdersdorf.			schnitt pro Mor-
Friedersdorf.			gen 1 Stamm.
Hangelsberg.	134102 Morgen.	125537 Stück.	
Kölpin.	1976 Ellerbrücher.		
Neubrück.	—————		
berühret.	13126		

Jenseit der Oder, in einer mittlern Weite von 4 Meilen nach Südosten, die Forsten

| Crossen. | excl. Blößen an Holzboden | sind geworfen | Im gl. Durchschn. 2¼ |
| Reppen. | 67584 Morgen. | 150892 Stämme. | Stamm pro Morg. |

Weil keine Ellern in den Brüchern oder anderes Holz in den Schlagholzdistrikten geworfen ist, so habe ich die Ellernbrücher abgezogen, und damit man das Verhältniß, wie der Wind bei dem genommenen Striche mehr oder weniger Schaden gethan, abnehmen kann, so habe ich die Anzahl geworfener Stämme im gleichem Durchschnitte nach den Morgenzahlen berechnet, woraus hervorgeht, daß der Wind das mehreste Holz bei dem Anfang und Ende geworfen, sich bei der Spree wieder etwas verstärkt, und endlich seine letzte Gewalt auf die beiden Neumärkischen Forsten ausgeübt hat.

Es ist möglich, daß dieser Wind auch in den Schlesischen und Südpreußischen Forsten Schaden gethan haben kann, es ist auch noch manches Stück in andern Neumärkischen und Pommerschen Forsten geworfen worden, jedoch ist der Schade so unbeträchtlich gewesen, daß man nicht nöthig erachtet hat, darüber zu berichten, und man kann die letzte Kraft des Windstoßes in den erwähnten 2 Neumärkischen Forsten als das Ziel des Schadens ansehn.

Untersucht man nun ferner, von was für Holzarten er die meisten Stämme geworfen, so wird man finden, daß er am wenigsten Eichen, Büchen und Kiehnen aber am mehresten geworfen hat, welches bei den Buchen wegen der flachen Wurzel wohl nicht anders seyn konnte. Die Anzahl Stämme, welche von den Kiehnen geworfen sind, belaufen sich deshalb so hoch, weil auch die Bohl- und Lattstämme mitgerechnet worden, welche von dem starken Holze umgeworfen oder zerschlagen sind. Es ist hiebei noch zu bemerken, daß, da in dieser Jahreszeit das Laubholz vom Laube entblößt war, der Wind nicht so stark auf dieses Holz wirken konnte, als auf dem benadelten Zopfe der Kiehnen.

Wenn man die am Ende dieses Abschnitts beigefügte Tabelle, von dem vom Winde geworfenen Holze durchgeht, so ist es auffallend, daß der Wind von dem sogenannten Mittelkiehnen Bauholz die größte Anzahl Stämme geworfen hat. Man könnte hierdurch auf die Gedanken gerathen, als wenn diese Holzsorten überflüßig, und am mehrsten in den Kiehnrevieren vorhanden seyn müßten; jedoch beweisen die Taxationen das Gegentheil, indem von selbigen der jährliche Ertrag niemals so stark ist, als es zur Erfüllung der Landesbedürfnisse nöthig ist. Hingegen beweisen ebenfalls die Taxationen, daß vom kleinen Bauholze ein ungleich größerer Vorrath in den hiesigen Revieren befindlich ist. Wenn man nun erwägt, daß

starkBauholz 40 bis 46 Fuß lang, 10 bis 11 Zoll im Zopfe stark ist,
mittel — 36 — 40 — — 8 — — — — — — —
klein — 36 — — 6 — — — — — — —

so kann man die ganze Länge eines Stücks Mittelbauholz von 54 bis 60 Fuß mit dem Zopf und der Breite der Zweige 10 bis 12 Fuß rechnen. Wenn man ferner bei einem solchen Stücke Holz den Zopf mit seinen Zweigen eben so den Flächeninhalt wie bei einem Stück stark Bauholz berechnet, da es hier nicht auf die Stärke der Zweige ankommt; so wird bei der hier festgesetzten Zopfstärke das Mittelbauholz, wenn man es am Stamm 14 Zoll rechnet, auf eine Entfernung von 47 Fuß mit einer Kraft von 12000 Pfd. im Gleichgewichte stehen. Berechnet man aber den Inhalt des Zopfes nach einer halben elliptischen Fläche, so ist der Inhalt desselben 126 Quadratfuß. Wenn nun der Wind, so wie in der Einleitung angenommen ist, auf jeden dieser Quadratfüße nur mit einer Kraft von 2¼ Pfd. stößt, so wird die Wirkung dieses Stoßes eine Gewalt von 12000 Pfd. am Ruhepunkt hervorbringen; also durch diese geringe Kraft ist der Wind vermögend, ein Stück Mittelbaubanholz, wenn die Wurzel nicht nachgiebt, abzubrechen, woraus denn ganz deutlich hervorgeht, daß bei schwachem Winde, welchem stark Banholz wiedersteht, Mittelbanholz leicht geworfen oder zerbrochen werden kann.

Vieles von diesem Holze der 1sten Klasse stand frei in Schonungen und auf Räumden, welches denn durch den Wind gedrehet und desto leichter geworfen werden konnte. Bei manchen Schonungen, worin das junge Holz noch nicht zu hoch war, verursachte dieses keinen Schaden; wo aber noch nicht hinlänglicher Anflug vorhanden war, da fielen die Kosten zur Nachbesserung der Forstkasse zur Last. Es entstanden nun zwar hin und wieder Räumden, nachher aber, als der Raupenfraß das noch stehende Holz angriff, so wurden alle diese Räumden in Blößen verwandelt. Dieses, glaube ich, wird eine allgemeine Uebersicht geben können, welchen Forsten der Wind auf seinem Striche den mehresten Schaden zugefügt hat.

Zweites Kapitel.

Von einigen Ursachen, wodurch der Windfall vermehrt oder vermindert werden kann. Vorsichten, welche
dabei zu beobachten sind.

Wenn der Wind Holz zerbricht oder wirft, so können mancherlei Umstände den Windfall befördern oder vermindern. Es kömmt hierbei auf die Jahreszeit, auf die Witterung,
auf den Boden, auf die Bewirtschaftung des Forstes und auf die Lage desselben an.
Ein Sturm, der im Sommer entsteht, und das Holz in beträchtlicher Anzahl
wirft, ist in mehrerer Rücksicht schädlicher als im Winter. Denn erstlich wird das Holz
in vollem Safte geworfen, und auch 2tens die Oberfläche des Zopfes durch das Laub
vermehrt. Da ich nun in der Einleitung bewiesen habe, daß die Gewalt des Windes
auf das stehende Holz sich nach der Oberfläche seines Zopfes vermehrt, so kann der
Wind bei den Laubhölzern ungleich mehr Gewalt im Sommer als im Winter ausüben,
und verhältnißmäßig mehr Schaden verursachen. Bei dem Nadelholze tritt nun zwar
dieser Fall nicht ein, es ist aber beiden Holzarten doch nachtheilig, wenn sie in vollem
Safte geworfen werden. Ein Uebel, welches noch gemeiniglich zu dieser Jahreszeit eintritt, besteht darinn, daß alsdann die Holzschläger nicht so häufig zu haben sind als im
Winter, also das geworfene Holz nicht sobald gekürzt, beschlagen, oder zu Klafterholz
aufgehauen werden kann. Es ist aber besonders dem Bau- und Nutzholze nachtheilig,
wenn es in der Borke um diese Jahreszeit, wo eine Gährung der Säfte nebst allen
üblen Folgen, welche hieraus für das Holz entstehen, unvermeidlich sind, zu lange liegen bleibt. Trift ein solcher Sturm zu einer Zeit, wo Eicheln und Buchnüsse, im
Nadelholze aber viel Zapfen und Aepfel angesetzt haben, und eine gute Mast und ein rei-
ches Saamenjahr versprechen, so wird der Schade hierdurch noch größer. Da verhältnißmäßig vom belaubten Holze mehrere Stämme geworfen werden, so werden auch verhältnißmäßig mehrere geschoben, gedrückt und wurzellos gemacht, welches für die
Bäume in vollem Safte noch nachtheiliger seyn muß, da die Bewegung der Säfte auf
den Seiten, wo die Wurzeln zerrissen sind, gehemmt wird, und sodann der Saft in Stok-
kung gerathen kann, welches nothwendig Krankheiten der Bäume verursachen muß.

Kommt nun noch hinzu, daß das Holz, welches vom Winde so gedrückt ist, daß die Wurzeln sogar von einer Seite entblößet werden, so ist der Schaden, wenn selbige der Hitze ausgesetzt sind, noch größer, zumal wenn sie nicht mit Erde beworfen werden, da bei dem Holze, welches mit der Wurzel geworfen ist, nichts nothwendiger ist als die Wurzel mit Erde zu bewerfen. *)

Die Stürme, welche im Winter entstehn, sind nicht so nachtheilig. In dem geworfenen Holze ist der Saft nicht mehr in einer merklichen Bewegung, und ist in Rücksicht des Verbrauchs dieses Holzes die beste Zeit, auch konserviret es sich länger, und alle die Nachtheile, welche ich oben bei den Stürmen im Sommer erwähnt habe, treten sodann entweder gar nicht ein, oder sie werden doch sehr gemindert, und sind leichter abzuhelfen.

Der Sturm kann auch dem Holze mehr oder weniger Schaden nach Beschaffenheit des Bodens zufügen. Die große Hitze im Sommer trocknet den Boden aus, besonders bei solchem Holze, welches keine Pfahlwurzel treibet, oder dessen Wurzeln sich nicht in beträchtlicher Tiefe, wo sie frischen Boden erreichen, erstrecken; dann kann der Wind ehr die Wurzel losreißen, und das Holz mit geringerer Kraft umwerfen, solcher Boden aber, der durch die Hitze hart wird, vermehrt den Widerstand. Es kann hingegen aber auch überflüßige Nässe denselben zu sehr durchweichen, und die Wurzeln von den Erdtheilen ablösen, so daß selbige weniger Widerstand gegen die Gewalt des Windes leisten können. Man findet oft Kiehnen im moorigten Grunde, daher diese Distrikte an einigen Orten Kiehnmooren genannt werden; diese, ob sie gleich zuweilen eine Länge von 90 Fuß und drüber nicht weniger eine Stamm-Stärke von 2 Fuß erreichen, so laufen doch ihre Wurzeln wegen des lockeren moorigten Bodens selten tief, und gemeiniglich findet man die tiefgehenden Wurzeln dieser Kiehnen abgestockt. Das auf solchem Boden stehende Holz, wenn es nur einigermaßen Zopfreich und von beträchtlicher Länge ist, kann durch eine weit geringere Kraft des Windes geworfen werden, als Holz, welches auf festem Boden steht.

Bei aller Situation und Beschaffenheit des Bodens tritt der Fall ein, daß im Winter, wenn durch harten Frost das Erdreich gefrohren ist, der Wind zum Umwerfen des Holzes mehr Gewalt anwenden muß als im Sommer bei offenem Erdreiche. Die Ursache davon ist einleuchtend. Der Sturm in den Jahren 1792 und 1793 geschah auch zu einer Zeit, wo das Erdreich nicht gefrohren war, und überhaupt war der

*) Des Herrn Oberforstmeisters v. Burgsdorff Forsthandbuch 2ter Theil. S. 474.

Winter von 1792 bis 1793, wie ich schon oben erwähnt habe, ziemlich gelinde, welches denn das Uebel auch vergrößerte.

Dieses sind Vorfälle, welche von der Natur abhangen, und welche den Windfall in den Forsten vermehren oder vermindern können; andere Ursachen findet man öfters in der Lage der Forsten. Forsten, welche an einem Orte liegen, der den herrschenden Winden ausgesetzt ist, müssen auch die heftigsten Anfälle derselben ausstehen. Andere, welche in Thälern liegen, und durch eine Reihe Berge von der Windseite gedeckt werden, sind der Gewalt derselben nicht so sehr ausgesetzt. Eben dieses geschieht, wenn sie durch andere Forsten, die höher liegen, gedeckt werden. Liegen die Forsten aber in Thälern, welche auf der Windseite offen sind, so sind diese noch übler daran, denn der Wind schlägt an die Bergwände, prellt wieder zurück, und trift desto heftiger auf einen Gegenstand an einem oder dem andern Orte. Dergleichen Winde entstehen besonders auf dem Genfersee, wo sie in der Mitte desselben in entgegengesetzter Richtung zusammentreffen, und auf den ihm im Wege stehenden Gegenstand mit größerer Gewalt wirken, und gemeiniglich viel Schaden verursachen.

Andere Ursachen hingegen können die Beförderung des Windfalls in den Forsten veranlassen, und haben in der nachtheiligen Bewirtschaftung der Forsten ihren Grund. Wenn man in Zeiten sich nicht darum bekümmert, zur rechten Zeit das alte Holz aus den Schonungen zu hauen, so wird es vor Alter faul, und kann von einem nicht starken Winde geworfen werden. Man sieht davon noch Beispiele in den Wildnissen und an Oertern, wo das Holz keinen Absatz findet, wo ganze Stämme auf der Erde vermodert sind, und eine Menge junger Anflug auf ihrer vermoderten Holzerde den Schaden, den sie durch ihren Fall an dem jungen Holze gethan haben, ersetzen; wo hingegen das Holz beiräthig ist, da ist auch der Schaden, den dergleichen Windfälle im jungen Holze verursachen, beträchtlicher.

In gebirgigten Forsten, wo der Wind öfter und noch mit mehr Gewalt das Holz beschädigen kann, können auch Windbrüche entstehen, wenn man den Hau so anlegt, daß man dem Winde dadurch den Eingang in ein Revier öffnet. Ich habe dergleichen Windfälle auf dem Harz gesehen, die durch den Hau des Nachbarn verursacht wurden. Der Wind hatte das Holz sowohl auf der Kappe des Berges, als auch auf dem entgegengesetzten Abhange desselben geworfen, und hatte erst da aufgehört, wo sich das Terrain wieder erhob und das Holz sich zusammenschloß. Hiernach können also durch eine ungeschickte Anweisung der Schläge Windfälle vermehrt, ja wohl gar verursacht werden. *)

*) Herrn Oberforstmeisters v. Burgsdorff Forsthandbuch 2ter Theil, S. 472.

Werden Schläge gehörig angelegt und nach der Reihe angehauen, so kann das Uebel des Windfalls dadurch sehr verringert werden. Die Plänterwirthschaft, wodurch geschlossenes hohes Holz ausgelichtet, und der Eingang von allen Seiten geöffnet wird, kann den Schaden des Windbruchs sehr vermehren, und es kann dadurch ein Distrikt so zu Grunde gerichtet werden, daß weder Saamenbäume noch Holz zum Schatten darauf bleiben, und der Ort aus der Hand mit vielen Kosten angebaut, und mit nicht mindern Kosten oft nachgebessert werden muß. Besonders ist dergleichen Plänterhau in Holzarten, die flache Wurzeln haben, noch nachtheiliger.

Diesen Nachtheilen kann zum Theil abgeholfen werden, wenn das alte Holz, sobald es seine Dienste gethan, zur rechten Zeit aus den Schonungen gehauen wird, und wenn man in verhauenen Forsten alles alte Holz, was in den jüngern Klassen verwachsen ist, und ohne besondern Nachtheil noch herausgenommen werden kann, so bald als möglich hauen läßt. Bei Anlegung der Haue ist die Lage des Forstes in Acht zu nehmen, wo die stärksten und heftigsten Winde herkommen, welches gemeiniglich in der Kurmark aus Süd=West und Nord=West zu geschehen pflegt. Forsten aber in Vorpommern, welche an der Ostsee liegen, sind Nord=Ost und Nord=West=Winde gefährlich. In den Ostpreußischen Forsten sind Nord= und Nord=West=Winde, und überhaupt die Winde und Stürme von der See zu befürchten. In andern Ländern kann auch aus andern Gegenden herrschende Winde durch die Erfahrung bekannt seyn, welchen man durch den Hau den Eingang zu öffnen sich hüten muß. Wenn auch die Vorschrift, den Hau in Kiehnenrevieren von Morgen gegen Abend zu führen, der Absicht um den Anflug zu befördern, nicht ganz entsprechen sollte, so ist diese Richtung des Haues wegen der herrschenden Winde doch gut, und deshalb, wenn nicht andere lokale Umstände eine Abänderung nothwendig machen, als eine Regel beizubehalten.

In gebirgigten Forsten hat man aber nicht allein auf die herrschenden Winde zu sehen, sondern nach dem, was ich oben angeführt habe, kann der Windstrich durch Berge und Thäler so verändert werden, daß er nach verschiedenen Direktionen zurückgeworfen wird, und auf das Holz trift, wo man es am wenigsten vermuthet hat. Hierbei müssen lokale Kenntnisse und Erfahrung Anleitung geben. Im Ganzen sind in solchen Gegenden lange und schmale Haue vorzüglich gut, da überdem auf Gebirgen nicht einzelne Saamenbäume übergehalten werden können; noch nachtheiliger würde hier das Auslichten des Holzes werden, besonders von solchen Arten, die flache Wurzeln haben, und in gebirgigten Forsten vielfältig angetroffen werden.

Drittes Kapitel.

Menge des vom Winde in den Jahren 1792 und 1793 geworfenen Holzes, und Maaßregeln, welche man zu Verwendung deſſelben genommen hat.

Ich komme nunmehro zu der nähern Beſtimmung der Quantität des Holzes, welches der Windbruch in den Königl. Preußiſchen, beſonders aber Kurmärkiſchen Forſten geworfen hat.

Die am Ende dieſes Abſchnitts beiliegende Tabelle weiſet die Menge des geworfenen Holzes ſowohl durch den Sturm im December 1792, als nachher im März 1793 nach. Der Werth dieſes Holzes beträgt zwar über 1 Million Thaler, allein dabei würde kein Verluſt entſtanden ſeyn, weil dieſes Holz in der Kurmark durch die jährlichen Landesbedürfniſſe, ohne von ſeinem Werth zu verliehren, konſumiret werden konnte. Denn aus den Kurmärkiſchen Forſten allein ſind zu Erfüllung des Etats und der Landesbedürfniſſe an Bau = und Klafterholz nach der geringſten Berechnung 287,683 Bauſtämme nöthig; überhaupt aber kann man nur rechnen, daß durch den Wind 772,455 Bauſtämme geworfen ſind; es würde alſo in einer Zeit von 2 bis 3 Jahren alles vom Winde geworfene Holz konſumiret worden ſeyn. Denn viele Bäume hatten noch Fallborte, und konnten ſich noch lange konſerviren; überhaupt aber, ſo ſehr auch dieſes Unglück Manchen beunruhigte, ſo war doch die Zeit der Konſumtion ohne Nachtheil des Holzes abzuſehen. Die Räumden und Blößen, welche dadurch entſtanden, waren nicht ſehr beträchtlich, und auf den mehreſten blieben noch Saamenbäume, ſo daß eine beträchtliche Beſaamung aus der Hand mit Koſten zu bewirken nicht nöthig war.

Es iſt nun wohl ganz richtig, daß das vom Winde geworfene Holz in vorerwähnter Zeit konſumiret werden konnte; in allen den Revieren aber, welche beſonders gelitten hatten, und worin von der 1ſten Klaſſe viel Holz geworfen wurde, war wohl der größeſte Nachtheil, daß es den Beſtand dieſer Klaſſe, welcher überdies ſchwach iſt, am meiſten traf, und den Ertrag verringerte. In denjenigen Forſten alſo, worin in der

1sten Klasse nicht mehr Holz geworfen wurde, als das Abschätzungsquantum nach dem jährigen Ertrag oder nach dem Durchschnitt der Landesbedürfnisse von einigen Jahren zu Erfüllung eines Jahres nöthig war, konnte man den Schaden als unbedeutend ansehen, denn höchstens konnte er darin bestehen, daß durch den Fall des Holzes ein Stück Bauholz so beschädiget war, daß es nur zu Brennholz gebrancht werden konnte.

In anderen hingegen, z. B. in dem sogenannten Zechliner Revier, war mehr Holz geworfen, als nach den jährlichen Landesbedürfnissen in 20 Jahren konsumiret werden konnte, so wie es denn auch im Hangelsberger Revier erst in 6 Jahren nach den jährlichen Landesbedürfnissen zu verwenden möglich war.

Diese Forsten also, wenn man hiezu das im vorigen Abschnitt angegebene von den Raupen zerstöhrte Holzquantum rechnet, erforderten ganz besonders wirksame Maaßregeln zu Verwendung des Holzes.

Die Berichte, so von dem Schaden, welche der Windbruch vom 10ten bis zum 11ten, wie auch vom 19ten December 1791 verursacht hatte, einliefen, schilderten denselben außerordentlich groß. Da der Wind auf einmal das Holz, welches man kurz vorher geschlossen stehen sah, plötzlich zu Boden gestreckt hatte, so mußte solches lebhafter in die Augen fallen, und eine größere Sensation verursachen, als der Schaden, welcher durch den Raupenfraß entsteht, da sich dieser nur nach und nach äußert, und mancher ausgrünende Stamm täuscht mit einer angenehmen Hoffnung, daß sich das Holz noch wieder erhohlen wird, der Schaden vom Windbruche aber lag nach seiner ganzen Größe offenbar vor Augen.

Das erste, was bei den einlaufenden Nachrichten von diesem Uebel verfügt wurde, war, die verfallenen Wege sogleich aufzuräumen, damit die Passagen wieder hergestellt werden konnten. Hierbei wurde für nöthig erachtet, die Forstbedienten anzuweisen, mit dem Kürzen des Holzes so zu verfahren, wie es dem Interesse der Forsten angemessen, und solches so zu bewirken, daß das Holz nichts an seinem Werthe verlöhre.

Während dieser Arbeit mußten sich die Forstbedienten mit Verfertigung eines Ueberschlags von dem geworfenen Holze, und wie viel wohl Nutz- und Brennholz darunter befindlich seyn konnte, beschäftigen. Hierzu habe ich einige Mittel, im 2ten Theil meiner Anweisung zur Taxation (S. 514.) angegeben; ich übergehe also hier diesen Punkt, zumal ich auch dort die Nothwendigkeit dergleichen Ueberschläge gezeigt habe.

Sobald nur einigermaaßen die Menge des geworfenen Holzes in jedem Forste übersehbar wurde, so wurden auch Maaßregeln zur Verwendung desselben ergriffen.

Die Grundsätze, worauf sie beruheten, bestanden erstlich darinn, daß in den Forsten, wo kein Debit und das Quantum des geworfenen Holzes gröſſer als die Landes-bedürfniſſe auf mehrere Jahre war, der Debit möglichſt befördert werden ſollte. Zwei-tens, wo die Menge des Holzes ſo groß war, daß die Landesbedürfniſſe auf ſo viel Jahre, als es ſich konſerviren konnte, erfüllt werden konnten; da ſuchte man das Holz in ſolchen Zuſtand zu ſetzen, daß es ſich ſo lange als möglich erhalten konnte. Drittens wurde der durch die Taxation ausgemittelte jährige Ertrag, in Ermangelung deſſen aber der Durch-ſchnitt, was die Forſten in einigen Jahren haben tragen müſſen, mit Verbindung des De-bits nach jedes Forſtes Lage und Gelegenheit zum Grunde gelegt, und hiernach die Maaß-regeln zu Verwendung des vom Winde geworfenen Holzes genommen. Sie haben viel gemeinſchaftliches mit denen, welche zu Verwendung des Raupenfraßes im 6ten Kapitel des vorigen Abſchnitts umſtändlich ſind angegeben worden.

Auch bei dieſen ſo in die Augen fallenden Verwüſtungen des Windes in den For-ſten wurde ſo mancher biedere Forſtmann bewogen, der höheren Forſtdirektion zu Ver-wendung des geworfenen Holzes, oder zu Aufbewahrung deſſelben Vorſchläge zu thun, welche denn nicht anders als ſehr willkommen ſeyn konnten, weil man dadurch Gele-genheit erhielt, eine zweckmäßige Wahl unter ſelbigen zu treffen.

Man brachte in Vorſchlag, die geworfenen Stämme doppelt an Zopf und Stamm anſchlagen zu laſſen, welches unter ſolchen Umſtänden, wenn das Holz lange liegen bleiben muß, Defraudationen einigermaßen verhindern konnte. Ferner wurde in Vor-ſchlag gebracht, das Holz in Magazinen aufzubewahren, auf einige Jahre den Depu-tanten das Holz voraus zu geben und das Nutzholzmagazin mit einem ſo großen Vorrath als möglich zu verſehen. Das Einbringen des Holzes ins Waſſer hielt man nur auf 2 Jahre wirkſam. Die Erbauung großer Schuppen ohne Wände, worunter das Holz bewalochtet aufgeſtapelt werden ſollte, wurde auch in Vorſchlag gebracht. Fer-ner, daß die Unterthanen zur Räumung des Windbruchs angeſtellt, und den Forſtbe-dienten nachgegeben werden ſollte, ohne Anfrage Gelder zu Räumung des Windbruchs zu verwenden; auch trug man an, daß die Unterthanen durch ihr Geſpann das Holz auseinander rücken ſollten. Dieſe und andere Vorſchläge wurden nach geſchehener Prü-fung und nach Befinden der Umſtände angewandt.

Sobald die Ueberſchläge des Schadens, von dem Windbruch in jedem Forſte vorlagen, ſo wurden von den Oberforſtmeiſtern Vorſchläge zur Verwendung des gewor-fenen Holzes, und zwar zu ſolchen Artikeln, wie es den hieſigen Landesverfaſſungen an-gemeſſen iſt, gefodert. Hierbei lagen, ſo wie bei allen übrigen Holzverwendungen, Lan-desbedürfniſſe und verfaſſungsmäßige Abgaben zum Grunde, wovon das Detail auf

lokale

lofale Kenntniſſe, uch auf Beſchaffenheit der Zeit und Umſtände beruhet, und welche den Oberforſtmeiſtern am beſten bekannt ſeyn mußten. Hieraus entſtand eine Nachweiſung unter folgenden Konſumtionsrubriken.

1) Zu ordinären Landesbedürfniſſen.

2) Durch Vorſchüſſe an die Deputanten.

3) An die Haupt = Nutzholz = Adminiſtration.

4) An die Haupt = Brennholz = Adminiſtration.

5) An das Hof = Bauamt.

6) An das Nutzhol = Magazin.

7) Zu extra Bau = und Reparatur = Holz, auch zu den vom Winde beſchädigten Gebäuden.

8) Durch Verkauf und an die Deputanten.

Das Quantum des geworfenen Holzes wurde (nur wenige Forſten ausgenommen) nach den Vorſchlägen der Oberforſtmeiſter durch dieſe Artikel abſorbiret, und in denen Forſten, wo dieſes nicht der Fall war, konnte einigermaßen doch überſehen werden, wie viel Holz noch übrig blieb, und auf wie lange ſolches zu den Landesbedürfniſſen verabreicht werden konnte. Hiernach wurde nun die Art, wie es konſerviret werden ſollte, beſtimmt. Das Königl. Ober=Baudepartement war der Meinung, daß, wenn das Holz aus der Borke gebracht, und auf Unterlagen gelegt würde, ſo könne es ſich auf einige Jahre konſerviren. Der gelehrte Herr Direktor und Profeſſor Achard ſchlug vor, das Holz ins Waſſer zu bringen, worinn es ſich viele Jahre konſerviren würde; andere aber wollten dieſem Vorſchlage nicht ganz Beifall geben, jedoch führeten ſie keine Gründe an, wodurch ſelbiger entkräftet werden konnte. Wie ſehr die Aufbewahrung des Holzes in Magazinen erſchweret, und die Wiedererſtattung der darauf verwandten Koſten mißlich wurde, habe ich bereits beim Raupenfraß erwähnt, und ebenfalls die Urſachen bemerkt, warum das Zuſammenfahren in großen Parthien, und das Aufſtapeln nicht rathſam war.

Doch kann ich hier einen Umſtand nicht unbemerkt laſſen, welchen ich oben bei Konſervation des raupenfräßigen Holzes zwar berührt habe, aber worüber ich mich noch näher herauslaſſen muß, weil die Quantität des vom Windbruche konſervirten Holzes noch größer iſt, und ſich die Koſten alſo höher belaufen, als das von dem Raupenfraß in Konſervationsſtand geſetzte Holz. Ob die Koſten zu Konſervation des vom Winde geworfenen Holzes, ohnedies es dem Verderben gewiß ausgeſetzt wurde, von den Empfängern nicht mit Recht, wenn auch von denen, welche frei Bauholz oder doch nur gegen

3

geringe Bezahlung aus Königl. Forsten erhalten, wiedergefodert werden konnten, hierüber war man nicht einerlei Meinung. Man glaubte, die Forsten müßten dieses Unglück, und was sie hierbei verliehren, so gut wie die Domänen Mißwachs und Viehster-
ben, ertragen. Bei dieser Aeußerung war also nur mit Sicherheit auf die Wiedererstattung der Konservationskosten von dem Holze, welches zum Verkauf gegen volle Bezahlung übrig blieb, zu rechnen. Erwägt man aber, daß jedes Bauholz, ehe es verbraucht
werden kann, gestämmt, gekürzt oder gezöpfet, d. i. der Zopf abgeschnitten und be-
waldrechtet werden, und daß dieses der Bauherr für Geld bewürken lassen muß, daß,
wenn ferner das Bewaldrechten in dem Forst geschieht, der Transport dadurch erleichtert
wird, so sollte ich glauben, diese Gründe verdienten einige Rücksicht. Man wandte zwar
dagegen ein, der Bauer stämme und zöpfe sich das Holz selber, wenn er keine Feldarbei-
ten habe. Allein so wenig dieses als das nachherige Bewaldrechten sollte ihm bei guter
Anwendung des Holzes bewilligt werden, sondern es müßte solches durch Zimmerleute geschehen, welche sich damit so einzurichten wissen, daß davon der beste Gebrauch zum
Bauen gemacht werden kann. Um nun doch so wenig Kosten als möglich auf das
Spiel zu setzen, so wurde das meiste Holz bloß geschält und auf Unterlagen gebracht,
bei der Konservation der Hölzer aber in Ansehung der Quantität der Sorten wurde angenommen, nicht mehr klein Bauholz in Konservationsstand zu setzen, als in einem
Jahre verabreicht werden konnte, mittel und stark aber so viel als möglich. Ins Wasser wurde wenig Mittelbauholz, hingegen so viel starkes und Sageblöcke, als zum
Verkauf nach Abzug der Landesbedürfnisse übrig bleiben, gebracht. Warum auf das
Zusammenfahren des Holzes und Ausstapeln in großen Parthien nicht Rücksicht genommen werden konnte, weil es höchstens dazu dienen würde, einige Stücke vor Defraudationen zu sichern, habe ich bereits im 1sten Abschnitt bei dem Raupenfraß erwähnt.

Hiernächst war es nothwendig, so viele Arbeiter als möglich zur Aufräumung des
Windbruchs herbei zu schaffen, und besonders das zu Wasserbringen des geworfenen Holzes möglichst geschwinde zu besorgen. Es wurden also auf Befehl der hohen Landeskollegia
den Forstbedienten gegen Bezahlung Arbeiter von den Aemtern gestellt; vorzüglich war
diese Verfügung bei Aufräumung der Wege nothwendig. Damit nun auch bei der An-
fuhr des Holzes an das Wasser alle mögliche Menage beobachtet werden möchte, so
wurden die Fuhren öffentlich ausgeboten, und denen welche sie am wohlfeilsten verrichten wollten zugeschlagen.

Die Kosten für das zu Wasserbringen des Holzes beliefen sich ziemlich hoch, und
überdem, wie ich oben erwähnt habe, so wurde noch von Manchen die lange Dauer

des Holzes im Wasser in Zweifel gezogen. Ich habe bereits oben Seite 144 etwas über diesen Gegenstand bemerkt, muß aber hier noch zu Unterstützung der Gründe, warum sich gesundes Holz im Wasser, wenn es gehörig behandelt wird, lange Zeit konserviren kann, hinzusetzen, daß dieses sowohl, wie oben erwähnt, von einem unserer ersten Naturforscher dem Herrn Achard im Vorschlag gebracht wurde, als daß auch der Landbaumeister Herr Keferstein, und andere Baumeister, welche durch ihre Schriften rühmlichst bekannt sind, und sehr oft mit Holz, welches im Wasser gelegen, haben bauen müssen, versichern, daß es gut zum Bau geblieben ist. Ich will hierbei nur das, was einer unserer ersten praktischen Baumeister, der verstorbene Bauinspektor Manger *) zu Potsdam geschrieben, der viel mit dergleichen Holz gebauet, und es jederzeit gut befunden hat, bemerken. Das Holz, welches lange im Wasser gelegen hat, kann zum Brennen, und zwar zum Kohlenschwelen nicht so gut seyn als trockenes; darinnen liegt aber kein Widerspruch, daß es deshalb doch zum Bauen brauchbar seyn kann. Ich führe hierüber das Urtheil des von Carlowitz an, **) welcher aus Erfahrung behaupten will, daß das Holz, so im Wasser gelegen hat, zum Kohlenschwelen nicht tauglich ist, jedoch aber zum Bauen besser seyn könnte. Erinnert man sich ferner, was ich dieserhalb oben bei Konservation des von den Raupen zerstörten Holzes gesagt habe, daß das Wasser das Holz für die Wirkung der freien Luft verschließt, da es aber doch die salzigen Theile des Holzes auflöset, so kann dadurch die Kohle Festigkeit und das Holz bei dem Verbrennen einen anhaltenden Grad der Hitze verliehren. Die Fiebern des gesunden Kiehnholzes sind aber harziger und zäher, als von andern Holzarten, das Wasser löset die öhligten und harzigten Theile dieses Holzes nicht auf, und diese sind es, welche es als Bauholz vorzüglich brauchbar machen. Daher ist von diesen vornehmsten Bestandtheilen, wenn das Holz im Wasser liegt, nicht so viel Verlust zu besorgen, als wenn solches Holz den Sommer über auf dem Trockenen und im Freien liegt, wo es der Sonnenhitze und der abwechselnden Witterung ausgesetzt ist, wodurch die öhligten und harzigten Theile aufgelöset werden, ausdünsten, und dem Holze entzogen werden.

Es folgt aber hieraus

1) daß, wenn man Holz zu Wasser bringt, um solches eine geraume Zeit darin zu konserviren, so muß es wie ein Floß aber etwas weitläuftiger verbunden, sodann mit Holz

*) Oekonomische Baumwissenschaft, S. 51.
**) v. Carlowitz wilde Baumzucht, S. 258.

oder Steinen so beschweret werden, daß kein Theil von demselben außer Wasser liegt und der freien Luft ausgesetzt bleibe.

2) ist die Verbindung in Plätzen wegen der Winde nothwendig, auch müssen diese Plätze mit den gehörigen Schrickpfählen versehen, und damit befestiget werden, außerdem, wenn der Wind die Plätze auseinander reißt, neue Verbindungskosten erfordert werden.

3) muß man das Holz nicht aus der Borke bringen, wie es hin und wieder geschehen ist; dieses ist nur bei solchem Holze, welches auf dem Trockenen konserviret werden soll, nothwendig.

Nach dem Vorschlage des Ober-Baudepartements, wie oben erwähnt, wurde also das mehreste Holz, welches auf dem Lande aufbewahret wurde, abgeborkt, und auf so hohe Unterlagen gelegt, daß es die Erde nicht berühren konnte, und in diesem Zustande hat es sich 3 bis 4 Jahre recht gut erhalten. Man siehet auch täglich, daß beschlagenes Bauholz, wenn es auch wirklich blau angelaufen, doch noch recht gut zum Bauen ist, wenn es auf erwähnte Art ist konserviret worden. v. Carlowitz *) will es durch die Erfahrung erprobt haben, daß das Kiefernholz, wenn es beschlagen wird, und im Wetter einige Jahre lang liegen bleibt, bis es ganz schwarz oder blau anläuft, und sodann verbaut wird, es länger dauern soll als sonst; sogar soll auch der Splint nicht so leicht verderben.

Alles Holz, welches aber vom Winde nur gedrückt oder geschoben war, auch dasjenige, was Fallborthen hatte, und wo noch Erde an der Wurzel hing, oder die Wurzel mit ein Theil Erde verbunden war, blieb vor der Hand unberührt stehen, und die Wurzeln wurden mit Erde beworfen. Dieses Holz erhielt sich noch lange grün, und trieb sogar noch Nadeln.

Durch die getroffene Anstalt wurde also ein beträchtliches Quantum von dem durch den Wind geworfenen Holze in kurzer Zeit sowohl ins Wasser gebracht, als auch auf Unterlagen konserviret, nehmlich:

---

*) v. Carlowitz wilde Baumzucht, S. 250.

Zimmer 332 ins Waſſer 2 Stück auf Unterlagen in Summa 234 Stück.

extra ſtark 2972	—	444	— — —		—	3416 —
ordinair ſtark 10916	—	10892	— — —		—	21808 —
mittel 7407	—	28900	— — —		—	36307 —
klein 1204	—	21122	— — —		—	22326 —
Sageblöcke 2623	—	1067	— — —			3690 —
25454	—	62427	— — —		—	87781 —

Dieſe Berechnung zeiget auch, nach welchen Grundſätzen man bei Konſervation dieſes Holzes verfahren hat. Die ſtarken Holzſorten, welche nicht debitiret werden konnten, wurde ins Waſſer gebracht, und dabei auf die ſtärkern Hölzer mehr Rückſicht genommen, als auf die ſchwächern Holzſorten, weil von letzteren nicht ſo viel zu verkaufen möglich war, alſo die Konſervationskoſten würden verlohren gegangen ſeyn. Das Holz von dem man glauben konnte, daß es ſich noch 2 bis 3 Jahre konſerviren würde, wurde abgeborkt, und auf Unterlagen gebracht. Beſonders aber wurde auf das Mittelbauholz, welches zu den Landbauten am meiſten gebraucht wird, Rückſicht genommen, und die größte Anzahl davon in Konſervationsſtand geſetzt. Die Konſervationskoſten von dieſen 87781 Stücken von allerhand Holzſorten betrugen 30187 Rthlr.

Das Anrücken des Holzes war theuer oder wohlfeiler nach den verſchiedenen Entfernungen. Einen Ueberſchlag der Transportkoſten wird man hiernach und nach den Futterpreiſen, auch mit wie viel Stück Pferden ein Stück Holz angefahren werden mußte, leicht machen können; wobei aber die Zeit in Acht genommen werden muß, wenn der Landmann mit ſeinem Geſpann nicht viel zu thun hat.

Um für die Zukunft doch einigermaßen Beiſpiele von ſolchen Transportkoſten zu geben, ſo wurde in dem Hangelsberger Forſt pro Stück extra ſtark Bauholz an die alte Spree, im größten Durchſchnitt ½ Meile, zu rucken, 1 Rthlr. 4 Gr., ordinär ſtark 1 Rthlr., für den Sageblock 1 Rthlr., Mittelbauholz 20 Gr., klein Bauholz 16 Gr. zu mindeſten Preiſen bezahlt.

Hingegen aus dem ſogenannten Neubrücker Forſt, Jakobsdorfer Revier wurde nur pro Stück extra ſtark 12 Gr., ordinär ſtark 10 Gr., für einen Sageblock 10 Gr., Mittelbauholz 8½ Gr. klein Bauholz 6 Gr.; in den ſogenannten Kersdorfer See, im größeſten Durchſchnitt kaum ¼ Meile weit, zu bringen bezahlt. In dem ſogenannten Rüdersdorfer Forſt waren die Preiſe gleich denen in der Hangelsberger; in Anſehung des Mittel = und kleinen Bauholzes wurden aber hier die Preiſe zu hoch gefunden.

Das Bewaldrechten des Holzes iſt nach der Bautaxe von 1755 bezahlt, nehmlich das Stück stark Bauholz 3 Gr. pro Stück, Mittelbauholz aber 2 Gr. Für das Beschalen und auf Unterlagen zu bringen, würde für klein Bauholz 1 Gr., und für das übrige im Durchschnitt 1 Gr. 6 Pf. bezahlt.

Das Zusammenfahren des Bauholzes in grosen Parthien wurde aus den oben angeführten Ursachen nur an wenig Orten beliebt, und ebenfalls habe ich schon angeführt, warum die Aufbewahrung des Holzes in Schoppen und Magazine nicht statt finden konnte. Indessen traten doch einige Dorfschaften zusammen, und fuhren eine Anzahl Bauholz, so viel sie auf mehrere Jahre zu ihren Bauten und Reparaturen zu brauchen glaubten, aus den Forsten an, um sich bei ihren Dörfern Magazine anzulegen. Es wurde ihnen zwar nachgegeben, jedoch die Verfügung getroffen, daß alle für ein, und einer für alle für dieses Holz stehen mußten, daß sie ferner, ohne Assignationen nachzusuchen, kein Stück verbrauchen durften, und daß sie solches an Oertern aufheben sollten wo bei entstehendem Feuer das Holz weder leiden, noch das Unglück sich mehr verbreiten könnte. Jedoch waren nur wenig Dorfschaften hierzu geneigt, und das Quantum welches dadurch aus dem Forst geschafft wurde, war nicht groß. Hätten die Dorfschaften dieses Bauholz unter eine Bedeckung, und auf Unterlagen gebracht, so war diese Konservation sehr gut, und das Holz konnte manches Jahr ausdauern. Da solches aber bei den mehrsten nicht geschehen ist, oder nicht geschehen konnte, und auch nicht nachzugeben war, daß sie dieses Holz auf ihren Höfen ins Trockene brachten, so kann leicht die Folge daraus entstehen, daß das Holz, wenn es einige Jahre unter freiem Himmel liegen bleibt, fault, und zum Bauen untüchtig wird, so daß es ihnen am Ende zu Brennholz angewiesen werden muß. Die Absicht war übrigens sehr gut, und die Königl. Kurmärk. Kammer ließ die hierüber getroffenen Verfügungen des Forstdepartements an alle Domänen und Forstämter unter dem 28ten Februar 1703. bekannt machen. Durch alle diese Maaßregeln wurde das von dem Wind geworfene Holz, wie ich im folgenden Kapitel mit mehrerem zeigen werde, in der Art verwandt, daß kaum der dreißigste Theil von dem Werthe des Holzes verlohren worden ist.

Viertes Kapitel.

Die Berechnung dieses Schadens hat mit derjenigen, welche im 1sten Abschnitt bei dem Raupenfraß ist angenommen worden, vieles gemein, jedoch fällt dabei noch mancher Nachtheil, der bei dem durch den Raupenfraß zerstörten Holze in Ansatz gebracht werden mußte, weg. Hauptsächlich kommt es bei dieser Berechnung nur auf 2 Punkte an, nehmlich:

I. Was beträgt der Schaden in der 1sten Klasse?

II. Und wieviel beträgt er in den jüngern Klassen?

Bei dem 1sten muß in Rechnung gebracht werden:

1) Was das geworfene Holz an seinem Werthe, und also auch durch die geringere Taxe verlohren hat.

2) Um wieviel hat der durch die geworfene Quantität Holz entstandene Vorgriff, den jährigen Ertrag der Forsten verringert? wobei hier sowohl der Ertrag der Kiehnen- als der Laubholzreviere in Rechnung kommen muß.

1) Die Gründe, worauf die Berechnungen ad 1. angelegt worden, sind denen bei dem Raupenfraß gleich.

a) Das ganze Quantum des geworfenen Holzes ist zuförderst, außer den Bohl- und Lattstämmen, zu voller Taxe mit dem Stamm, und bei den Eichen mit dem Pflanzgelde gerechnet worden.

Warum man die Bohl- und Lattstämme nicht mit zu dem Verluste gerechnet hat, ist deshalb geschehen, weil diese eigentlich zu dem Holz der jüngern Klassen gehören, und dieser Verlust auch bei diesen Klassen in Ansatz kommen wird. Die

184

Einnahme, welche die Forstkasse gegenwärtig von diesem jungen Holze erhält, ist als ein Zuschuß anzusehn, welcher der 1ten Klasse zu gute kommt.

Hiernach beträgt der Werth des Windbruchs, wie in beiliegender Tabelle nachgewiesen ist:

774392 Thlr. 2 Gr. 7 Pf. an Kiehnenholz.
201658 — 2 — 3 — in Laubholz.
_____
979050 Thlr. 4 Gr. 10 Pf.

b) Da nun von dem geworfenen Holze sehr viel zu den Landesbedürfnissen verwendet, und aus den Forsten seit 1792 bis jetzt, also 5 Jahre lang, wo der Windbruch noch zureichte, auch kein stehendes Holz ist gehauen worden; so ist auch, nach Maaßgabe der von jedem Forste zu verabreichenden Holzquantität, auf gewisse Jahre dieses Quantum zur vollen Taxe von dem Werthe des Windbruchs in Abzug gebracht worden. Es ist leicht abzunehmen, daß diese Berechnung durch den Zusammenfluß des durch die Raupen zerstörten und vom Winde geworfenen Holzes sehr muß erschwert worden seyn, zumal diese Berechnung fast von jedem Forst, welcher vom Windbruche gelitten hatte, besonders hat angelegt werden müssen. Um ferner zu zeigen, wie bei jedem Forste, nach der Menge des vom Winde geworfenen Holzes, die Jahre ausgemittelt worden sind, wie lange man wahrscheinlich den jährigen Bedarf von dem geworfenen Holze erfüllen konnte, so will ich davon ein Beispiel anführen:

Der jährige Bedarf, der aus dem sogenannten Königl. Ruppinschen Forste, nach einem Durchschnitt von einigen Jahren an Holz, zur vollen Taxe gerechnet, hat verabreicht werden müssen, beträgt 15634 Thlr. 14 Gr. 3 Pf. Es sind nun aus diesem Forste von dem Windbruche diese Bedürfnisse auf 5 Jahr, ohne stehendes Holz zu hauen, verabreicht worden, welches, nach voller Taxe gerechnet, 78172 Thlr. 23 Gr. 3 Pf. beträgt; überdem aber ist von diesem Holze noch ein ansehnliches Quantum im Wasser konservirt, welches am Werthe 21296 Thlr. beträgt. Das Holz aber, welches noch auf Unterlagen liegt, und am Werthe 17667 Thlr. beträgt, wird ebenfalls gewiß konsumirt, so daß alles das, was an vollem Werthe von dem geworfenen Holze als konsumirt abgeht, sich auf 117135 Thlr. beläuft. Wenn nun dieses mit dem Werth des jährigen Bedarfs dividirt wird $\frac{117135}{15634} = 7\frac{1}{2}$ Jahr; daher denn in diesem Forste, von der Zeit des Windfalles an, ein 8jähriger Ertrag ist zu gute gerechnet worden.

c) Nach-

c) Nachdem nun auf gleiche Art in allen Forsten prozediret worden, so sind überhaupt von dem ganzen Werthe des Windbruchs in den Kiehnenrevieren 461498 Thlr. 23 Gr. 5 Pf. und hierdurch dasjenige, was zur vollen Taxe zu konsumiren möglich gewesen und noch möglich ist, in Abzug gebracht worden. Da nun zu vermuthen ist, daß das noch nach diesen Jahren liegen bleibende Holz gewiß an seinem Werth verlieren müsse, so sind auch hier, wie oben bei dem Raupenfraß, die Sageblöcke zu ⅞ und das Bauholz zu ¼ des vollen Werthes in Rechnung gebracht worden, wodurch dann ein Verlust von 143207 Thlr. 15 Gr. 2 Pf. entsteht. Dahingegen aber auch noch der Werth des heruntergesetzten Kiehnholzes, von 169694 Thlr. 12 Gr., als eine Einnahme anzusehen ist.

Ferner sind die vom Winde geworfenen Bohl- und Lattstämme, als Holz von der 2ten Klasse, in Rücksicht, da sie nicht würden geholzet worden seyn, so lange wie der Hau in der 1ten Klasse geführet wird, so ist der Werth dieses Holzes als eine ausserordentliche Einnahme zu betrachten, welcher zur Verringerung des Schadens in der 1ten Klasse beiträgt. Da nun die Bohl- und Lattstämme im Windbruch von besserer Qualität als im Raupenfraß gewesen sind, so sind selbige auch zu einem höhern Werthe berechnet worden, dergestalt daß ¾ als Nutzholz, ¼ aber als Brennholz in Ansatz gebracht ist, wodurch dem Werthe des Holzes eine Summe von 8923 Thlr. 9 Gr. 9 Pf. zu gute kommt, so daß bei dem Windbruch in den Kiehnenrevieren eigentlich nur ein Verlust von 84564 Thlr. 17 Gr. 5 Pf. hervorgeht.

d) Bei den Laubhölzern, so von dem Winde geworfen worden, kann man aber eigentlich keinen Verlust in Rechnung bringen. Denn nach beigefügter Nachweisung ergiebt sich, daß nach Abzug dessen, was zu den Landesbedürfnissen und andern Abgaben, wie auch zur Erfüllung des Etats nöthig ist, noch ein Bestand von 60364 Thlr. an Holzwerth bleibt. Denn auch dieses Holz wird noch für die volle Taxe entweder verkauft oder verabreicht; daher kann eine Heruntersetzung der Taxe bei den vom Winde geworfenen Laubhölzern nicht statt finden, zumal da sogleich die Nutzholzadministration das darin befindliche Nutzholz aufgearbeitet hat, das übrige aber zu Brennholz aufgeschlagen worden, wobei so wenig eine Heruntersetzung der Taxe statt findet, als genehmigt worden ist.

2) Der 2te Verlust, welcher durch den Windbruch verursacht wird, entsteht durch den verminderten Ertrag von demjenigen Holze, welches, nach Abzug der verrechneten Konsumtion von 2 bis 9 Jahren, ohnedem aus den Forsten hätte gegeben werden

müssen, noch übrig bleibt. Dieses übrige Holz ist nur eigentlich als ein Vorgriff, der den jährigen Ertrag der Forsten heruntersetzt, anzusehn, und es frägt sich hiernächst, wie groß muß das Kapital seyn, welches, à 4 pro Cent placirt, den Ausfall so decken kann, daß der Ertrag des Forstes nicht heruntergesetzt werden darf?

Dieses Kapital kann nun in der Art ausgemittelt werden, wie solches oben bei dem Raupenfraß durch ein Beispiel deutlich ist gezeigt worden. Nach der hier Seite 190 beiliegenden Nachweisung, beträgt es 119575 Thlr. in Kiehnenrevieren, im Laubholzrevier ist es aber bei weitem nicht so beträchtlich, und beträgt 11875 Thlr.

Ich muß am Schluß dieses Kapitels einem Einwurf oder vielmehr einem Zweifel begegnen, der manchem bei dieser Berechnung beifallen könnte. Zuförderst bemerke ich nochmals, daß die im Windbruch als Einnahme berechnete Summe von 227107 Thlr. 6 Gr. nicht so angenommen werden kann, als wenn sie baar aus dem Werth des geworfenen Holzes zur Kasse geflossen ist, sondern man muß erwägen, daß davon noch ausserordentlich viel an Holzungsberechtigte überwiesen ist. Vergleicht man mit dieser Einnahme aber die Kapitalien, welche zur Deckung des verminderten Ertrags erfordert werden, so könnte aus dieser Vergleichung, im Windbruch sowohl als Raupenfraß, ein ansehnlicher Ueberschuß entstehn, so daß, wenn im Raupenfraß die Blößen und Räumden nicht aus der Hand in Holzanbau gebracht werden müßten, so wenig vom Raupenfraß als Windbruch einiger Verlust an dem jährigen baaren Ertrag der Forsten hätte entstehen können, weil mit einem weit kleinern Kapital, als der Werth des zerstörten Holzes beträgt, der Ausfall zu decken möglich ist.

Wenn der Werth des Holzes, so wie er berechnet worden, baar zur Kasse geflossen wäre, so würde dieses allerdings richtig seyn. Aber woher, wird man fragen, entsteht denn diese anfänglich paradox scheinende Berechnung?

Sie entsteht aus dem Unterschied der zwischen der Bewirthschaftung der dem Staate zugehörigen Forsten, und der, welche sich mancher Privatbesitzer, wenn ihm nicht Landesgesetze die Hände bänden, erlauben würde, wenn er die Forstbewirthschaftung, wodurch das mehrste baare Geld zu gewinnen ist, für die beste hält. Das Prinzip, wornach sich die Bewirthschaftung der dem Staat zugehörigen Forsten vorzüglich richten muß, ist Erhaltung des Materiale der Forsten, so viel als zu dem Wohlstand und Bedürfniß der Unterthanen nothwendig ist, und einen nachhaltigen möglichst gleichen Ertrag der Forsten zu erzielen. Dieses ist das große Ideal, was bei der Forstwirthschaft der dem Staate zugehörigen Forsten zur beständigen Bussole dienen muß.

Ganz entgegengesetzt diesen Grundsätzen handelt derjenige, der so viel Geld aus den Forsten als möglich zu lösen sucht, dieses sodann als ein Kapital ansieht, welches er nach möglichst hohen Zinsen zu nutzen trachtet. Der Unterschied zwischen Holz- und Geldnutzung ist hier schon in die Augen fallend.

Aus diesem wesentlichen Unterschied entspringt denn nun auch diese oben ange- führte paradox scheinende Berechnung.

Durch Windbruch und Raupenfraß sind ganz übermäßige Vorgriffe über den jährigen nachhaltigen Ertrag oder über das Vermögen des Forstes entstanden. Es ist eine Menge Holz geworfen und gehauen worden, wodurch mehrere Jahre der Ertrag der Forsten hätte erfüllt werden können. Diese übermäßige Menge Holz zu Gelde gerech- net, und als ein Kapital betrachtet, welches, wenn es auf 4 pro Cent Zinsen genutzt wer- den kann, nothwendig mehr eintragen muß, als die Menge des geworfenen und ge- hauenen Holzes, wenn solches auf dem Stamm geblieben, und damit forstmäßig und nachhaltig gewirthschaftet worden wäre. Ich will dieses, was ich hier sage, durch ein Beyspiel im Kleinen zu erklären suchen, welches aber auch bei den größesten Forsten Anwendung findet.

Man nehme einen Kiehnendistrikt von 120 Morgen an, welcher so regulär be- wirthschaftet werden, daß man nach einem Umtrieb von 120 Jahren jährlich den 120. Theil oder einen Morgen hauen kann. Man nehme den Bestand auf diesen Morgen ferner nach Taxationsprinzipien, einen Morgen von gutem Bestande, auf das geringste von 40 Klaftern an.

In Kiehnenrevieren von gutem Bestande kann man die Hälfte derselben als Bauholz, die andere Hälfte aber als Brennholz rechnen, also auf jeden Morgen gegen 20 Klafter Bauholz; diese betragen im Durchschnitt von allerhand Sorten incl. Stammgeld 3 Thlr. 10 Gr. pro Klafter, überhaupt 76 Thlr. 17 Gr., für 20 Klafter Brennholz incl. Stammgeld rechne man 18 Thlr. 18 Gr. Hiernach ist also der möglichst gleiche nachhaltige Ertrag von diesen 120 Morgen großen, ganz re- gulär bewirthschafteten gut bestandenem Reviere, auf 95 Thlr. 10 Gr. zu rechnen.

Angenommen aber, daß dieses ganze Revier mit dergl. haubarem Holze, von 40 Klaftern pro Morgen, bestanden sey, und Unglücksfälle oder unbeschränkter Hau ver- ursachten, daß dieses Holz auf einmal heruntergehauen und nach der Taxe verkauft wer- den dürfte, das daraus gelöste Kapital aber zu 4pro Cent Interessen ausgethan würde; so könnte man dadurch eine jährliche Revenüe von 120 × 95½ Thlr. = $\frac{11450}{120}$ ×

Aa 2

4 = 485 Thlr. erhalten, und um die Revenüen des Forstes von 95 Thlr. 10 Gr. zu decken, die man nur forstwirthschaftlich aus dem stehenden Holze ziehen könnte, würde man von den 11450 Thlr. nur ein Kapital von 2385 Thlr. à 4 pro Cent placiren dürfen, um jene Revenüe zu decken. Wenn auch nur der 9te Theil dieses Revieres in der angenommenen Art mit haubarem Holze bestanden wäre, und dieser gleich heruntergehauen, das Holz versilbert, und das Geld à 4 pro Cent ausgethan würde, so könnte dieses schon so viel Interesse à 4 pro Cent tragen, als zur Deckung des jährigen nachhaltigen Ertrags das stehende Holz nach forstwirthschaftlichen Prinzipien geben kann. Es würde aber auch ein Stillstand in der Holzung von 13 bis 14 Jahren durch diesen Vorgriff entstehen, welches für die Forstverwaltung eines dem Staate gehörigen Forstes unverantwortlich, und für die Unterthanen drückend seyn müßte.

Ich muß gegen meinen Wunsch von der weitern Ausführung dieses Gegenstandes abbrechen, da es hier nicht eigentlich zu meiner Absicht gehört, weitläuftig darüber zu dissertiren.

Nur kann ich nicht unbemerkt lassen, wie äußerst wichtig die Verwaltung der Forsten in einem Staate seyn müsse, welchen ausserordentlichen Glanz sie über die väterliche Vorsorge des Landesherrn verbreiten müsse, da hieraus hervorgeht, daß bei Benutzung der Forsten des Staats, nicht Gewinn, nicht Vermehrung baarer Einkünfte, sondern das Wohl der Unterthanen bis in die spätesten Zeiten zu erhalten beabsichtet wird. Wie gefährlich ist es aber auch, die Einkünfte durch Vorgriffe in den Forsten zu vermehren, und wohl gar dadurch Ausfälle in andern Branchen der Staatsbewirthschaftung zu decken! Der hier berührte Gegenstand giebt hierauf einen Fingerzeig, und beweiset durch die angeführten Beispiele in die Augen fallend, was regelmäßig bewirthschaftete Forsten dennoch dem Landesherrn eintragen, und wie hoch der Grund und Boden auf diese Art genutzt werden kann.

Der in dem obigen Beispiele angenommene Bestand ist keineswegs übertrieben, und es kann hiernach bei guter Bewirthschaftung jeder Morgen jährlich auf 19 Gr. 9 Pf. benutzt werden. Vergleicht man diesen Ertrag mit dem, welcher aus verhauenen Forsten aufkömmt, so wird der Unterschied sehr auffallen. Dieses ist aber nicht zu verwundern, wenn man einen Blick auf die ehemalige Bewirthschaftung, auf die schwankenden Prinzipien, die bei diesem Gegenstand obwalteten, und auf so manche andere Nebenumstände, die ich übergehe, ganz unbefangen werfen will. Kaum mit größter Mühe, Anstrengung, und nur mit vereinigtem guten Willen, Verzichtleistung

auf Nebenabſichten und Selbſtſucht, welche den erſten und den letzten Forſtbe=
dienten beſeelen muß, kann der Weg zur künftigen regulären Bewirthſchaftung
eingeleitet werden. Die Länge der Zeit, welche dieſes Naturprodukt von ſeiner Ent=
ſtehung bis zu ſeiner Benützung nöthig hat, läßt überdies mit mancher traurigen
Ahndung in die Zukunft blicken, daß auch dieſer, mit ſo vieler Mühe vorgezeichnete
Pfad verlaſſen, durch widrige Umſtände unkennbar gemacht und durch Verirrungen
verlohren gehen kann! Ich ſchließe dieſes Kapitel mit der Beantwortung der 2ten
Frage.

11. Wie viel beträgt der Schaden, welchen die 2te Klaſſe oder die künftigen Gene=
rationen durch den Windbruch erlitten haben? Alles, was ich über dieſen Ge=
genſtand, bei Berechnung des Verluſtes der 2ten Klaſſe, im Raupenfraß ange=
führt habe, findet auch hier ſtatt, und muß ich, um nicht zu wiederholen, dem
Leſer darauf hinweiſen.

Auch hier iſt in den jüngern Klaſſen der Zuwachs in der Art, wie bei dem
durch die Raupen zerſtörten jungen Holze, berechnet worden, ſo daß, wenn die=
ſes Holz zur 1ten Klaſſe übergegangen ſeyn wird, der wahrſcheinliche Werth,
den die jüngern Klaſſen dadurch verlohren haben, 55606 Thlr. 9 Gr. 9 Pf. be=
tragen kann, welcher, wenn man nur auf den Werth des Holzes ſieht, grö=
ßer iſt, als der, welchen die 1te Klaſſe von dem Windbruch erlitten hat. Aber
auch dieſer Verluſt wird, wenn das Holz der jüngern Klaſſen zum Hau kommt,
unmerklich bleiben; und wie viel könnte davon verlohren gegangen ſeyn, ehe ſol=
ches dieſes Alter erreicht haben würde!

Berechnung.

des Schadens, so die Königl. Kurmärkischen Forsten durch den Windbruch 1792 und 1793 erlitten haben.

	Thlr.	Gr.	Pf.
Windbruch.			
1) Im Kiehnenholze exclusive Bohl- und Lattstämme . . . . Hiervon können, nach Maasgabe der Taration und 4jährigem Durchschnitte, zur Befriedigung des Landesbedarfs, in Salvo gerechnet werden höchstens	774392 461489	2 23	7 5
Also Schaden .	312902	3	2

Der Verlust beträgt hiernach:
a) an deteriorir. Ertr. à 4 p. C. 119275 Thlr.
b) durch heruntergesetzte Taxe 143207 — 15 Gr. 2 Pf. —

                                263182 Thlr. 15 G. 2 Pf.

Der Werth von obigem
Schaden nach der heruntergesetzten Taxe beträgt   169694 — 12 —
Hierzu für die Bohl- und
Lattstämme ⅓ als Maß-
und ⅔ zu Brennholz ge-
rechnet .   .   .   .   .   .   8923 — 9 — 9 —

                                178617 — 21 — 9 —

wirklicher Verlust 84564 Thlr. 17 Gr. 5 Pf.			
2) Eichen und Buchen überhaupt . . . Davon ab den in Salvo gerechneten jährlichen Bedarf	201856 141491	2 18	3
Schaden	60364	8	3

Hiervon beträgt der Verlust
An deteriorirtem Ertrag à 4 p. C. 11875 Thlr.
Dagegen kommen, weil bei dem Laubholze keine Heruntersetzung der Taxe
statt findet, obige . . .   60364 Thlr. 8 Gr. 3 Pf. ein.

          Es ist also hierbei Gewinn 48489 Thlr. 8 Gr. 3 Pf.
Wenn diese nun von dem Verluste beym Kieh-
nenholze à . . . .   84564 Thlr. 17 Gr. 5 Pf.
               abgezogen werden 48489 — 8 — 3
     So beträgt der Verlust im Windbruch 36075 Thlr. 9 Gr. 2 Pf.

Fünftes Kapitel.

Schlußbemerkungen über den durch Raupenfraß und Windbruch in den Königl. Kurmärk. Forsten überhaupt verursachten Schaden.

Da ich in dem 1ten Abschnitt und in den vorigen Kapiteln dieses Abschnuts den Verlust der durch den Raupenfraß und Windfall vorzüglich in den Königlichen Kurmärkischen Forsten entstanden, besonders zergliedert habe, so glaube ich, daß es zur Vollständigkeit meiner Absicht gehört, zum Beschluß den Verlust von beiden zusammen zu fassen und mit einigen Bemerkungen zu begleiten.

Wenn man sich eine Masse zerstörtes und geworfenes Holz, so wie ich selbige in der am Ende beigefügten Tabelle zu einer allgemeinen Uebersicht aufgeführt habe, von 2,485125 Stämmen, vom Stangenholz bis zum starken Bauholz, und den Werth desselben von 1,812106 Thlr. 9 Gr. denkt, und dabei Rücksicht nimmt, daß diese Unglücksfälle nicht allein die Königl. sondern auch Privat- und andere Forsten in der Kurmark betroffen haben; so wird der Ueberfluß an Holz auffallend und fühlbar, daß ein so sehr erschwerter Debit Maaßregeln, welche nicht gemeine Kenntnisse des Landes, der Verfassungen und eine ausserordentliche Thätigkeit bei der Ausführung voraussetzen, erfordern.

Erwägt man nun unter diesen Umständen, daß die sämmtliche Aufräumung und Verwendung dieses Holzes nur durch einen Verlust von 294038 Thlr. 1 Gr. 9 Pf. ist bewirkt worden oder gewiß noch bewirkt werden kann, und nun dadurch der 9te Theil von dem ganzen Werthe des Holzes verlohren ist; so kann dieses wohl einen einleuchtenden Beweis geben, mit wie viel Eifer und Thätigkeit und mit welchem Nutzen die getroffenen Maaßregeln sind ausgeführt worden.

Alles dieses wird ein Blick auf die beigefügte allgemeine Nachweisung; was bis im October 1796 ist konsumirt worden, und was davon im Wasser und auf Unterlagen konſervirt iſt, wovon eine Verwendung ohne Schaden noch lange ſtatt finden kann, deutlich zeigen. Alles Nutzholz iſt in den Laubholzrevieren völlig konſumiret.

Das kiehnene Zimmer- und extra ſtark Bauholz, auch ordinair ſtark nach Abzug desjenigen, was in Konſervationsſtand geſetzt iſt, entweder ganz oder bis auf eine Kleinigkeit, die kaum den 8oſten Theil betragen kann, und gegenwärtig als ganz verwendet anzuſehen iſt, iſt aufgeräumt worden. $\frac{19}{20}$ Theil ſind von dem Mittelbauholze, von dem kleinen Bauholz aber, welches nur wenig Abſatz findet, $\frac{3}{4}$ konſumiret worden, die Sageblöcke ſind aber als ganz verwendet anzunehmen, da die noch vorhandenen im Waſſer konſerviret liegen. Das was noch an Brennholz übrig iſt, dabei iſt kein Verluſt, als der, welcher durch den Abgang der Borke bereits in Rechnung gebracht iſt. Denn das Brennholz findet zu vollem Werthe, ſowohl zu den Bedürfniſſen der Reſidenzen, als auch zu dem Debit in dem Lande, hinlänglichen Abſatz.

Wenn man ſich nun an alles dasjenige erinnert, was ich in dieſer Abhandlung nach wahren Gründen und nicht übertriebenen ausgemittelten Sätzen berechnet habe, ſo gehet daraus hervor, daß ſowohl die Mittel, welche die Forſtdirektion angewandt, um der Verbreitung der Raupen Einhalt zu thun, als daß auch bei den in Ausübung gebrachte Maasregeln zur Verwendung und Aufbewahrung des zerſtörten und vom Winde geworfenen Holzes, mit wieviel Eifer und Thätigkeit zu Werke gegangen ſeyn muß. Das Forſtdepartement hat zur Erhaltung des Holzes über 37000 Thlr. Koſten verwendet, wovon aber bis jetzt kaum $\frac{1}{4}$ wieder eingekommen iſt. Ich habe den wahrſcheinlich hierbei zu vermuthenden Verluſt nicht in Anſatz bringen wollen, da noch Hofnung iſt, daß das im Waſſer konſervirte Holz ohne Verluſt der Aufbewahrungskoſten wird verwendet werden können.

Einiger Verluſt läßt ſich aus den oben angeführten Urſachen wohl vermuthen; dieſer Verluſt aber wird in Rückſicht, daß das Holz ſeiner Beſtimmung gemäß und zum Beſten der Bauten in den Provinzen konſumiret werden kann, nicht erheblich ſeyn können. Eine Menge Holz iſt durch Einſchränkung des Raupenfraßes wahrſcheinlich gerettet und für die Nachkommen erhalten; auch unbezweifelt iſt bewieſen, daß ein Werth für 1,151868 Thlr. 7 Gr. 3 Pf. von dem vom Winde geworfenen und durch die Raupen zerſtörten Holze iſt gerettet worden. Der Nutzen der bei dieſen Forſtunglücksfällen getroffenen Maaßregeln wird hierdurch einleuchtend. Doch iſt die fortdauernde Wirkſamkeit der höhern Forſtverwaltung hiermit nicht beendigt, die Folgen von dieſen Forſtunglücksfällen werden ſie noch lange in Thätigkeit erhalten, um ſowohl für die Nachkommen die zerſtörten Diſtrikte wieder in Holzanbau zu bringen, als auch die Ver-

ände-

änderungen, welche die Taxationen durch das geworfene und abgestandene Holz erlitten haben, so in Ordnung zu bringen, daß bei Ausmittelung des neuen Ertrags das in der 1ten Klasse noch übrig gebliebene Holz sowohl genau bestimmt, als durch eine möglichst kurze Holzungsperiode erhöhet werde. Sollte es jemals und in dem äußersten Nothfall, ja in der größten Holznoth, dazu kommen, in den jüngern Klassen eine Durchforstung vorzunehmen, so sind diese jüngern Klassen in den Kiehnenrevieren der Königl. Preuß. Forsten so groß, daß desto mehr Nachtheil dabei zu besorgen ist, so daß diese Operation jederzeit das äußerste Mittel bleiben muß. Mit wie viel ausserordentlicher Vorsicht muß nicht der Durchhau dieses jungen Nadelholzes betrieben werden, er muß jederzeit unter Anleitung eines Sachverständigen geschehen. Der Nachtheil, der im Nadelholz durch ein unvorsichtiges Benehmen entstehen kann, ist für die Nachkommen ausserordentlich wichtig. Wenn zum Beispiel auf eine Quadratruthe 15jähriges Holz in 8 Jahren 4324 Stangen herausgehauen werden sollen, — man rechne das Hauerlohn und das Herausschleppen derselben, — wie wenig wird dieses mit dem Werthe des Holzes im Verhältniß stehen! unmöglich würde es ohne Vermehrung des Forstpersonale geschehen können. Ich übergehe noch mehrere Nachtheile, die nach Beschaffenheit jedes Forstes hierbei eintreten könnten. Sollte jemals diese traurige Nothwendigkeit in einigen Kiehnenrevieren in Ausübung gebracht werden müssen, so würde bei Abschätzung der jüngern Klassen noch eine besondere Vorschrift nöthig seyn. Man denke sich bei dieser Operation einen großen durch ehemalige forstwidrige Bewirthschaftung verhauenen Forst, wo die Klassen nur nach ihrem dominirenden Bestand angesprochen werden können, und wo sehr öfters die 2te, 3te und 4te Klasse melirt stehn. Ganz unmöglich ist es hier, dem von einigen neuern Forstschriftstellern vorgeschriebenen Gange bei der Durchforstung der jüngern Klassen zu folgen. Da aber auch hierdurch nichts anders als Brennholz gewonnen werden kann, so wird die unablässige Bemühung der höhern Behörde, zur Vermehrung anderer Brennmaterialien durch Torf und Steinkohlen, und die Ersparung des Bauholzes durch Lehmpatzenbau der bäuerlichen und wirthschaftlichen Gebäude, gewiß dem Mangel mit weniger Nachtheil, als einer mißlichen Durchforstung im Nadelholzreviere, ersetzen. Die Einrichtung der Stubenöfen des Landmanns und eine wirthschaftliche Behandlung seines Brennholzes, Ersparniß bei dem Brauen und Brandweinbrennen, und der jetzt so eifrig betriebene Anbau der Schlaghölzer, können dem durch Raupenfraß und Windfall entstandenen Ausfall, wo nicht abhelfen, doch ausserordentlich bis zur Zeit, da unsere unverhältnißmäßige starke 3te und 4te Klasse zum Hau kömmt, vermindern.

General - Nachweisung

des ursprünglichen Windbruchs und Raupenfraßes in den Kurmärkischen Forsten, wie auch von deren Konsumtion bis zum 1ten Oktober 1796.

Holzarten	Windbruch		Raupenfraß		Von beiden ist bis den 1sten Oktober 1796 konsumirt.		Bleibt übrig.		Davon ist konservirt. In der Forst auf Unterlagen	Im Wasser.	Summa.
	Stück.	Klafter.	Stück.	Klafter.	Stück.	Klafter.	Stück.	Klafter.	Stück.	Stück.	Stück.
Eichen Nutzholz	17230	—	—	—	17124	—	106	—	—	—	—
Brennholz	—	31742	—	—	—	26100	—	5642	—	—	—
Buchen Nutzholz	14697	—	—	—	14650	—	47	—	—	—	—
Brennholz	—	47420	—	—	—	40401	—	7019	—	—	—
Birken Brennholz	—	787	—	—	—	758	—	29	—	—	—
Kiehnen Bauholz											
Zimmer	2269	—	364	—	2299	—	334	—	2	332	334
Stark Extra	7375	—	1156	—	3860	—	4671	—	1013	3226	4239
Ordin.	48755	—	9565	—	25154	—	23164	—	11032	11602	22634
Mittel.	116237	—	45459	—	119536	—	42140	—	25463	7829	33292
Klein.	89109	—	86552	—	123175	—	52486	—	13581	1054	14635
Sageblöcke.	28768	—	8704	—	32427	—	5045	—	1385	4660	5045
Rindschälig.	11692	—	3956	—	15139	—	469	—	—	—	—
Bohlstämme.	40805	—	148049	—	133688	—	55166	—	—	—	—
Lattstämme.	23228	—	117237	—	100792	—	37673	—	—	—	—
Stangenholz.	1110	—	123960	—	91710	—	33360	—	—	—	—
Brennholz.	—	145742	—	394843	—	404492	—	136093	—	—	—
Summa.	391235	225691	543000	394843	679574	471571	254661	148783	51476	27703	80179

Der Werth sämtlichen Holzes im Windbruch und Raupenfraß beträgt nach der neuesten Taxe incl. Stamm- und Pflanzgeld 1,812106 Rthlr. 9 Gr.

nämlich 1) im Windbruch 1,013384 Rthlr. 19 Gr. 10½ Pf., und
2) im Raupenfraß 798721 Rthlr. 13 Gr. 1½ Pf.

Nachtrag zur Naturgeschichte der Nadelholzraupen.

Seite 33. Phalena monacha, die Nonne.

Bei dem überhandnehmenden Raupenfraß in dem Königl. Preuß. Barannischen Forst in Litthauen, hat man sich nunmehro völlig überzeuget, daß diese Raupe, wenigstens in dortiger Gegend, im Frühjahr aus dem Ey entschlüpfet, und daß die Phalene im oder gegen den Herbst ihre Eyer an die Bäume, in Moos und Ritzen der Rinde leget. Der Herr Forstmeister Matihas schickte an das Forstdepartement unter dem 20sten April 1797 eine Schachtel mit Moos und Eyern von diesen Phalenen. Diese kam den 6ten May in Berlin an; bei Eröffnung derselben fand man die Raupen sämmtlich ausgekrochen. Durch das Vergrößerungsglas konnte man sehr deutlich die hellen Striche in der Zeichnung der Monacha wahrnehmen. Die jungen Raupen waren 4 bis 5 mal größer als der Durchmesser des Eyes, und verhaltnißmäßig hatten sie längere Haare als die ausgewachsenen von dieser Art. Ich setzte sie in ein Zuckerglas nebst Zweigen von Rothtannen, ich konnte aber nicht bemerken, daß sie fraßen; sie hingen sich an die Nadeln und spannen sich an lange Fäden herauf, auch ließen sie sich an selbigen herunter. Dieser eingesperrte Aufenthalt schien ihnen aber nicht zu behagen, und nach einigen Tagen starben sie sämmtlich. Hieraus ist doch so viel abzunehmen, daß die jungen Raupen der Monacha im April oder Anfangs May dem Ey entschlüpfen. Es ist jedoch möglich, daß in einem andern Klima und unter günstigeren Umständen, die jungen Raupen im Herbst auch auskommen, wie ich dieses bei mehreren Raupenarten angemerket habe, daß sie nach Beschaffenheit der Witterung bald im Frühjahr bald im Herbst entschlüpfen.

Nach dem Raport von dem Raupenfraß im Monath May in gedachtem Barannischen Forst, sollen die Raupen welche aus den an die Borke ganz entnadelter Stämme gelegten Eyern entschlüpfen, vor Hunger crepiren, da aber wo sie Fraß finden, siehet man sie in außerordentlicher Menge. Das Holz welches gipfelgrün geblieben ist, hat in diesem Frühjahre so gut getrieben als das gesunde; jedoch ist zu befürchten, daß auch diese Triebe noch einmal von den Raupen abgefressen werden, denn sie fallen sogar das in dem Forst befindliche Laubholz an.

Man siehet hieraus, daß diese Raupenart in manchem Betracht noch nachtheiliger den Fichtenrevieren werden kann als die große Kiehnraupe den Kiehnenrevieren, weil sehr wenige Mittel wodurch denselben Abbruch zu thun angewandt werden können. Sie wandern nicht wenn sie einen Distrikt kahl gefressen haben, nach einem andern, und wenn sie sich verpuppen, so geschiehet es auf den Bäumen wo sie gefressen haben. Die Phalenen sitzen nicht so stille wie die Phalenen der großen Kiehnraupe, sondern schwärmen auch am Tage. Das Verderben der Eyer und Puppen so weit man sie reichen kann, und wenn sie vom Regen oder Wind von den Bäumen geworfen werden, eine Anzahl davon zu tödten, sind wohl noch die einzigen Mittel, die bis jetzt ihnen Abbruch zu thun bekannt geworden. Ob der Rauch dieser Raupenart schädlich ist, davon sind noch keine Proben gemacht. Ich bemerke endlich noch, daß die Phalenen dieser Raupe in Ansehung ihrer Größe sehr verschieden sind; die auf der Tafel II, in der 7 und 8ten Figur abgebildeten; sind von der größten Art, und ich besitze selbst Exemplare, welche so groß sind; die aber welche aus Westpreußen und Litthauen geschickt worden sind, waren ungleich kleiner, sonst den hier abgebildeten vollkommen ähnlich.

Zu Seite 38.

Seite 38. habe ich den kleinen Fichtenspinner, Phalena bombyx pityocampa beschrieben, die Larve ist eine auf das Nadelholz angewiesene Prozessionsraupe.

In dem Königl. Lüdersdorffschen Forst, im sogenannten Hinielpfortschen Revier, fand sich auf den Kiehnen 1796 eine Prozessionsraupe ein, sie that aber nicht erheblichen Schaden, sondern entnadelte nur einige Bäume. Ich ersuchte den Herrn Forstmeister von Bülow, mir einige Exemplare von diesen Raupen zu schicken; unter dem 4ten September erhielt ich zur Antwort, daß die Raupen sich bereits verwandelt hätten. Der Herr von Bülow schickte mir also nur von diesen Raupen Kokons und Puppen. Ich habe beides Kokon und Puppe auf der Tafel III. Fig. 12. das Kokon, Fig. 13. die Puppe von unten, und Fig. 14. von oben, nach der Natur abbilden lassen. Gedachter Herr Forstmeister bemerkte zugleich, daß man diese Raupen in einer langen Reihe einzeln hintereinander, von abgefressenen Stämmen zu frischen habe wandern sehen. Kurz vor der Verwandlung ist die Raupe 1½ Zoll lang gefunden, und sie ist mit ½ Zoll langen Haaren besetzt. Ihre Farbe war grau und orange, und sie spann sich ganz flach in die Erde ein, so daß wenig Erde über den Kokons befindlich war. Die Haare von dieser Raupe haben sogar den Holzhauern, welche die kahl gefressenen Bäume gehauen, ein Jucken verursachet, so daß diese Leute behaupteten, sie hätten davon einen Ausschlag bekommen. Die ältesten Forstbediente wollen versichern, daß ihnen diese Raupe nicht bekannt geworden sey.

Die mir überschickten Kokons habe ich sorgfältig in ein geräumiges Glas gethan, sie mit Erde etwas bedeckt, und das Glas mit Flohr zugebunden, und solches in eine uneingeheizte Kammer den ganzen Winter gestellt, und sobald die Luft warm wurde in freie Luft gesetzt. Bei aller dieser Vorsicht erreichte ich meinen Wunsch Phalenen zu erhalten nicht und vergebens wartete ich bis zum 3ten Juny 1797. Als ich sodann die Puppe untersuchte, so waren sie alle so verdorben, daß auch nichts als eine bloße flüssige Materie, und nicht das geringste von einem Körper darin zu finden war. Das Kokon, worinn die Puppe liegt, ist nur dünne, durch das Vergrößerungsglas konnte ich deutlich die Luftlöcher in der Puppe, und die Füße des künftigen Schmetterlings erkennen, in dem Kokon fand ich die hornartige herzförmige Schaale des Raupenkopfes.

Die Beschreibung des Hrn. von Bülow von dieser Raupe beweiset, daß sie nicht der kleine Fichtenspinner seyn kann, weil man auf den heruntergehauenen Bäumen die zusammengesponnenen

Nester von dieser Raupe gefunden und bemerket haben würde. Die Zeit, wenn sich der kleine Fichtensänger verpuppet, ist auch nicht im August oder September. Die Beschreibung aber so wohl als die Kokons und Puppen, haben viel ähnliches mit der Phalena processionea, Prozessionsraupe, Viereichenspinner, diese aber ist so viel man weiß, nur auf die Eiche angewiesen.

Ich habe indessen diese Raupe nach der Abbildung im Naturforscher im 14ten Stück auf der Tafel III. Fig. 15. zeichnen lassen, Fig. 16. das Kokon, Fig. 17. aber die Puppe, und Fig. 18. nach einem Exemplar aus der Sammlung des Hrn. Gronau die Phalene. Ich glaube hiedurch Gelegenheit zu geben, wenn sich die Prozessionsraupe wieder in Kiehnenreviere einfinden sollte, die Abweichung oder Uebereinstimmung der Larve, Kokon, Puppe und Schmetterling, mit den hier abgebildeten zu vergleichen; vielleicht daß noch eine Abart von der Prozessionsraupe auf die Kiehnen oder auf das Nadelholz angewiesen, und welche noch nicht allgemein bekannt ist.

Man vergleiche hiermit das was man unter dem 8ten July 1779 aus Sachsen in öffentlichen Zeitungen schrieb, „daß die Fichten und Tannenwälder mit einer Menge Prozessionsraupen, der Heerwurm genannt, befallen worden, so daß sie die Bäume vom Boden bis in den äußersten Gipfel mit ihrem Gespinst bedeckten, (eine Eigenschaft, welche man bei dem kleinen Fichtenspinner nicht bemerket.) Sie halten sich durch Faden, welche dem Spinnengewebe gleich sind, zusammen, und lassen ihren Unrath gleich einen grünen Regen fallen. Die Bäume stehen kahl und sind aller Nadeln beraubet." Auch diese Beschreibung trift nicht ganz mit der Oekonomie des kleinen Fichtenspinners überein, und lassen ebenfalls eine Abart vermuthen.

Die Abweichung der Naturgeschichte der auf der 3. Tafel abgebildeten Prozessionsraupe von der oben beschriebenen in dem Lüdersdorfer Forst bestehet darin, daß der Schmetterling von der ersten im August schon ausflieget, Ende August verpuppt sich aber erst letztere, und bleibet wahrscheinlich den Winter über im Puppenzustande. Daß aber auch die hier abgebildete Prozessionsraupe sich in melirte Wälder von Eichen und Nadelholz einfindet, dieses bemerket Gleditsch in seiner Forstwissenschaft 1ster Theil, S. 511.

Berlin, gedruckt bei Gottfried Hayn, in der Zimmerstraße, zwischen der Charlotten- und Markgrafenstraße.

Verbesserungen.

www.ingramcontent.com/pod-product-compliance
Lightning Source LLC
Chambersburg PA
CBHW021703210326
41599CB00013B/1502